<u>dtv</u>

Wie kam es, daß in einer bestimmten Phase der kosmischen Entwicklung Milliarden Sterne »angingen«, wie tickt das Uhrwerk, das sie dazu veranlaßte? Warum glüht der Himmel nicht, obwohl doch das ganze Universum glüht – oder stimmt das gar nicht? Warum bewegt sich das Universum von uns fort? Warum haben Raum und Zeit einen Anfang und sind nicht ewig? Warum ist die Welt nicht fest umrissen und endgültig? Warum sind wir eigentlich hier und nicht woanders? Gibt es im All andere Wesen, und wenn ja, wer sind sie, und wo sind sie?

Die Suche nach der Formel, die das Universum erklärt, nach der »Theorie für alles« ist der heilige Gral der Physik. Die brillantesten Köpfe der Kosmologie befassen sich mit dieser Frage. Zu ihnen gehört unzweifelhaft Stephen Hawking. Er behandelt verschiedene Vorschläge dafür wie zum Beispiel die String-Theorie und Super-Gravitation. Er zeigt, daß nicht jeder Raum, sondern auch jede Zeit eine Form annimmt. Er pokert mit Newton und Einstein, befaßt sich mit der Frage, ob Zeitreisen möglich sind, sowie mit anderen kühnen Spekulationen und bietet einen einzigartigen Einblick in die Welt der modernen Astrophysik und Kosmologie.

Stephen Hawking, geboren 1942, erfuhr im Alter von gerade 21 Jahren, daß er an ALS, an amyotropher Lateralsklerose litt, einer unheilbaren Krankheit, und daß er vermutlich nur noch wenige Jahre zu leben hätte. Doch er setzte seine mathematischen und physikalischen Studien fort. Er wurde Fellow an der Universität Cambridge, wo ihm freie Hand für seine Forschungen, vor allem seine einflußreichen Arbeiten über Schwarze Löcher, gewährt wurde. Seit 1979 ist er »Lukasischer Professor« für Mathematik im Fachbereich Angewandte Mathematik und Theoretische Physik in Cambridge, ein Lehrstuhl, der in der Mitte des 17. Jahrhunderts von dem Parlamentsmitglied Henry Lucas gegründet wurde und den kurz darauf Isaac Newton innehatte. Für seine Beiträge zur modernen Kosmologie hat Stephen Hawking zahlreiche Auszeichnungen erhalten. Er ist Mitglied der Royal Society und der US National Academy of Sciences. Viele weitere Informationen finden Sie auf seiner Website unter www.hawking.org.uk.

STEPHEN HAWKING

Das Universum in der Nußschale

Aus dem Englischen von Hainer Kober
Fachliche Beratung Markus Pössel

Deutscher Taschenbuch Verlag

INHALT

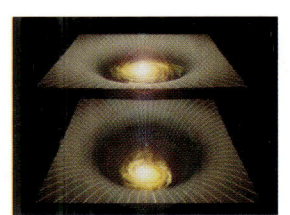

Stephen Hawking 2001
© *Stewart Cohen*

VORWORT

Nie hätte ich damit gerechnet, dass mein populärwissenschaftliches Buch *Eine kurze Geschichte der Zeit* ein solcher Erfolg werden würde. Mehr als vier Jahre stand es auf der Bestsellerliste der Londoner *Sunday Times*, länger als irgendein anderes Buch, was für ein Werk, das sich mit Wissenschaft befaßt und nicht gerade zur leichten Kost zählt, recht bemerkenswert ist. Danach bin ich ständig gefragt worden, wann ich eine Fortsetzung zu schreiben gedächte. Das habe ich immer abgelehnt, weil ich keine Lust hatte, einen *Sohn der kurzen Geschichte* oder *Eine etwas längere kurze Geschichte der Zeit* zu schreiben. Doch im Laufe der Jahre kam mir ein Buch anderer Art in den Sinn, eines, das leichter zu verstehen ist. Die *Kurze Geschichte* war linear konzipiert, die meisten Kapitel bauten logisch auf den vorangehenden auf. Einigen Lesern gefiel das, aber andere blieben in den ersten Kapiteln stecken und kamen nie zu den interessanten Dingen, die in den späteren folgen. Im Gegensatz dazu gleicht das neue Buch in seinem Aufbau eher einem Baum: Die Kapitel 1 und 2 bilden den Stamm, von dem die anderen Kapitel abzweigen.

Die Äste sind ziemlich unabhängig voneinander und können nach dem zentralen Stamm in beliebiger Reihenfolge gelesen werden. Sie behandeln Gebiete, über die ich seit der Veröffentlichung der *Kurzen Geschichte* gearbeitet oder nachgedacht habe. So zeichnen sie ein Bild von einigen der aktivsten Felder gegenwärtiger Forschung. Auch innerhalb der Kapitel habe ich eine eingleisige, lineare Struktur zu vermeiden versucht. Die Abbildungen mit ihren Erläuterungen eröffnen einen alternativen Zugang zum Text, ähnlich wie in der 1996 erschienenen *Illustrierten Kurzen Geschichte der Zeit*, während die Kästen und Einschübe Gelegenheit bieten, bestimmte Themen etwas ausführlicher zu behandeln als im Haupttext.

Als *Eine kurze Geschichte der Zeit* 1988 erstmals veröffentlicht wurde, schien sich die Weltformel, eine »Theorie für Alles«, am Horizont abzuzeich-

nen. Wie hat sich die Situation seither verändert? Sind wir unserem Ziel näher-gekommen? Wie ich in diesem Buch erläutern werde, haben wir inzwischen große Fortschritte gemacht. Aber die Reise dauert noch an, und ein Ende ist nicht abzusehen. Man sagt, es sei besser, voller Hoffnung zu reisen als anzu-kommen. Unser Forschungsdrang beflügelt die Kreativität auf allen Gebie-ten, nicht nur in der Wissenschaft. Sollte es uns wirklich gelingen, den Bereich des Erforschbaren ganz zu durchmessen, würde der menschliche Geist ver-kümmern und sterben. Aber ich glaube nicht, daß es jemals Stillstand geben wird: Wenn nicht an Tiefe, so werden wir an Komplexität gewinnen und uns immer von einem expandierenden Horizont des Möglichen umgeben sehen.

Ich möchte dem Leser einen Eindruck von der Faszination der Entdeckun-gen verschaffen, die gegenwärtig gemacht werden, und von dem Bild der Wirklichkeit, das sich herauszukristallisieren beginnt. Damit das Gefühl der Unmittelbarkeit stärker zum Tragen kommt, konzentriere ich mich dabei auf Bereiche, in denen ich selbst gearbeitet habe. Die Einzelheiten dieser Arbeit sind sehr wissenschaftlich, doch ich glaube, die Ideen lassen sich in ihren Grundzügen ohne großen mathematischen Ballast mitteilen. Ich hoffe, es ist mir gelungen.

Ich hatte viel Hilfe bei diesem Buch. Mein Dank gilt insbesondere Thomas Hertog und Neel Shearer, die mich bei den Abbildungen, Beschriftungen und Kästen unterstützten, Ann Harris und Kitty Ferguson, die das Manuskript überarbeiteten (genauer: die Computerdateien, denn alles, was ich schreibe, ist elektronisch), und Philip Dunn von Book Laboratory und Moonrunner Design, die die Abbildungen kreierten. Darüber hinaus möchte ich jedoch all den Menschen danken, die es mir ermöglicht haben, ein weitgehend nor-males Leben zu führen und meine wissenschaftliche Tätigkeit fortzusetzen. Ohne sie hätte dieses Buch nicht geschrieben werden können.

Stephen Hawking
Cambridge, 2. Mai 2001

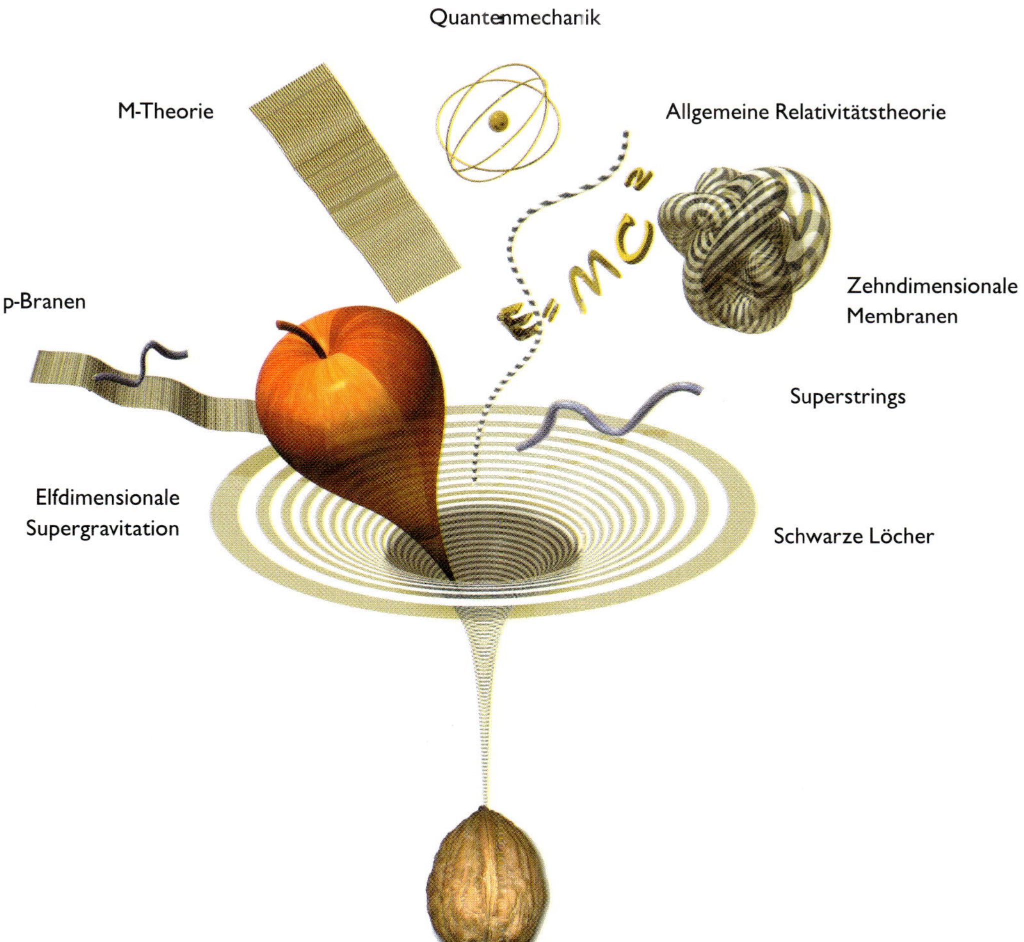

Quantenmechanik

M-Theorie

Allgemeine Relativitätstheorie

$E = mc^2$

p-Branen

Zehndimensionale
Membranen

Superstrings

Elfdimensionale
Supergravitation

Schwarze Löcher

KAPITEL 1

EINE KURZE GESCHICHTE DER RELATIVITÄTSTHEORIE

Wie Einstein die Grundlagen für die beiden fundamentalen Theorien
des 20. Jahrhunderts schuf – die allgemeine Relativitätstheorie
und die Quantentheorie

Professor Einstein

Albert Einstein™

Albert Einstein, der Begründer der speziellen und allgemeinen Relativitätstheorie, wurde 1879 in Ulm geboren, aber schon im Jahr darauf zog die Familie nach München, wo der Vater Hermann und der Onkel Jakob eine kleine, nicht sehr erfolgreiche »Electrotechnische Fabrik« gründeten. Albert war kein Wunderkind, aber die Behauptung, er sei ein schlechter Schüler gewesen, ist schlicht falsch. 1894 geriet die väterliche Firma in die roten Zahlen, und die Familie zog nach Mailand, um ein neues Unternehmen aufzubauen. Auf Wunsch seiner Eltern blieb er in München, um die Schule zu beenden, aber sie war ihm zu autoritär. Daher verließ er sie nach wenigen Monaten ohne Abschluß und reiste der Familie hinterher. Später erwarb er an der Kantonsschule Aarau in der Schweiz die Hochschulreife, nahm dann das Studium am angesehenen Zürcher Polytechnikum – später umbenannt in Eidgenössische Technische Hochschule (ETH) – auf und schloß es im Jahr 1900 ab. Sein Eigensinn und die Abneigung gegen jede Form von Autorität machten ihn bei den Professoren des Polytechnikums nicht gerade beliebt, und keiner von ihnen bot ihm einen Assistentenposten an, der im Regelfall den Zugang zur akademischen Laufbahn eröffnete. Zwei Jahre später trat er schließlich dank der Vermittlung eines Freundes eine bescheidene Stellung am Schweizerischen Patentamt in Bern an. Während er diesen Posten innehatte, schrieb er im Jahr 1905 drei Arbeiten, mit denen er sich einerseits als einer der bedeutendsten Wissenschaftler der Welt auswies und andererseits zwei theoretische Revolutionen auslöste – Revolutionen, die unser Verständnis von Zeit, Raum und Wirklichkeit grundlegend verändert haben.

Gegen Ende des 19. Jahrhunderts glaubten die Naturwissenschaftler, eine vollständige Beschreibung des Universums sei zum Greifen nah. Nach ihrer Vorstellung war der Raum mit einem kontinuierlichen Medium, dem »Äther«, angefüllt. Lichtstrahlen und die gerade entdeckten Radiowellen, so dachte man, seien Wellen in diesem Äther, so wie der Schallübertragung Druckwellen in der Luft zugrunde liegen. Um zu einer vollständigen Theorie zu gelangen, schien nur noch als letzter Schritt erforderlich zu sein, die elastischen Eigenschaften des Äthers sorgfältig zu messen. In Erwartung solcher Messungen wurde beispielsweise das Jefferson-Laboratorium an der Harvard University ganz ohne Eisennägel erbaut, um die empfindlichen magnetischen Messungen nicht zu beeinträchtigen. Allerdings vergaßen die Planer, daß die rotbraunen Ziegelsteine, aus denen das Labor und der größte Teil Harvards

Albert Einstein™

Albert Einstein 1920

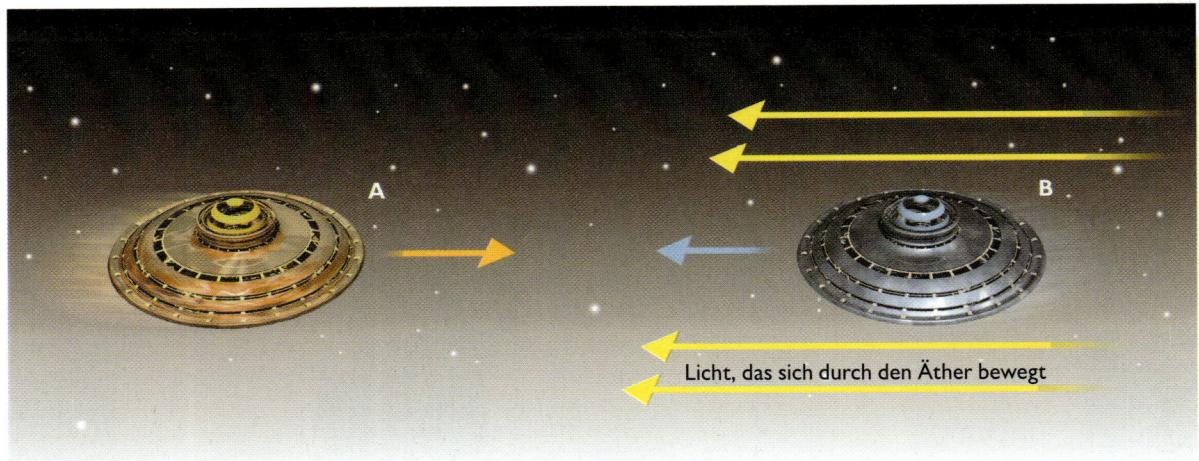

Licht, das sich durch den Äther bewegt

(Abb. 1.1, oben)
THEORIE DES LICHTÄTHERS
Wäre Licht eine Welle in einem elastischen Stoff, dem Äther, müßte die Lichtgeschwindigkeit jemandem in einem Raumschiff A, das sich auf das Licht zu bewegt, höher erscheinen als einem Beobachter in einem Raumschiff B, das sich in die gleiche Richtung bewegt wie das Licht.

(Abb. 1.2, gegenüber)
Man entdeckte keinen Unterschied zwischen der Lichtgeschwindigkeit in Richtung der Erdbahn und in einer Richtung senkrecht dazu.

bestehen, große Mengen an Eisen enthalten. Das Gebäude wird heute noch benutzt, obwohl sich die Universitätsverwaltung nach wie vor nicht ganz sicher ist, wie viele Bücher ein Bibliotheksfußboden ohne Eisennägel tragen kann.

Kurz vor der Jahrhundertwende traten die Unstimmigkeiten, die der Idee eines alles durchdringenden Äthers innewohnten, allmählich zutage. Man erwartete, daß sich das Licht mit konstanter Geschwindigkeit im Äther ausbreite, daß jedoch seine Bewegung einem Beobachter, der in der gleichen Richtung wie das Licht durch den Äther reiste, langsamer erscheinen müßte, während sie einem Beobachter, der dem Licht entgegen reiste, höher erschiene (Abb. 1.1).

Doch zahlreiche Experimente, die diese Auffassung bestätigen sollten, blieben ohne Erfolg. Entsprechende Messungen führten 1887 Albert Michelson und Edward Morley von der Case School of Applied Science in Cleveland, Ohio, durch. Sie verglichen die Lichtgeschwindigkeit in zwei Strahlen, die rechtwinklig zueinander verliefen. Während sich die Erde zum einen um ihre Achse drehte und sie zum anderen die Sonne umkreiste, hätte sich die Meßapparatur mit wechselnder Geschwindigkeit und Orientierung durch den Äther bewegen müssen (Abb. 1.2). Doch Michelson und Morley fanden weder tägliche noch jährliche Unterschiede zwischen den beiden Lichtstrahlen. Es war, als breitete sich das Licht relativ zum Beobachter – wie schnell und in welcher Richtung auch immer er sich bewegte – stets mit der gleichen Geschwindigkeit aus (Abb. 1.3, S. 16).

Aufgrund des Michelson-Morley-Experiments gelangten der irische Physiker George FitzGerald und der holländische Physiker Hendrik Lorentz zu dem Schluß, bei der Bewegung durch den Äther verkürzten sich materielle Körper. Dabei sei die Kontraktion so beschaffen, daß Experimente wie das von Michelson und Morley niemals Unterschiede in der Lichtgeschwindigkeit messen könnten, egal, wie sie sich relativ zum Äther bewegten. (FitzGerald

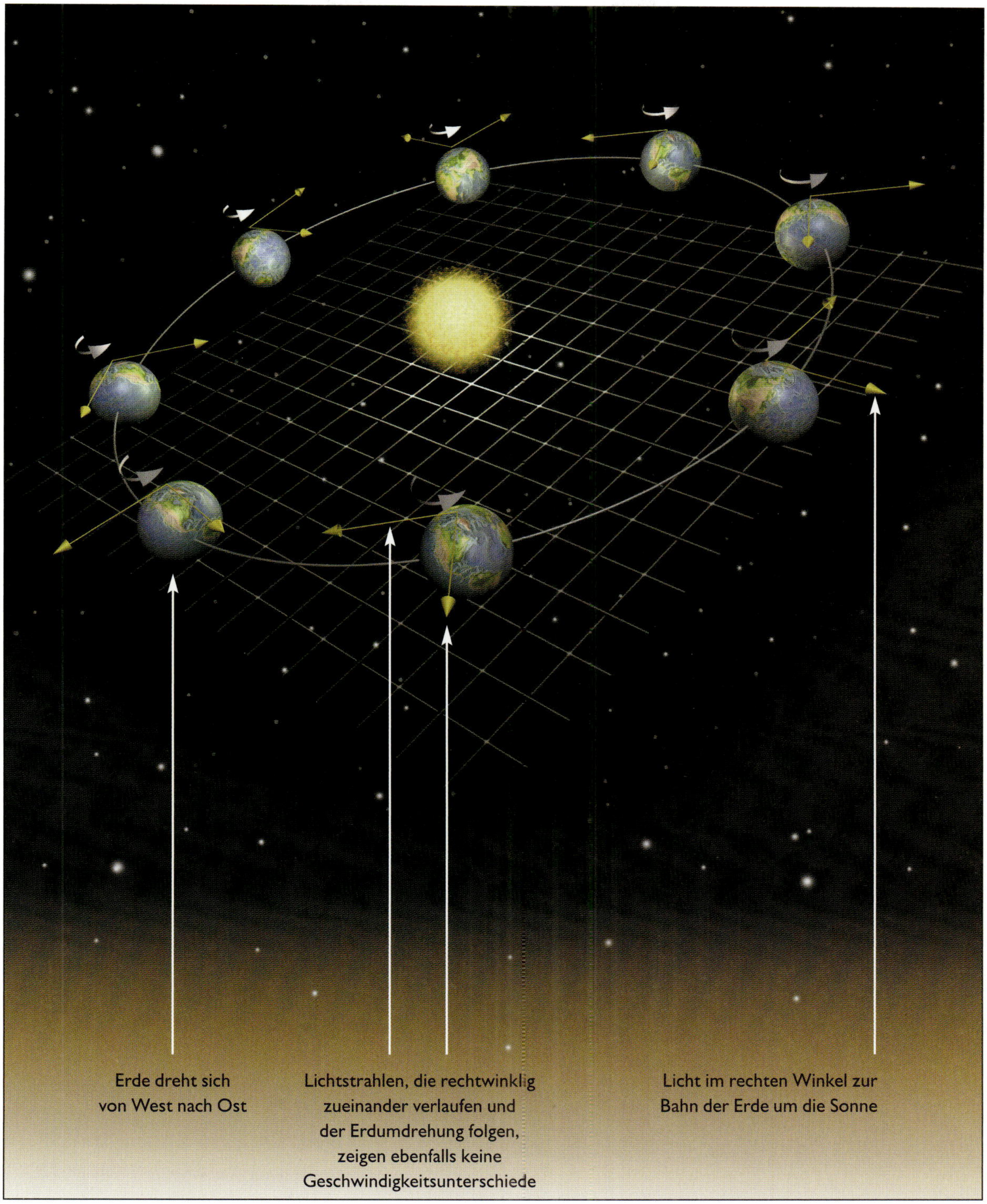

Erde dreht sich
von West nach Ost

Lichtstrahlen, die rechtwinklig
zueinander verlaufen und
der Erdumdrehung folgen,
zeigen ebenfalls keine
Geschwindigkeitsunterschiede

Licht im rechten Winkel zur
Bahn der Erde um die Sonne

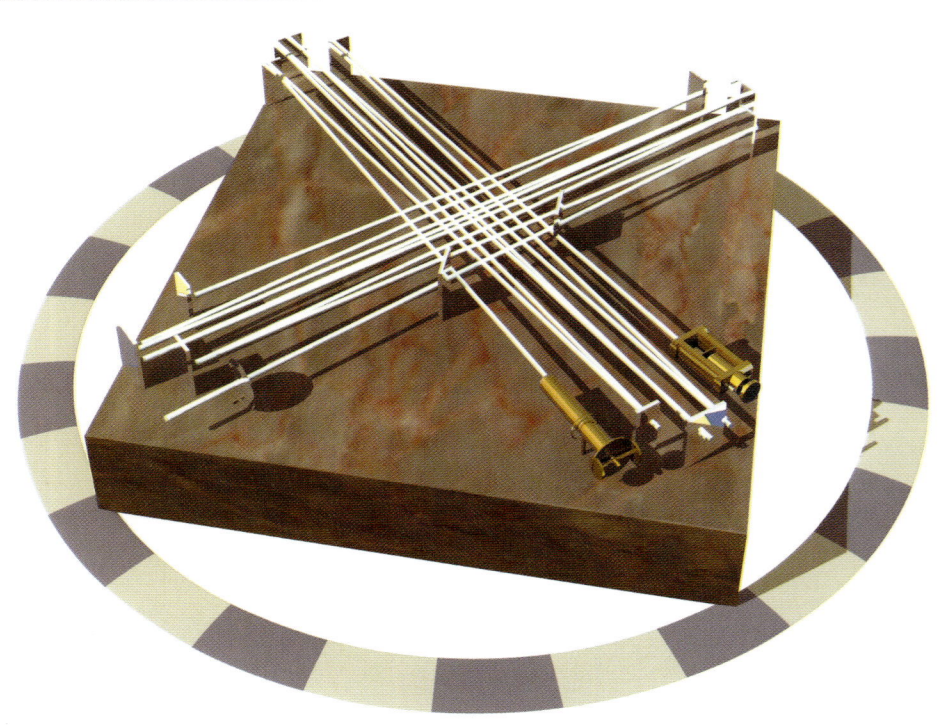

(Abb. 1.3) MESSUNG VON UNTERSCHIEDEN IN DER
LICHTGESCHWINDIGKEIT
Im Michelson-Morley-Interferometer wird das Licht einer
Quelle durch eine halbverspiegelte Glasscheibe in zwei Strahlen
aufgeteilt. Das Licht der beiden Strahlen bewegt sich rechtwinklig zueinander und wird am Ende wieder zu einem einzigen
Strahl vereinigt, indem es abermals zu der halbverspiegelten
Scheibe gelenkt wird. Je nach Strahllänge und nach der Lichtgeschwindigkeit in den beiden Strahlen überlagern sich diese
in unterschiedlicher Weise: Trifft Wellenberg auf Wellenberg,
verstärken sich die Wellen gegenseitig, trifft Wellenberg auf
Wellental, löschen sich die Teilstrahlen aus. Veränderungen,
etwa der Übergang von Auslöschung zu Verstärkung, lassen
sich beobachten und zeigen an, wenn die relative Lichtgeschwindigkeit in den Teilstrahlen variiert.

Rechts: Diagramm des Experiments nach der Abbildung,
die 1887 im Scientific American erschien.

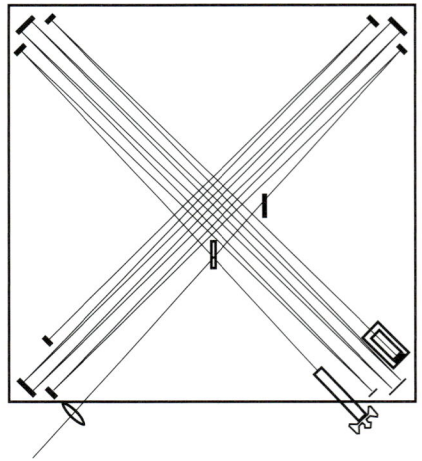

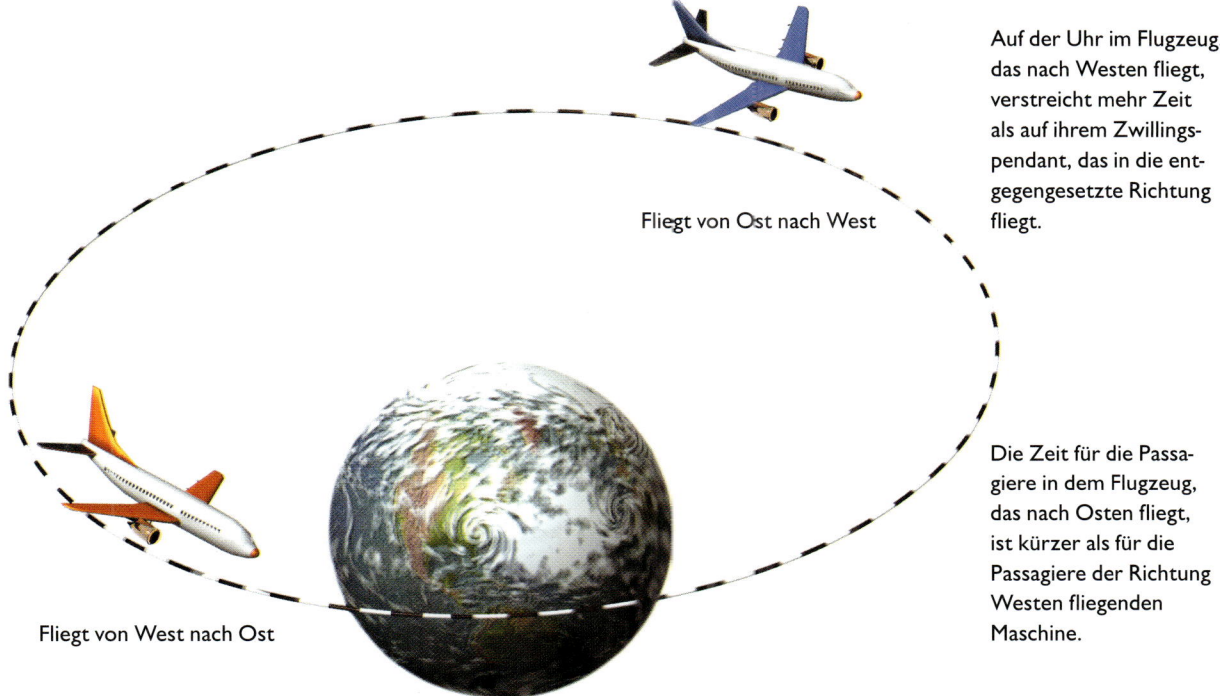

Auf der Uhr im Flugzeug, das nach Westen fliegt, verstreicht mehr Zeit als auf ihrem Zwillingspendant, das in die entgegengesetzte Richtung fliegt.

Fliegt von Ost nach West

Fliegt von West nach Ost

Die Zeit für die Passagiere in dem Flugzeug, das nach Osten fliegt, ist kürzer als für die Passagiere der Richtung Westen fliegenden Maschine.

und Lorentz hielten den Äther für eine reale Substanz.) Doch in einer Veröffentlichung vom Juni 1905 schrieb Einstein, der Begriff des Äthers erübrige sich, wenn man überhaupt nicht feststellen könne, ob man sich durch den Raum bewege oder nicht. Statt dessen ging er von dem Postulat aus, dem zufolge die Naturgesetze allen Beobachtern in freier Bewegung gleich erscheinen müßten. Insbesondere müßten sie alle die gleiche Lichtgeschwindigkeit messen, egal, wie rasch sie sich bewegten. Die Lichtgeschwindigkeit sei unabhängig von der Bewegung der Beobachter und von der Ausbreitungsrichtung des Lichts stets dieselbe.

Das bedeutete allerdings den Verzicht auf die Vorstellung, es gäbe eine universelle Größe namens Zeit, die von allen Uhren in gleicher Weise gemessen würde. Statt dessen hätte jedermann seine eigene Zeit. Übereinstimmen würden die Zeiten zweier Menschen, wenn sich diese relativ zueinander in Ruhe befänden, nicht aber, wenn sie in relativer Bewegung wären.

Dieses Phänomen konnte in zahlreichen Experimenten nachgewiesen werden, etwa indem man zwei genau gehende Uhren in entgegengesetzter Richtung um die Erde flog, die bei der Landung der Maschinen leicht unterschiedliche Zeiten anzeigten (Abb. 1.4). Dieser Umstand könnte einer klugen Menschen auf die Idee bringen, er sollte, um länger zu leben, den Rest seiner Tage in stetem Flug gen Osten verbringen, so daß sich die Flugzeug-

(Abb. 1.4)
Eine Version des Zwillingsproblems (vgl. auch Abb. 1.5, S. 18) wurde experimentell überprüft, indem man zwei genau gehende Uhren in entgegengesetzter Richtung um die Erde fliegen ließ. Als sie sich wieder begegneten, zeigte die Uhr, die nach Osten geflogen war, etwas weniger Zeit an.

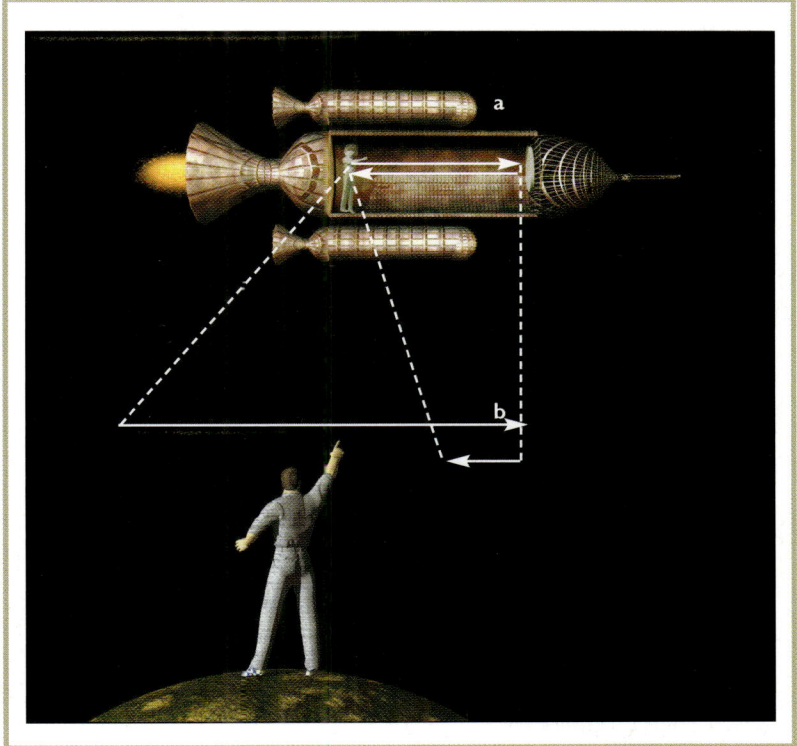

(Abb. 1.5, links)
DAS ZWILLINGSPROBLEM
In der Relativitätstheorie hat jeder Beobachter sein eigenes Zeitmaß. Das kann zum sogenannten Zwillingsproblem führen.
Ein Zwilling A bricht zu einer Raumfahrt auf, in deren Verlauf er fast Lichtgeschwindigkeit erreicht (c), während der andere Zwilling B auf der Erde bleibt.
Infolge der Bewegung des Raumschiffs verstreicht die Zeit in ihm langsamer als für den auf der Erde gebliebenen Bruder.
Daher stellt der Raumreisende (A2) bei seiner Rückkehr fest, daß sein Bruder (B2) in höherem Maße als er selbst gealtert ist.
Obwohl es dem gesunden Menschenverstand zu widersprechen scheint, lassen zahlreiche Experimente darauf schließen, daß in diesem Szenario der reisende Zwilling tatsächlich jünger wäre als der daheimgebliebene.

(Abb. 1.6, rechts)
Ein Raumschiff fliegt von links nach rechts mit vier Fünftel der Lichtgeschwindigkeit vorbei. Ein Lichtimpuls wird an einem Ende der Kabine emittiert und zum anderen Ende reflektiert (a).
Das Licht wird von Menschen auf der Erde und im Raumschiff beobachtet. Infolge der Bewegung des Raumschiffs erzielen sie hinsichtlich der Entfernung, die das reflektierte Licht zurückgelegt hat, keine Einigung (b). Sie müssen dann auch unterschiedlicher Meinung darüber sein, wieviel Zeit das Licht gebraucht hat – wenn wir Einsteins Postulat zugrunde legen, daß die Lichtgeschwindigkeit für alle frei bewegten Beobachter gleich ist.

geschwindigkeit und die Erdrotation addierten. Allerdings würde der winzige Sekundenbruchteil Lebenszeit, den er gewänne, mehr als wettgemacht durch den Verzehr des Essens, das die Fluggesellschaften servieren.

Einsteins Postulat, wonach die Naturgesetze allen Beobachtern in freier Bewegung gleich erscheinen, bildete die Grundlage der Relativitätstheorie, die ihren Namen dem Umstand verdankt, daß ihr zufolge nur relative Bewegung von Bedeutung ist (Abb. 1.6). Ihre Schönheit und Einfachheit überzeugten viele Wissenschaftler, aber sie stieß auch auf allerlei Widerstände. Einstein hatte zwei »Absolute« des 19. Jahrhunderts entthront: die absolute Ruhe, die der Äther verkörpert, und die absolute oder universelle Zeit, die von allen Uhren in gleicher Weise gemessen wird. Viele Menschen fanden die Vorstellung beunruhigend: Bedeute dies, so fragten sie, daß alles relativ sei, daß es nun auch keine absoluten moralischen Maßstäbe mehr gebe? Dieses Unbehagen hielt bis in die zwanziger und dreißiger Jahre an. Als Einstein 1921 mit dem Nobelpreis geehrt wurde, erhielt er ihn nicht für seine Relativitätstheorie, sondern für eine Veröffentlichung, mit der er 1905 zur Entwicklung der Quantentheorie beigetragen hatte.

In der Begründung wurde die als zu kontrovers geltende Relativitätstheorie nicht einmal erwähnt. (Noch immer bekomme ich zwei bis drei Briefe

(Abb. 1.7)

pro Woche, in denen ich darüber aufgeklärt werde, daß sich Einstein geirrt hat.) Heute findet die Relativitätstheorie allerdings rückhaltlose Zustimmung in der Gemeinschaft der Wissenschaftler, denn die aus ihr abgeleiteten Vorhersagen haben sich in zahllosen Experimenten und Anwendungen bestätigt.

Eine sehr wichtige Konsequenz der Relativitätstheorie ist die Beziehung zwischen Masse und Energie. Aus Einsteins Postulat, dem zufolge die Lichtgeschwindigkeit jedem Beobachter gleich erscheinen sollte, ergibt sich bei genauerer Betrachtung der Schluß, daß nichts schneller als das Licht sein kann. Wenn man Energie aufwendet, um irgend etwas – sei es ein Teilchen oder ein Raumschiff – zu beschleunigen, so wächst seine Masse an, was die weitere Beschleunigung erschwert. Das Teilchen auf Lichtgeschwindigkeit zu beschleunigen ist unmöglich, weil dazu eine unendliche Energiemenge erforderlich wäre. Masse und Energie sind äquivalent – so der Inhalt von Einsteins berühmter Gleichung $E = mc^2$ (Abb. 1.7). Dies ist wahrscheinlich die einzige physikalische Gleichung, der man auf der Straße begegnen kann. Zu ihren Konsequenzen gehörte die Erkenntnis, daß eine ungeheure Energiemenge freigesetzt wird, wenn sich der Kern eines Uranatoms in zwei Kerne mit etwas geringerer Gesamtmasse aufspaltet (vgl. Abb. 1.8, Seite 22/23).

Als sich 1939 ein neuer Weltkrieg abzeichnete, überredete eine Gruppe von

AUS EINSTEINS PROPHETISCHEM BRIEF AN PRÄSIDENT ROOSEVELT AUS DEM JAHR 1939

»Im Verlauf der letzten vier Monate wurde es wahrscheinlich - durch die Arbeiten von Joliot in Frankreich und von Fermi und Szilard in den Vereinigten Staaten -, daß es möglich werden könnte, nukleare Kettenreaktionen in einer großen Menge Uran auszulösen, wodurch gewaltige Energiemengen und große Quantitäten neuer radiumähnlicher Elemente erzeugt werden. Es scheint jetzt fast sicher, daß dies in der unmittelbaren Zukunft erreicht werden könnte.
Das neue Phänomen würde auch zum Bau von Bomben führen, und es ist vorstellbar - obwohl sehr viel weniger gewiß -, daß extrem starke Bomben eines neuen Typs auf diesem Wege konstruiert werden können.«

Wissenschaftlern, die diese Implikationen erkannt hatten, Einstein, seine pazifistischen Skrupel zu überwinden und einen Brief an Präsident Roosevelt zu unterzeichnen, in dem die Vereinigten Staaten aufgefordert wurden, ein Kernforschungsprogramm ins Leben zu rufen.

Diese Intervention führte zum Manhattan Project und letztlich zu den Bomben, die 1945 über Hiroshima und Nagasaki explodierten. Manche haben Einstein für die Atombombe verantwortlich gemacht, weil er die Beziehung zwischen Masse und Energie entdeckt hat; doch das ist so, als würde man Newton vorwerfen, er sei für Flugzeugabstürze verantwortlich, weil er die Gravitation entdeckt hat. Einstein hat sich nicht am Manhattan Project beteiligt und war über den Einsatz der Bombe entsetzt.

Die bahnbrechenden Arbeiten des Jahres 1905 hatten zwar Einsteins wissenschaftlichen Ruf begründet, doch erst 1909 wurde ihm ein Posten an der Universität Zürich angeboten, der es ihm ermöglichte, das Schweizer Patentamt zu verlassen. Zwei Jahre später ging er an die Deutsche Universität in Prag, kehrte aber 1912 nach Zürich zurück, diesmal an die ETH. Trotz des Antisemitismus, der in weiten Teilen Europas herrschte, auch an den Universitäten, war er jetzt ein sehr gefragter Wissenschaftler. Angebote kamen aus Wien und Utrecht, doch er entschied sich für einen Forschungsposten an der

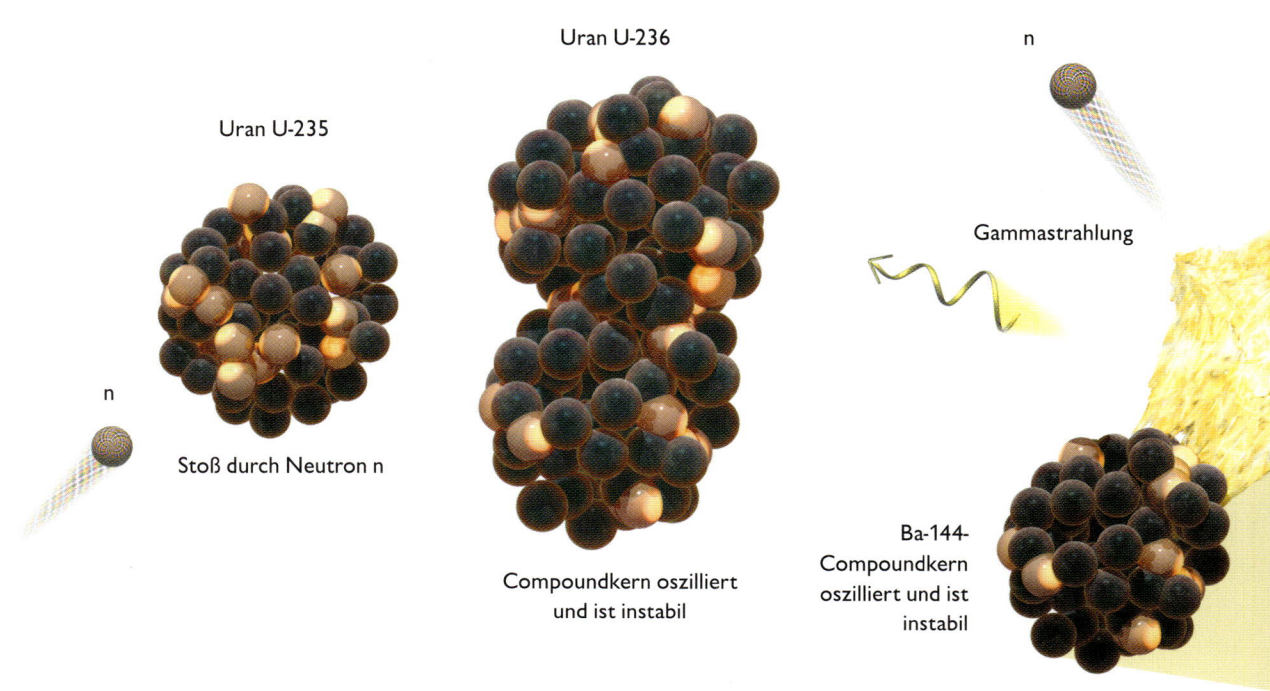

Uran U-236

n

Uran U-235

Gammastrahlung

n

Stoß durch Neutron n

Compoundkern oszilliert
und ist instabil

Ba-144-
Compoundkern
oszilliert und ist
instabil

(Abb. 1.8)
NUKLEARE BINDUNGSENERGIE
Kerne bestehen aus Protonen und
Neutronen. Doch die Masse eines
Kerns ist stets geringer als die
Summe der individuellen Massen
seiner Protonen und Neutronen.
Diese Massendifferenz Δm geht auf
die Bindungsenergie zurück, die
den Kern zusammenhält; gemäß
Einsteins berühmter Formel ist die
Bindungsenergie gleich $\Delta m\, c^2$. Sie
kann für unterschiedliche Kerne
unterschiedlich groß sein; die Bin-
dungsenergien der am Spaltungs-
prozeß beteiligten Kerne sind
gerade dergestalt, daß die Masse
des Einzelkerns vor der Spaltung
größer ist als die Summe der Massen
der Teilkerne danach. Durch die
Entfesselung dieser Massendifferenz
in Form von Energie wird die ver-
heerende Explosivkraft der Kern-
waffen erzeugt.

Preußischen Akademie der Wissenschaften in Berlin, weil er ihn von allen Lehrverpflichtungen entband. Im April 1914 zog er nach Berlin, wohin ihm bald darauf seine Frau mit den beiden Söhnen folgte. Da es jedoch schon seit längerem Spannungen in der Ehe gab, kehrten Frau und Kinder schon bald wieder nach Zürich zurück. Dort besuchte er sie zwar noch gelegentlich, doch schließlich kam es zur Scheidung. Später heiratete Einstein seine Cousine Elsa, die in Berlin lebte. Der Umstand, daß er die Kriegsjahre als Junggeselle ohne häusliche Verpflichtungen verlebte, mag zur wissenschaftlichen Fruchtbarkeit dieses Abschnitts in seinem Leben beigetragen haben.

Mit den Gesetzen der Elektrizität und des Magnetismus vertrug sich die spezielle Relativitätstheorie sehr gut, mit Newtons Gravitationsgesetz war sie dagegen nicht zu vereinbaren: Newton zufolge macht sich eine Veränderung der Materieverteilung in einer Raumregion augenblicklich an jedem anderen Ort des Universums durch eine entsprechende Veränderung des Gravitationsfeldes bemerkbar. Dies würde nicht nur bedeuten, daß sich Signale schneller als das Licht übertragen ließen (was die Relativitätstheorie ausschließt); um die »augenblickliche Veränderung« überhaupt definieren zu können, müßte man zudem die Existenz jener absoluten oder universellen Zeit voraussetzen, die die Relativitätstheorie zugunsten einer »persönlichen Zeit« abgeschafft hatte.

Einstein war sich dieser Schwierigkeit schon 1907 bewußt, als er noch am Patentamt in Bern arbeitete, doch erst 1911 in Prag begann er ernsthaft über

Kr-89-Compoundkern
oszilliert und ist instabil

Die Spaltung liefert im Durchschnitt 2,4 Neutronen und
eine Energie von 215 MeV

n Neutronen; sie können
eine Kettenreaktion auslösen

*Einsteins Gleichung zwischen
Energie (E) einerseits und
Masse (m) und Lichtgeschwindigkeit (c) andererseits besagt,
daß eine kleine Menge Masse
einer enormen Energiemenge
$E = mc^2$ äquivalent ist.*

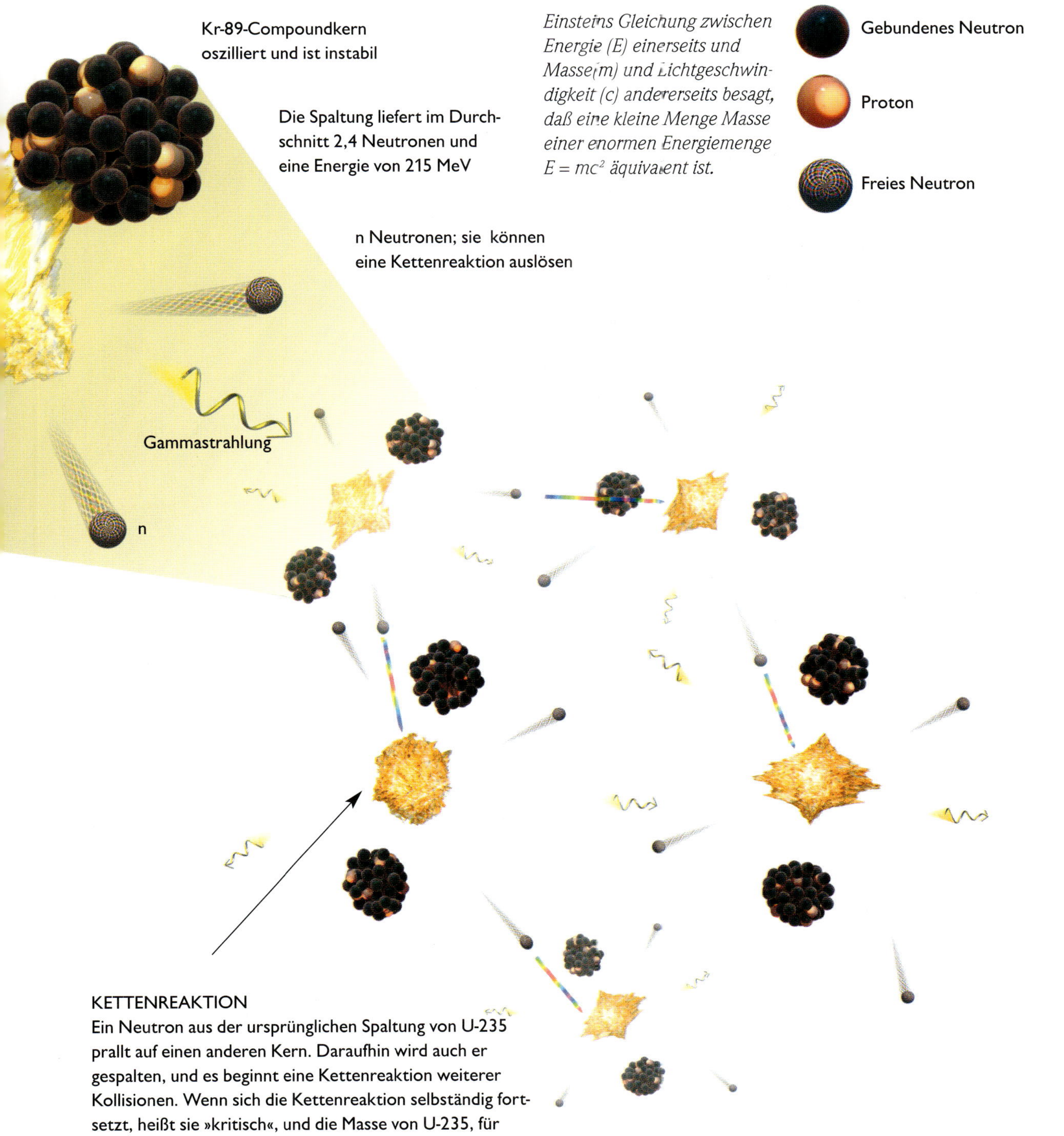

Gebundenes Neutron

Proton

Freies Neutron

Gammastrahlung

n

KETTENREAKTION
Ein Neutron aus der ursprünglichen Spaltung von U-235
prallt auf einen anderen Kern. Daraufhin wird auch er
gespalten, und es beginnt eine Kettenreaktion weiterer
Kollisionen. Wenn sich die Kettenreaktion selbständig fortsetzt, heißt sie »kritisch«, und die Masse von U-235, für
die dies der Fall ist, wird als »kritische Masse« bezeichnet.

(Abb. 1.9)
Ein Beobachter in einer Kiste kann nicht entscheiden, ob er sich in einem auf der Erde ruhenden Fahrstuhl befindet (a) oder von einer Rakete im freien Raum beschleunigt wird (b). Wenn der Raketenantrieb abgeschaltet wird (c), hat der Beobachter das gleiche Empfinden wie in einem Fahrstuhl, der sich in freiem Fall zum Boden des Schachts befindet (d).

das Problem nachzudenken. Er erkannte, daß es eine enge Beziehung zwischen einer beschleunigten Bewegung und einem Gravitationsfeld gibt. Jemand im Innern eines geschlossenen Behälters, etwa eines Fahrstuhls, könnte nicht entscheiden, ob sein Behälter sich unbewegt im Gravitationsfeld der Erde befindet oder im freien Raum von einer Rakete beschleunigt wird. (Da Einstein in einer Zeit vor *Star Trek* lebte, dachte er natürlich eher an Menschen in Fahrstühlen als an Reisende in Raumschiffen. Doch die Beschleunigung oder der freie Fall in einem Fahrstuhl kann nicht sehr lange dauern, ohne daß es zur Katastrophe kommt. – Abb.1.9)

Daß Newton der Apfel auf den Kopf fiel, könnte mit gleichem Recht auf die Gravitation beziehungsweise Schwerkraft wie auch auf eine Aufwärtsbe-

(Abb. 1.10)

(Abb. 1.11)

schleunigung Newtons mitsamt der Erdoberfläche zurückgeführt werden, wenn die Erde flach wäre (Abb. 1.10). Diese Äquivalenz von Beschleunigung und Gravitation schien jedoch für eine runde Erde nicht zu gelten – wollte man den Umstand, daß sowohl wir als auch unsere Antipoden eine Kraft in Richtung Erdmittelpunkt erfahren, als Auswirkung einer beschleunigten Bewegung erklären, so müßten die Menschen auf der anderen Seite der Erde in die entgegengesetzte Richtung beschleunigt werden wie wir, was sich schlecht damit vereinbaren läßt, daß sie trotzdem in konstanter Entfernung von uns bleiben (Abb. 1.11).

Doch als Einstein 1912 nach Zürich zurückkehrte, hatte er den glücklichen Einfall, daß die Äquivalenz gültig bliebe, wenn die Geometrie des Raum-

Wäre die Erde flach (Abb. 1.10), könnte man mit gleicher Berechtigung sagen, der Apfel sei Newton auf den Kopf gefallen, weil die Schwerkraft ihn nach unten gezogen habe oder aber weil sich Newton und die Erde beschleunigt nach oben bewegten. Die Kugelform der Erde zerstört die Gleichberechtigung beider Erklärungsweisen (Abb. 1.11): Bei einer beschleunigten Bewegung müßten sich Menschen, die sich an gegenüberliegenden Punkten der Erdoberfläche befinden, voneinander entfernen. Einstein löste dieses Problem durch die Annahme, Raum und Zeit seien gekrümmt.

(Abb. 1.12)
RAUMZEIT IST GEKRÜMMT
Beschleunigung und Gravitation
können nur äquivalent sein, wenn
ein massereicher Körper die Raumzeit
krümmt und dadurch die Bahnen von
Objekten in seiner Nachbarschaft
beeinflußt.

zeit nicht flach, wie bislang angenommen, sondern gekrümmt wäre. Er stellte sich vor, Masse und Energie verzerrten die Raumzeit in irgendeiner Weise, die es noch zu bestimmen galt. Unter dieser Prämisse würden Objekte wie Äpfel oder Planeten versuchen, sich in geradestmöglicher Weise durch die Raumzeit zu bewegen, doch schiene ihre Bahn ähnlich wie in Anwesenheit eines Newtonschen Gravitationsfeldes verbogen zu werden, weil die Raumzeit gekrümmt wäre (Abb. 1.12).

Mit der Hilfe seines Freundes Marcel Grossmann machte sich Einstein mit der Theorie gekrümmter Räume und Flächen vertraut, die Bernhard Riemann im 19. Jahrhundert als Teilgebiet der abstrakten Mathematik entwickelt hatte. Schon Riemann hatte darüber nachgedacht, ob sich seine Geometrie auf die wirkliche Welt anwenden ließe. Allerdings hatte er dabei nur angenommen, der dreidimensionale *Raum* könnte gekrümmt sein. Einstein dagegen verwendete Riemanns Formalismus, um die vierdimensionale *Raumzeit* zu beschreiben. 1913 verfaßten Einstein und Grossmann eine

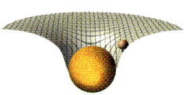

Arbeit in der sie die Auffassung vertraten, das, was wir für Gravitationskräfte hielten, sei nur eine »Nebenwirkung« der gekrümmten Raumzeit. Doch infolge einiger Fehler von Einstein (der ganz und gar menschlich und keineswegs unfehlbar war) gelang es ihnen nicht, die Gleichungen zu entdecken, welche die Raumzeitkrümmung zu der in ihr enthaltenen Masse und Energie in Beziehung setzte. Ungestört von familiären Problemen und auch vom Kriege weitgehend unbehelligt, setzte Einstein die Arbeit an diesem Problem in Berlin fort, bis er im November 1915 endlich die richtigen Gleichungen fand. Im Sommer 1915 hatte er seine Ideen bei einem Besuch an der Universität Göttingen mit dem Mathematiker David Hilbert erörtert, und dieser war unabhängig von Einstein einige Tage vor ihm auf dieselben Gleichungen gestoßen. Dennoch ließ Hilbert nie einen Zweifel daran, daß das Verdienst für die neue Theorie Einstein gebührte: Er hatte die Idee gehabt, die Gravitation mit

Professor Einstein

der Raumzeitkrümmung zu verknüpfen. Es spricht für den zivilisierten Zustand der deutschen Gesellschaft dieser Epoche, daß sich wissenschaftliche Diskussionen und der Meinungsaustausch der Gelehrten selbst in Kriegszeiten ungestört vollziehen konnten. Das sah zwanzig Jahre später unter den Nationalsozialisten ganz anders aus.

Albert Einstein™

Low

Die neue Theorie der gekrümmten Raumzeit wurde allgemeine Relativitätstheorie genannt, um sie von der ursprünglichen Theorie ohne Gravitation zu unterscheiden, die seitdem spezielle Relativitätstheorie hieß. Auf spektakuläre Weise wurde sie bestätigt, als eine englische Expedition 1919 während einer Sonnenfinsternis in Westafrika eine winzige Lichtablenkung in der Nähe der Sonne beobachtete (Abb. 1.13, S. 28). Damit lag ein direkter Beweis für die Krümmung von Raum und Zeit vor – die größte Veränderung unserer Auffassung von der Geometrie des Universums, in dem wir leben, seit Euklid gegen Ende des 4. Jahrhundert vor Christus seine *Elemente der Geometrie* schrieb.

Einsteins allgemeine Relativitätstheorie verwandelte Raum und Zeit aus passiven Elementen, die lediglich den Hintergrund von Ereignissen bildeten, in aktive Teilnehmer an der Dynamik des Universums. Daraus erwuchs ein großes Problem, das auch in der Physik des 21. Jahrhunderts noch eine zentrale Rolle spielt. Das All ist voller Materie, und Materie krümmt die Raumzeit dergestalt, daß sich Körper aufeinander zu bewegen. Einstein stellte fest,

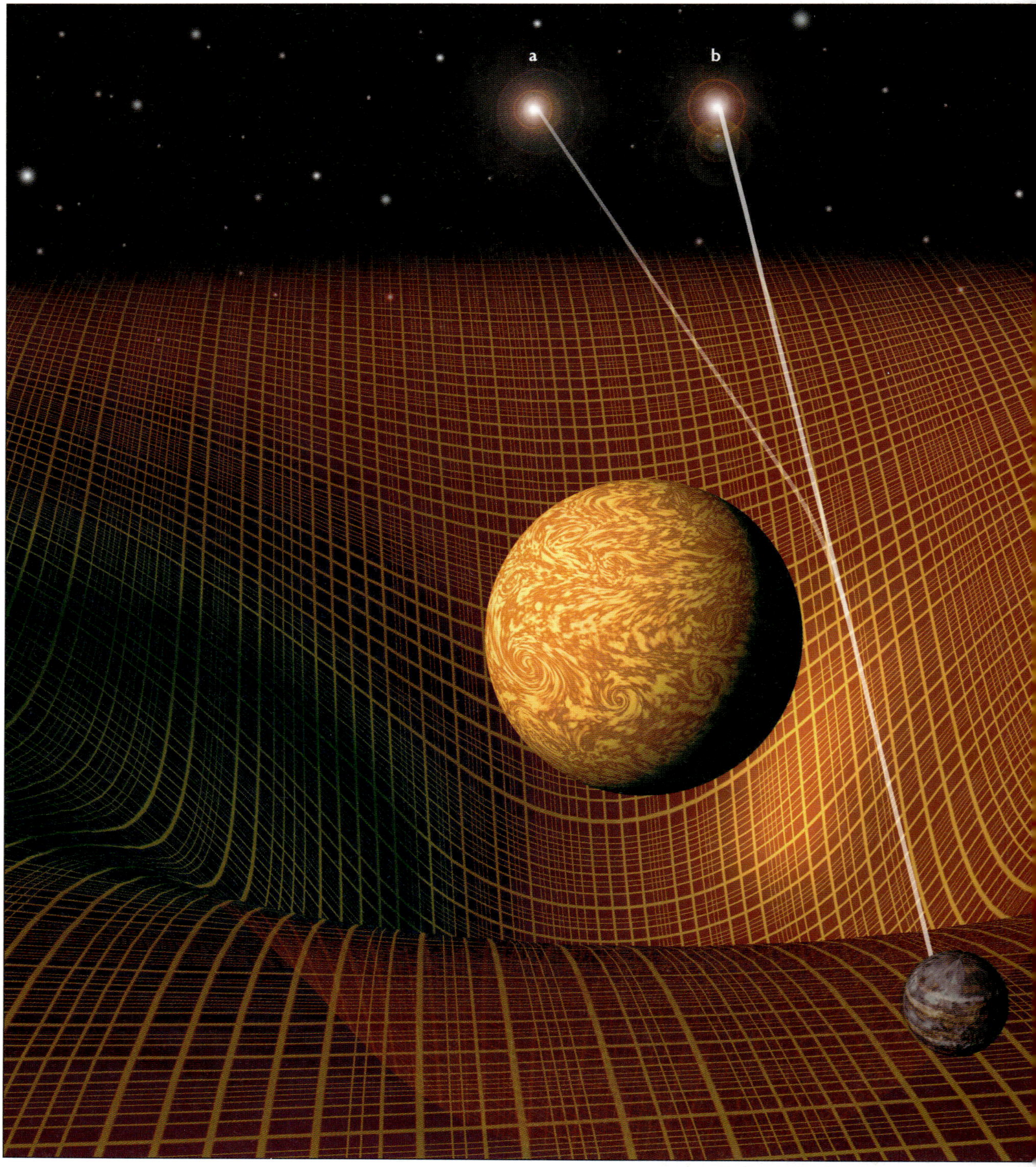

(Abb. 1.13)

GEKRÜMMTE LICHTBAHNEN
Das Licht eines Sterns, das nahe der Sonne vorbeistreicht, wird abgelenkt,
weil die Masse der Sonne die Raumzeit krümmt (a). Dies bewirkt eine leichte
Verschiebung in der scheinbaren Position des Sterns aus der Sicht eines
irdischen Beobachters (b), ein Phänomen, das man während einer Sonnen-
finsternis beobachten kann.

daß seine Gleichungen keine Lösung haben, die ein in der Zeit unveränder-
liches, statisches Universum beschreibt. Statt nun ein solches Universum
von ewiger Dauer aufzugeben, an das er und die meisten seiner Zeitgenossen
glaubten, frisierte er die Gleichungen, indem er ein Glied hinzufügte, die
sogenannte kosmologische Konstante, die die Raumzeit in entgegengesetztem Sinne krümmte, entsprechend einem Einfluß, der die in der Raumzeit
enthaltenen Körper auseinandertreibt. Der Abstoßungseffekt der kosmologischen Konstante kompensierte den Anziehungseffekt der Materie und ermöglichte auf diese Weise eine statische Lösung der Gleichungen und damit
ein statisches Universum. Das war eine der großen vertanen Chancen der
theoretischen Physik. Wäre Einstein bei seinen ursprünglichen Gleichungen
geblieben, hätte er vorhersagen können, daß sich das Universum entweder
ausdehnen oder zusammenziehen muß. So jedoch wurde die Idee eines ver-
änderlichen Universums erst ernst genommen, als in den zwanziger Jahren
die Beobachtungen des Zweieinhalb-Meter-Teleskops auf dem Mount Wilson
vorlagen.

Wie diese Beobachtungen zeigten, bewegen sich andere Galaxien um so
schneller von uns fort, je weiter sie entfernt sind. Das Universum expandiert,
das heißt, der Abstand zwischen zwei beliebigen Galaxien vergrößert sich
stetig mit der Zeit (Abb. 1.14, S. 30). Aufgrund dieser Entdeckung entfiel die
Notwendigkeit, zwecks einer statischen Lösung für das Universum eine kosmologische Konstante zu postulieren. Später bezeichnete Einstein sie als die
größte Eselei seines Lebens. Heute hingegen scheint es, als sei sie durchaus
kein Fehler gewesen: Neuere Beobachtungen, die ich in Kapitel 3 beschreiben
werde, lassen darauf schließen, daß es unter Umständen doch eine kleine
kosmologische Konstante gibt.

Die allgemeine Relativitätstheorie veränderte die Diskussion über den Ursprung und das Schicksal des Universums von Grund auf. Ein statisches Universum hätte ewig existieren oder zu einem beliebigen Zeitpunkt in der Vergangenheit in seiner gegenwärtigen Gestalt erschaffen worden sein können.
Doch wenn sich die Galaxien heute voneinander fortbewegen, so folgt daraus,
daß sie sich in früheren Zeiten in größerer Nähe zueinander befunden
haben. Danach hätten sie vor rund fünfzehn Milliarden Jahren alle aufein-
andergesessen, und die Dichte wäre außerordentlich hoch gewesen. Uratom
hat man diesen Zustand einmal genannt – eine Wortschöpfung des katholi-

(Abb. 1.14)
Beobachtungen von Galaxien
lassen darauf schließen, daß das
Universum expandiert: Die gegen-
seitige Entfernung nimmt für fast
jedes Paar von Galaxien zu.

schen Priesters Georges Lemaître, der als erster den Ursprung des Universums untersucht hat. Heute sprechen wir vom Urknall.

Einstein scheint den Urknall niemals ernst genommen zu haben. Offenbar glaubte er, das einfache Modell eines gleichförmig expandierenden Universums würde hinfällig werden, wenn man die Bewegungen der Galaxien rückwärts in der Zeit verfolgte. Eine genaue Betrachtung, meinte er, würde zeigen, daß sich die Galaxien, verfolgte man ihre Bewegungen in der Zeit zurück, nicht an einem Punkt treffen, sondern sich knapp verfehlen und aneinander vorbeifliegen würden. Nach seiner Auffassung hatte das Universum zuvor eine Kontraktionsphase durchlaufen und war anschließend in einer Gegenbewegung zu der relativ bescheidenen Dichte heutiger Zeit expandiert. Die Kernreaktionen, die im frühen Universum stattgefunden haben müssen, um die vorhandenen Mengen an leichten Elementen zu erzeugen, sind allerdings, wie wir heute wissen, nur möglich, wenn die Dichte bei rund einer Tonne pro Kubikzentimeter und die Temperatur bei mindestens zehn Milliarden Grad liegt. Tatsächlich lassen Beobachtungen der kosmischen Hintergrundstrahlung darauf schließen, daß die Dichte einmal mehr als 100 Milliarden Billionen Billionen Billionen Billionen Billionen (eine Eins

mit einundsiebzig Nullen) Tonnen pro Kubikzentimeter betragen hat. Weiterhin konnte das Universum Einsteins allgemeiner Relativitätstheorie zufolge nicht einfach aus einer Kontraktionsphase in den gegenwärtigen Zustand stetiger Expansion springen. Wie ich in Kapitel 2 erläutern werde, haben Roger Penrose und ich gezeigt, daß das Universum nach der Vorhersage der allgemeinen Relativitätstheorie tatsächlich in einem Urknall begonnen haben muß. Auch wenn Einstein selbst sich nie mit diesem Gedanken anfreunden konnte – aus seiner Theorie ergibt sich zwingend der Schluß, daß unsere Welt einen Anfang hat.

Noch größeres Widerstreben empfand Einstein angesichts einer anderen Vorhersage der allgemeinen Relativitätstheorie: daß die Zeit für massereiche Sterne endet, wenn diese nicht mehr genügend Wärme erzeugen können, um die Kraft ihrer eigenen Gravitation zu kompensieren – eine Kraft, die bestrebt ist, sie schrumpfen zu lassen. Einstein glaubte, solche Sterne würden in irgendeinem Endzustand verharren, doch heute wissen wir, daß es keine Endzustandskonfigurationen für Sterne mit mehr als der doppelten Sonnenmasse gibt. Solche Sterne setzen ihren Schrumpfungsprozeß fort, bis sie zu Schwarzen Löchern geworden sind – zu Raumzeitregionen, dessen

Das Zweieinhalb-Meter-Hooker-Teleskop des Mount-Wilson-Observatoriums.

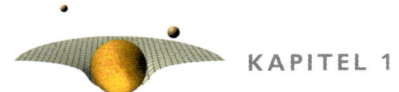

(Abb. 1.15)
Wenn der Kernbrennstoff eines
massereichen Sterns erschöpft ist,
verliert er Wärme und schrumpft.
Die Krümmung der Raumzeit kann
dabei so groß werden, daß ein
Schwarzes Loch entsteht, aus dem
kein Licht zu entweichen vermag.
Im Innern des Schwarzen Lochs
endet die Zeit.

Geometrie so beschaffen ist, daß selbst Licht nicht aus ihnen entkommen kann (Abb. 1.15).

Wie Penrose und ich gezeigt haben, endet nach der allgemeinen Relativitätstheorie die Zeit innerhalb eines Schwarzen Lochs – sowohl für den Stern als auch für jeden unglücklichen Astronauten, der das Pech hätte, in das Schwarze Loch hineinzufallen. Doch sowohl der Anfang als auch das Ende der Zeit wären Regionen, an denen sich die Gleichungen der allgemeinen Relativitätstheorie nicht mehr definieren ließen. Die Theorie konnte also nicht vorhersagen, was aus dem Urknall hervorginge. Einige Kommentatoren sahen darin ein Indiz für die Freiheit Gottes, das Universum auf jede ihm zusagende Weise beginnen zu lassen, während andere (unter ihnen auch ich) die Ansicht vertraten, der Anfang des Universums müsse von den gleichen Gesetzen bestimmt werden, die zu allen anderen Zeiten gültig seien. Diesem Ziel sind wir, wie Kapitel 3 zeigen wird, ein Stück näher gekommen, doch können wir den Ursprung des Universums noch immer nicht vollständig erklären.

Die allgemeine Relativitätstheorie verliert ihre Gültigkeit nahe dem Urknall, weil sie sich nicht mit der Quantentheorie vereinbaren läßt, der anderen bedeutenden physikalischen Revolution des frühen 20. Jahrhunderts. Der erste Schritt in Richtung Quantentheorie erfolgte 1900, als Max Planck in Berlin entdeckte, daß sich die Eigenschaften der Strahlung eines rotglühenden Körpers erklären lassen, wenn solch ein Körper Licht nur in diskreten Paketen, sogenannten Quanten, emittieren oder absorbieren kann. Wie Einstein in einer seiner bahnbrechenden Arbeiten aus dem Jahr 1905, während seiner Zeit am Patentamt, zeigte, eignet sich Plancks Quantenhypothese auch, um den sogenannten Photoeffekt zu erklären – die Art und Weise, wie bestimmte Metalle Elektronen abgeben, wenn sie mit Licht bestrahlt werden. Das ist die Grundlage moderner Lichtdetektoren und Fernsehkameras, und für diese Entdeckung erhielt Einstein Jahre später den Nobelpreis für Physik.

Er setzte die Arbeit am Quantenkonzept bis in die zwanziger Jahre des 20. Jahrhunderts fort, war aber zutiefst beunruhigt über die Untersuchungen von Werner Heisenberg, von Paul Dirac in Cambridge und von Erwin Schrödinger in Zürich, die ein neues Weltbild entwarfen und es Quantenmechanik nannten. Danach lassen sich für winzige Teilchen Ort und Geschwindigkeit nicht mehr exakt bestimmen. Je genauer man den Ort eines Teilchens ermittelt,

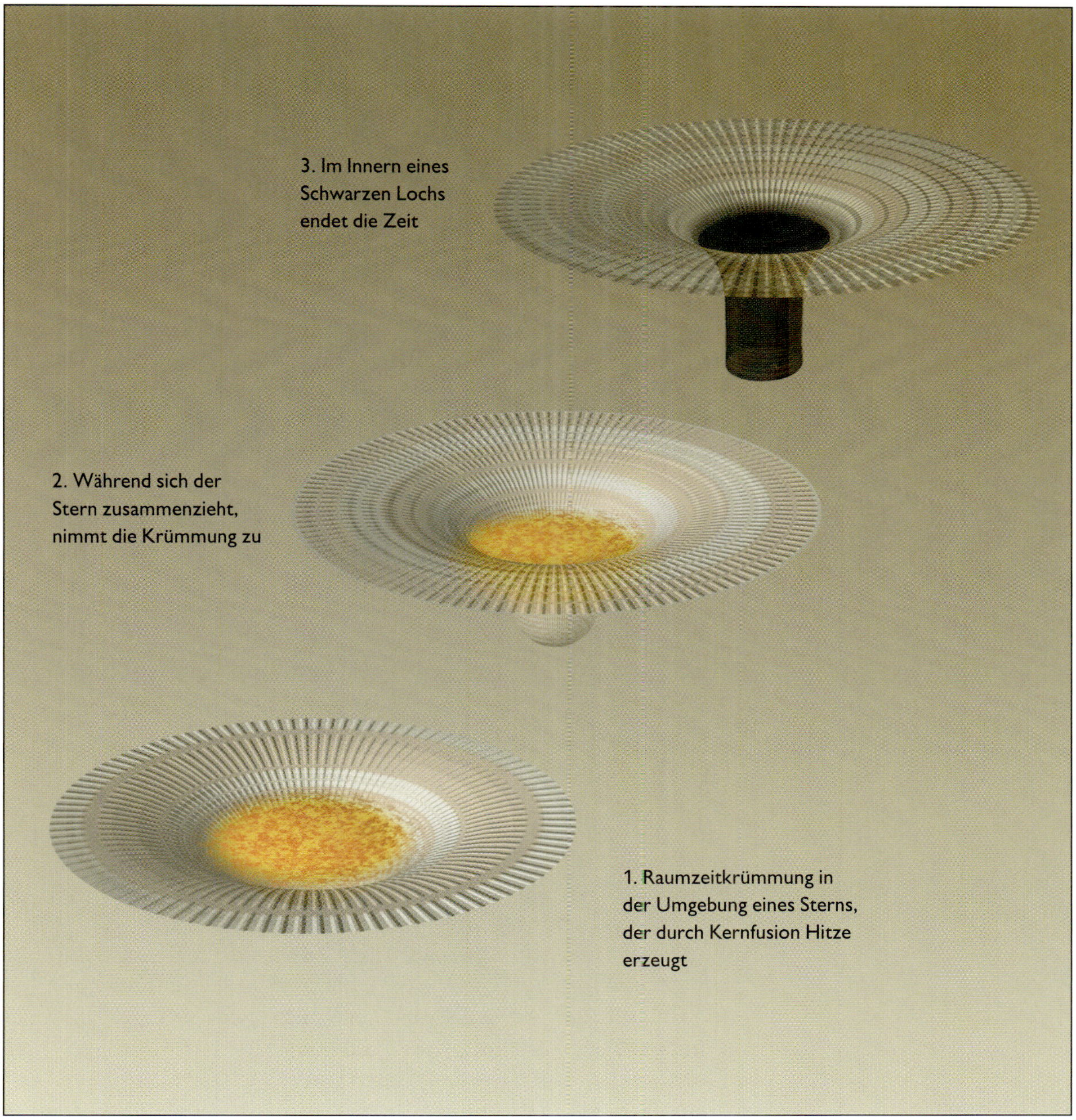

3. Im Innern eines
Schwarzen Lochs
endet die Zeit

2. Während sich der
Stern zusammenzieht,
nimmt die Krümmung zu

1. Raumzeitkrümmung in
der Umgebung eines Sterns,
der durch Kernfusion Hitze
erzeugt

Albert Einstein mit einer Mario-
nette, die ihn selbst darstellt, kurz
nach seiner endgültigen Ankunft
in Amerika.

desto weniger genau wird man seine Geschwindigkeit messen können und umgekehrt. Einstein war entsetzt über dieses Element des Zufalls, des Unvorhersagbaren in den grundlegenden Naturgesetzen und hat die Quantenmechanik nie wirklich akzeptiert. Seine Einstellung brachte er in seinem berühmten Diktum »Der Herrgott würfelt nicht« zum Ausdruck. Die meisten anderen Wissenschaftler waren jedoch von der Gültigkeit der neuen Quantengesetze überzeugt, weil sie befriedigende Erklärungen für eine ganze Reihe bis dahin rätselhafter Phänomene lieferten und ausgezeichnet mit den Beobachtungen übereinstimmten. Die Quantenmechanik bildet die Grundlage für moderne Entwicklungen in Chemie, Molekularbiologie und Elektronik. Ohne sie wäre der technische Fortschritt, der die Welt in den letzten fünfzig Jahren verwandelt hat, nicht denkbar gewesen.

Im Dezember 1932 verließ Einstein Deutschland in dem Bewußtsein, daß die Nationalsozialisten und Hitler an die Macht kommen würden. Vier Monate später legte er seine deutsche Staatsbürgerschaft ab. Die letzten zwanzig Jahre seines Lebens verbrachte er am Institute for Advanced Study in Princeton, New Jersey.

In Deutschland begannen die Nazis ihre Hetzkampagne gegen die »jüdische Wissenschaft« und die vielen Juden unter den deutschen Wissenschaftlern, ein Vorgehen, das sich später als einer der Gründe erwies, warum es Deutschland nicht gelungen ist, die Atombombe zu entwickeln. Einstein und die Relativitätstheorie waren bevorzugte Zielscheiben dieser Kampagne. Als er vom Erscheinen eines Buches mit dem Titel »100 Autoren gegen Einstein« hörte, meinte er: »Warum einhundert? Wenn ich unrecht hätte, wäre einer genug!«

Nach dem Zweiten Weltkrieg drängte er die Alliierten, eine Weltregierung zu schaffen, um die Atombombe unter Kontrolle zu halten. 1948 bot man ihm an, Präsident des neu geschaffenen Staates Israel zu werden, aber er lehnte ab. Er hat einmal gesagt, Gleichungen seien für ihn wichtiger, weil die Politik für die Gegenwart sei, eine Gleichung hingegen etwas für die Ewigkeit. Die Gleichungen der allgemeinen Relativitätstheorie sind sein schönstes Epitaph und Denkmal. Sie werden Bestand haben, solange es das Universum gibt.

Die Welt hat sich in den letzten hundert Jahren grundlegender gewandelt als in irgendeinem Jahrhundert zuvor. Dafür waren keine neuen politischen oder wirtschaftlichen Lehren verantwortlich, sondern die rasanten technischen Entwicklungen, die durch die Fortschritte in der Grundlagenforschung ermöglicht wurden. Wer wäre ein besseres Symbol für diese Fortschritte als Albert Einstein?

Albert Einstein™

Albert Einstein™

KAPITEL 2

DIE FORM DER ZEIT

*Einsteins allgemeine Relativitätstheorie verlieh der Zeit eine Form.
Wie sich das mit der Quantentheorie vereinbaren läßt*

Ist es schwierig, eine Schleife zu
fahren, oder ganz unmöglich?

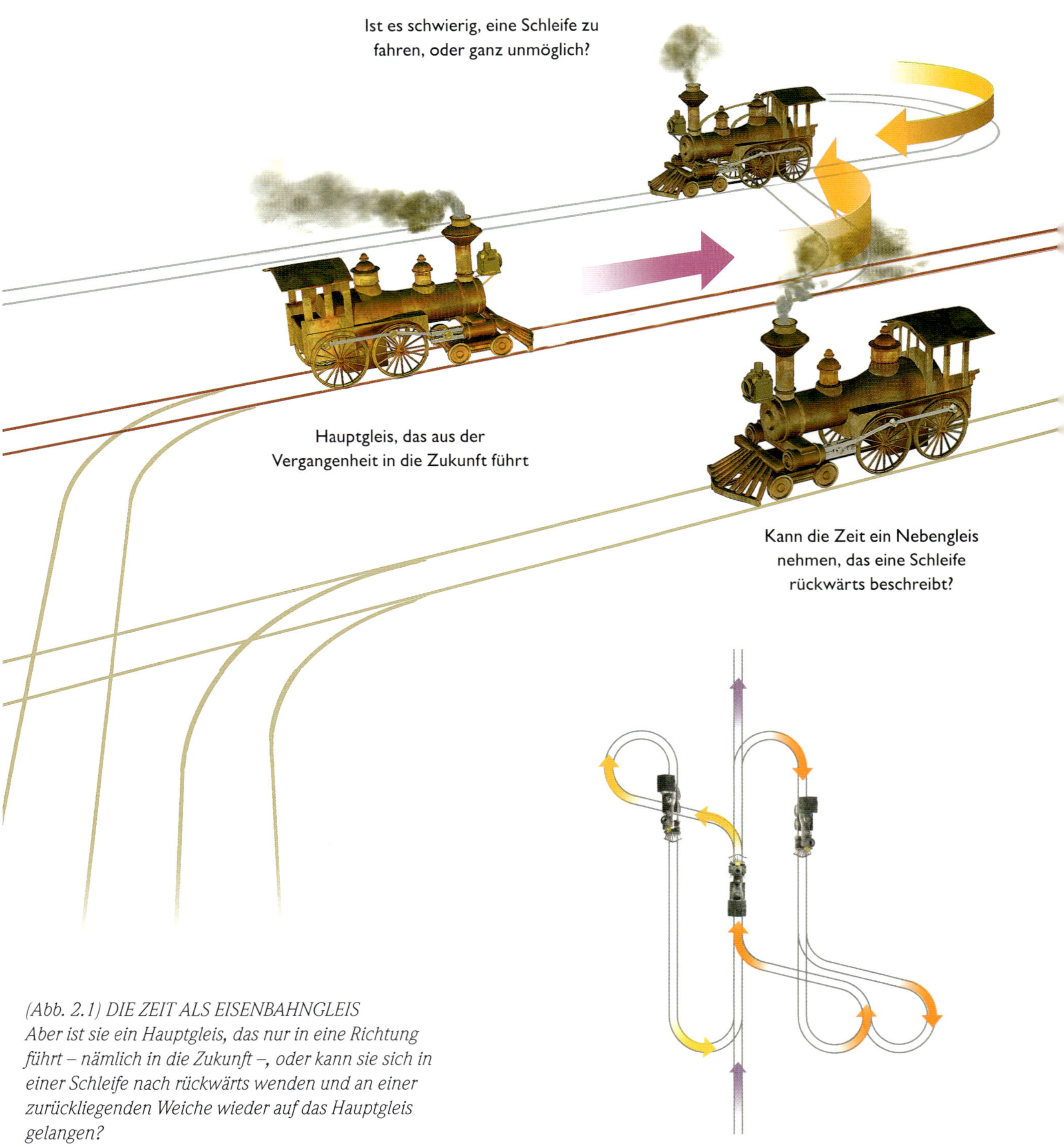

Hauptgleis, das aus der
Vergangenheit in die Zukunft führt

Kann die Zeit ein Nebengleis
nehmen, das eine Schleife
rückwärts beschreibt?

(Abb. 2.1) DIE ZEIT ALS EISENBAHNGLEIS
Aber ist sie ein Hauptgleis, das nur in eine Richtung
führt – nämlich in die Zukunft –, oder kann sie sich in
einer Schleife nach rückwärts wenden und an einer
zurückliegenden Weiche wieder auf das Hauptgleis
gelangen?

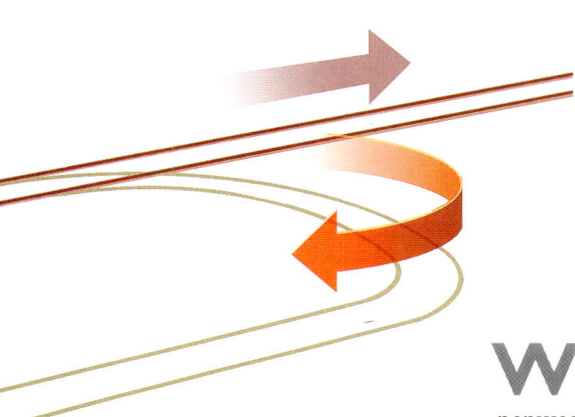

Was ist Zeit? Ist sie ein ewiger Strom, der all unsere Träume davonträgt, wie es in einem alten Kirchenlied heißt? Oder ist sie ein Schienenweg? Vielleicht enthält sie Schleifen und Verzweigungen, so daß man vorwärts springen oder zu früheren Stationen der Bahnlinie zurückkehren kann (Abb. 2.1).

Im 19. Jahrhundert schrieb der Schriftsteller Charles Lamb: »Nichts gibt mir größere Rätsel auf als Zeit und Raum. Und doch bekümmert mich nichts *weniger* als Zeit und Raum, weil ich nie einen Gedanken an sie verschwende.« Die meisten Menschen nehmen gegenüber Zeit und Raum, was auch immer das sein mag, eine ähnlich unbekümmerte Haltung ein, aber jeder fragt sich gelegentlich, was die Zeit ist, wie sie begonnen hat und wohin sie uns führt.

Ich bin der Meinung, jede vernünftige wissenschaftliche Theorie, ob sie sich nun mit der Zeit oder einem anderen Konzept beschäftigt, sollte sich auf die für den Praktiker zweckmäßigste Wissenschaftsphilosophie gründen: den positivistischen Ansatz, den Karl Popper und andere entwickelt haben. Nach dieser Auffassung ist eine wissenschaftliche Theorie ein mathematisches Modell, das unsere Beobachtungen beschreibt und kodifiziert. Eine gute Theorie beschreibt ein großes Spektrum von Phänomenen auf der Grundlage einiger einfacher Postulate und macht eindeutige Vorhersagen, die sich überprüfen lassen. Wenn die Vorhersagen mit der Beobachtung übereinstimmen, dann hat die Theorie diesen Test bestanden, doch läßt sich nie vollständig beweisen, daß sie richtig ist. Stimmen die Beobachtungen hingegen nicht mit den Vorhersagen überein, müssen wir die Theorie aufgeben oder verändern. (So sollte es zumindest sein. In der Praxis werden jedoch häufig die Beobachtungen oder die Zuverlässigkeit und Moral der Beobachter in Frage gestellt.) Wenn man, wie ich, den positivistischen Standpunkt bezieht, kann man die Frage, was die Zeit tatsächlich ist, nicht beantworten. Man kann lediglich beschreiben, was sich als sehr gutes mathematisches Modell der Zeit erwiesen hat, und sagen, welche Vorhersagen es macht.

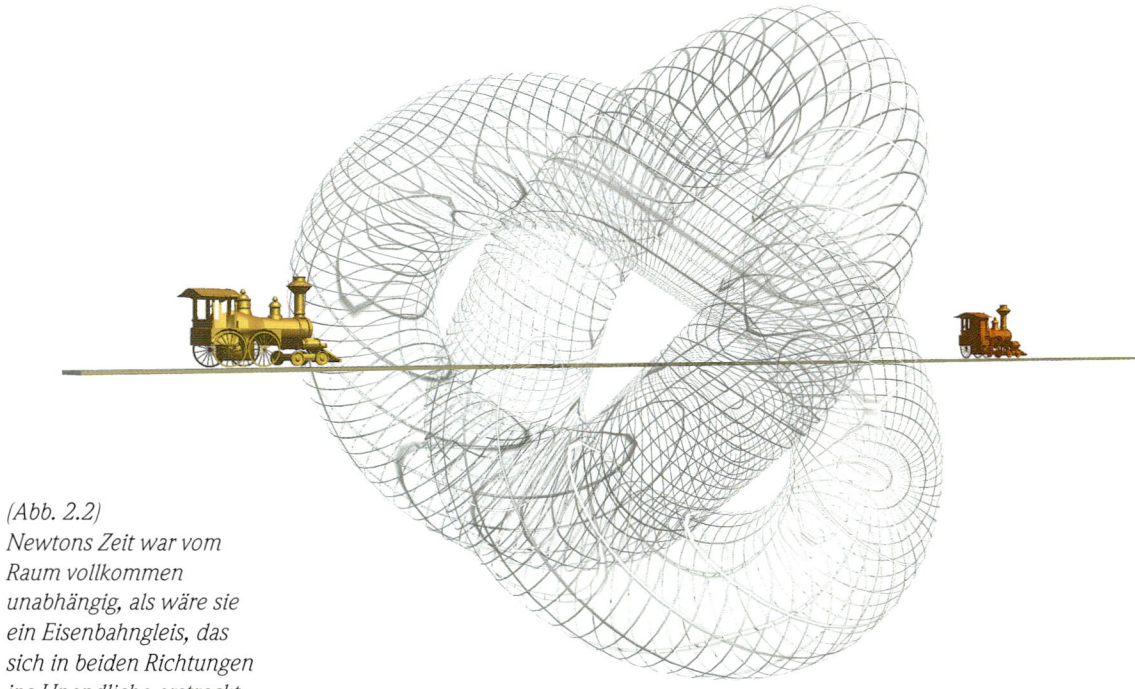

(Abb. 2.2)
Newtons Zeit war vom
Raum vollkommen
unabhängig, als wäre sie
ein Eisenbahngleis, das
sich in beiden Richtungen
ins Unendliche erstreckt.

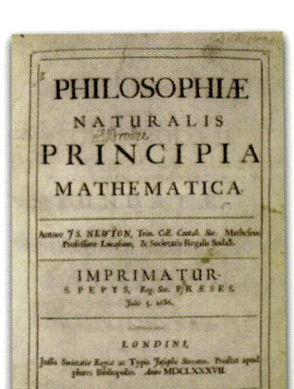

Isaac Newton veröffentlichte
sein mathematisches Modell von
Zeit und Raum vor über dreihundert
Jahren.

Das erste mathematische Modell für Zeit und Raum hat Isaac Newton in seinem 1687 erschienenen Werk *Principia Mathematica* geliefert. Newton hatte den Lucasischen Lehrstuhl inne, den Stuhl, der heute mir zuerkannt ist – allerdings wurde er damals noch nicht elektrisch betrieben. In Newtons Modell sind Zeit und Raum ein passiver Hintergrund für Ereignisse – ein Hintergrund, der durch die darin stattfindenden Ereignisse in keiner Weise beeinflußt wird. Die Zeit ist vom Raum getrennt und nach der damaligen Vorstellung eine Linie, die sich in beide Richtungen unendlich ausdehnt (Abb. 2.2). Man hielt die Zeit für ewig, glaubte also, es habe sie schon immer gegeben und werde sie immer geben. Dagegen waren die meisten Menschen davon überzeugt, das physikalische Universum sei erst wenige tausend Jahre zuvor mehr oder weniger in seinem gegenwärtigen Zustand erschaffen worden. Das bereitete manchen Denkern Kopfzerbrechen, unter anderem dem Philosophen Immanuel Kant. Wenn das Universum tatsächlich erschaffen worden sei, überlegte er, warum dann diese unendliche Wartezeit vor der Schöpfung? Oder wenn es schon ewig existiere, warum sei dann nicht alles, was habe geschehen können, bereits geschehen, was bedeutete, daß die Geschichte längst zu Ende wäre? Warum habe das Universum insbesondere

(Abb. 2.3) *FORM UND RICHTUNG DER ZEIT*

Einsteins Relativitätstheorie, die durch eine große Zahl von Experimenten bestätigt wird, zeigt, daß Zeit und Raum unauflöslich miteinander verknüpft sind. Man kann den Raum nicht krümmen, ohne die Zeit einzubeziehen. Folglich hat auch die Zeit gewissermaßen eine Form. Aber sie scheint nach wie vor nur eine einzige Richtung zu haben, wie die Lokomotiven in der Abbildung zeigen.

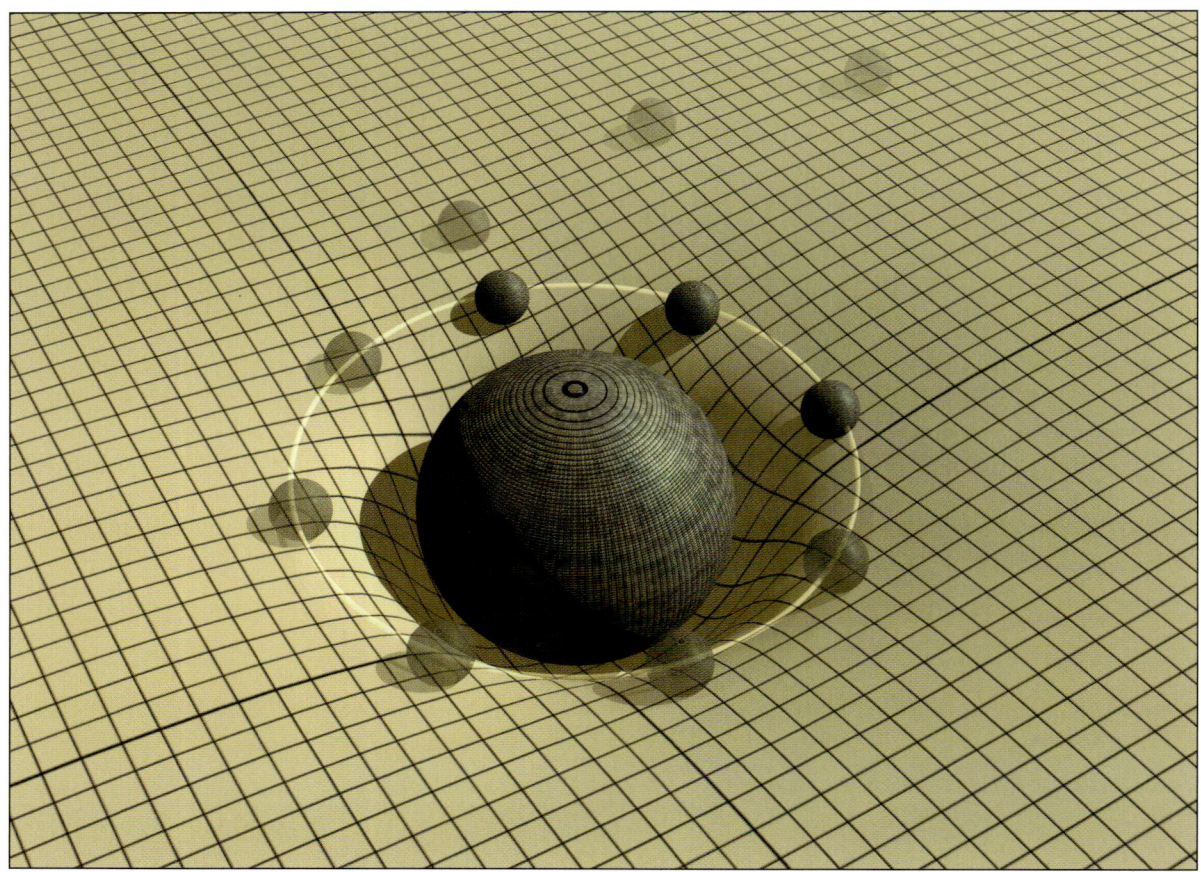

(Abb. 2.4)

DIE GUMMITUCHANALOGIE

Die große Kugel in der Mitte stellt einen massereichen Körper dar, beispielsweise einen Stern. Sein Gewicht krümmt das Tuch in seiner Umgebung. Die kleinen Kugeln, die auf dem Tuch rollen, werden von der Krümmung abgelenkt und umrunden die große Kugel, ähnlich wie Planeten im Gravitationsfeld eines Sterns diesen umkreisen.

noch nicht den Zustand des thermischen Gleichgewichts erreicht, in dem alle Dinge dieser Welt die gleiche Temperatur aufwiesen?

Kant nannte dieses Problem eine »Antinomie der reinen Vernunft«, weil es einen logischen Widerspruch darzustellen schien; es hatte keine Lösung. Allerdings gibt es diesen Widerspruch nur im Kontext von Newtons mathematischem Modell, in dem die Zeit eine unendliche Linie bildet, unabhängig vom Geschehen im Universum. Wie in Kapitel 1 geschildert, hat Einstein 1915 ein vollkommen neues Modell vorgelegt: die allgemeine Relativitätstheorie. In den Jahren, die seither vergangen sind, haben wir ein paar Schleifen und Bänder hinzugefügt, aber noch immer beruht unser Modell von Zeit und Raum auf der Theorie, die Einstein damals vorgeschlagen hat. Dieses und die folgenden Kapitel werden zeigen, wie sich unsere Ideen in den Jahren seit Einsteins revolutionärem Aufsatz entwickelt haben. Es ist eine Erfolgsgeschichte, die der Arbeit vieler Menschen zu verdanken ist, und ich bin stolz darauf, daß ich mit einem bescheidenen Beitrag an ihr beteiligt bin.

Die allgemeine Relativitätstheorie verbindet die Zeitdimension mit den

drei Dimensionen des Raumes zur sogenannten Raumzeit (vgl. Abb. 2.3, S. 41) und bezieht die Gravitation in diese Beschreibung mit ein, indem sie erklärt, die Verteilung von Materie und Energie im Universum krümme und verzerre die Raumzeit, so daß sie nicht flach ist. Objekte in dieser Raumzeit versuchen, sich geradlinig zu bewegen, doch da sie gekrümmt ist, erscheinen ihre Bahnen relativ zueinander verbogen. Die Körper bewegen sich, als wirke ein Gravitationsfeld auf sie ein.

Stellen Sie sich zum Vergleich – eine Analogie, die Sie nicht allzu wörtlich nehmen sollten – ein Gummituch vor. Auf das Tuch legen wir eine große Kugel, die die Sonne darstellt. Das Gewicht der Kugel ruft eine Vertiefung in dem Tuch hervor und bewirkt so eine Krümmung in der Nähe der »Sonne«. Lassen wir nun kleine Kugeln aus einem Kugellager auf das Tuch rollen, bewegen sie sich nicht geradewegs zur anderen Seite, sondern umlaufen die schwere Kugel, ähnlich wie Planeten die Sonne umkreisen (Abb. 2.4).

Die Analogie ist unvollständig, weil in ihr nur ein zweidimensionaler Raumausschnitt (die Oberfläche des Gummituchs) gekrümmt ist und die Zeit wie in Newtons Theorie völlig unbehelligt bleibt. In der allgemeinen Relativitätstheorie hingegen, deren Gültigkeit durch eine Vielzahl von Experimenten bestätigt wird, sind Zeit und Raum unauflöslich miteinander verknüpft. Man kann den Raum nicht krümmen, ohne die Zeit einzubeziehen. Die Zeit hat gewissermaßen selbst eine Form.

Durch die Krümmung von Zeit und Raum macht die allgemeine Relativitätstheorie aus diesen einst passiven Elementen eines Hintergrunds, vor dem sich die Ereignisse des Universums abspielen, aktiv-dynamische Teilnehmer des Geschehens. In Newtons Theorie, in der die Zeit unabhängig von allem anderen existiert, konnte man fragen: Was hat Gott denn getan, bevor er das Universum erschuf? Wie schon der heilige Augustinus mahnte, sollte man darüber keine Witze machen – wie jener Unbekannte, der meinte, Gott habe zuvor die Hölle für diejenigen vorbereitet, die solche übermäßig tiefschürfenden Fragen stellten. Es handelt sich vielmehr um eine ernste Frage, über die Menschen zu allen Zeiten spekuliert haben, nicht zuletzt der heilige Augustinus selbst: Er glaubte, Gott habe, bevor er Himmel und Erde erschuf, gar nichts getan. Das kommt unseren modernen Vorstellungen ziemlich nahe.

In der allgemeinen Relativitätstheorie existieren Zeit und Raum hingegen weder unabhängig vom Universum noch unabhängig voneinander. Zeitintervalle und Strecken werden durch Messungen innerhalb des Universums definiert, etwa die Schwingungszahl eines Quarzkristalls in einer Uhr oder die Länge eines Lineals. Es ist durchaus denkbar, daß die solcherart innerhalb des Universums definierte Zeit einen minimalen oder maximalen Wert hat, mit anderen Worten, einen Anfang oder ein Ende. Die Frage, was vor dem Anfang gewesen oder nach dem Ende sein könnte, wäre sinnlos, weil die entsprechenden Zeitpunkte nicht existierten.

Augustinus, ein Philosoph, der im 5. Jahrhundert lebte, vertrat die Auffassung, die Zeit habe vor dem Anfang der Welt nicht existiert. Seite aus *De Civitate Dei*, 12. Jahrhundert, Biblioteca Laurenziana, Florenz.

Es war natürlich wichtig festzustellen, ob das mathematische Modell der allgemeinen Relativitätstheorie einen Anfang oder ein Ende der Zeit *vorhersagt*. Ein verbreitetes Vorurteil bei theoretischen Physikern, auch Einstein, besagte, die Zeit sei in beide Richtungen unendlich. Sonst hätten sich unbequeme Fragen nach der Erschaffung des Universums gestellt, die außerhalb des wissenschaftlichen Diskurses zu liegen schienen. Zwar kannte man Lösungen der Einsteinschen Gleichungen, in denen die Zeit einen Anfang oder ein Ende hat, aber sie waren alle sehr speziell, mit einem hohen Maß an Symmetrie. Man glaubte, ein realer Körper, der unter dem Einfluß seiner eigenen Schwerkraft kollabiere, werde durch physikalische Mechanismen daran gehindert, mit all seiner Materie zu einem Punkt von unendlicher Dichte zusammenzustürzen – sei es durch den Gegendruck seiner weiter und weiter zusammengepreßten Materie, sei es, weil diese sich zwar zunächst aufeinander zu bewegte, dann aber aneinander vorbeiflöge. Und wenn man andererseits die Expansion des Universums in der Zeit zurückverfolgte, fände man entsprechend, daß die Materie des Universums nicht aus einem Punkt von unendlicher Dichte hervorgegangen sei. Eine solche sogenannte Singularität wäre ein Anfang oder ein Ende der Zeit.

1963 behaupteten die beiden russischen Wissenschaftler Jewgenij Lifschitz und Isaak Chalatnikow denn auch, sie hätten bewiesen, daß alle Lösungen der Einstein-Gleichungen, in denen eine Singularität vorkomme, ausnehmend spezielle Anordnungen und Geschwindigkeitsverteilungen der Materie aufwiesen. Die Wahrscheinlichkeit, daß die Lösung, die unserem Universum entspricht, diese speziellen Eigenschaften besitze, sei praktisch null. So gut wie alle Lösungen, die das Universum darstellen könnten, kämen ohne eine Singularität von unendlicher Dichte aus: Vor der Expansionsphase des Universums müsse es eine Kontraktionsphase gegeben haben, in der die Materie zusammengestürzt, aber knapp einer Kollision mit sich selbst entgangen sei, so daß sie sich in der gegenwärtigen Expansionsphase wieder voneinander entferne. Wenn dies zutreffe, dauere die Zeit ewig an, von einer unendlichen Vergangenheit hin zu einer unendlichen Zukunft.

Nicht alle Fachleute fanden die Argumente von Lifschitz und Chalatnikow überzeugend. Roger Penrose und ich wählten einen anderen Ansatz, der nicht von einer detaillierten Untersuchung von Lösungen ausging, sondern von der globalen Struktur der Raumzeit. In der allgemeinen Relativitätstheorie wird die Raumzeit nicht nur durch massebehaftete Objekte gekrümmt, die sich in ihr befinden, sondern auch durch die Energie, die sie enthält. Energie ist immer positiv, daher verleiht sie der Raumzeit eine Krümmung, die die Bahnen der Lichtstrahlen aufeinander zu biegt.

Betrachten wir nun unseren in der Vergangenheit liegenden Rückwärtslichtkegel (Abb. 2.5), das heißt die Bahnen, die die Lichtstrahlen ferner Galaxien in der Raumzeit durchlaufen, bevor sie uns in der Gegenwart erreichen.

Beobachter blickt durch die Zeit zurück

Galaxien, wie sie vor kurzem aussahen
Galaxien, wie sie vor fünf Milliarden Jahren aussahen

Die kosmische Hintergrundstrahlung

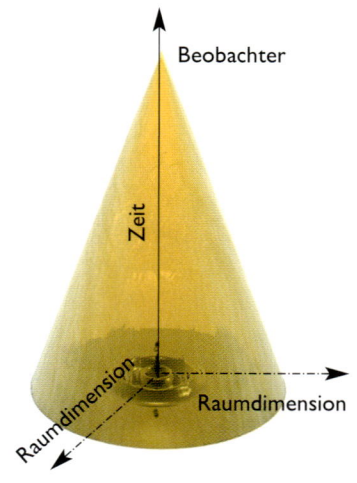

Beobachter

Zeit

Raumdimension

Raumdimension

(Abb. 2.5)
UNSER RÜCKWÄRTSLICHTKEGEL
Betrachten wir ferne Galaxien, blicken wir in die Vergangenheit des Universums, denn das Licht bewegt sich mit endlicher Geschwindigkeit. Wenn wir die Zeit senkrecht und zwei der drei Raumrichtungen horizontal darstellen und uns das Licht jetzt in dem Punkt an der Spitze erreicht, dann ist es auf einem Kegel zu uns gelangt.

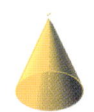

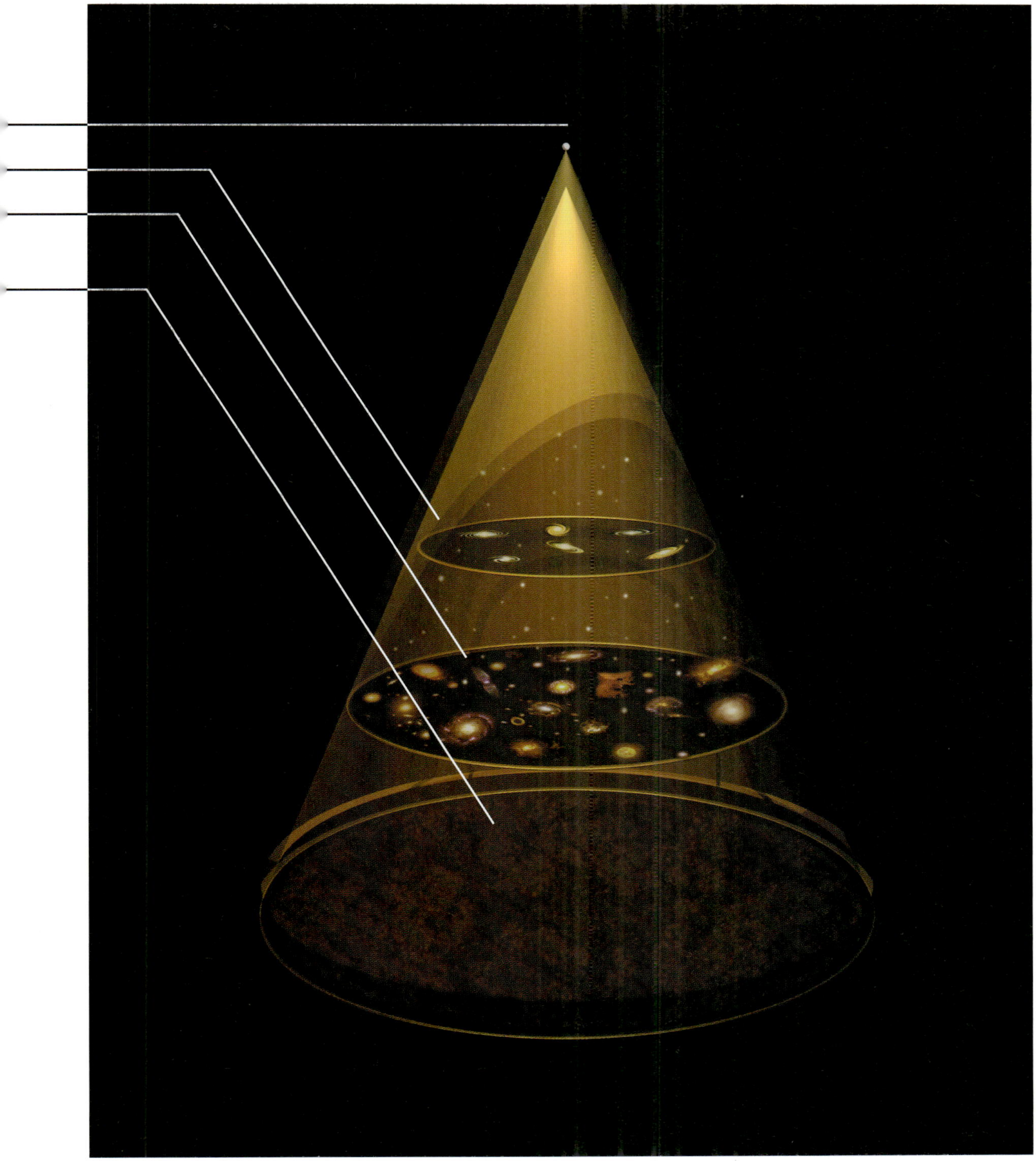

SPEKTRUM DER KOSMISCHEN MIKROWELLENHINTERGRUNDSTRAHLUNG; GEMESSEN MIT DEM COBE-SATELLITEN

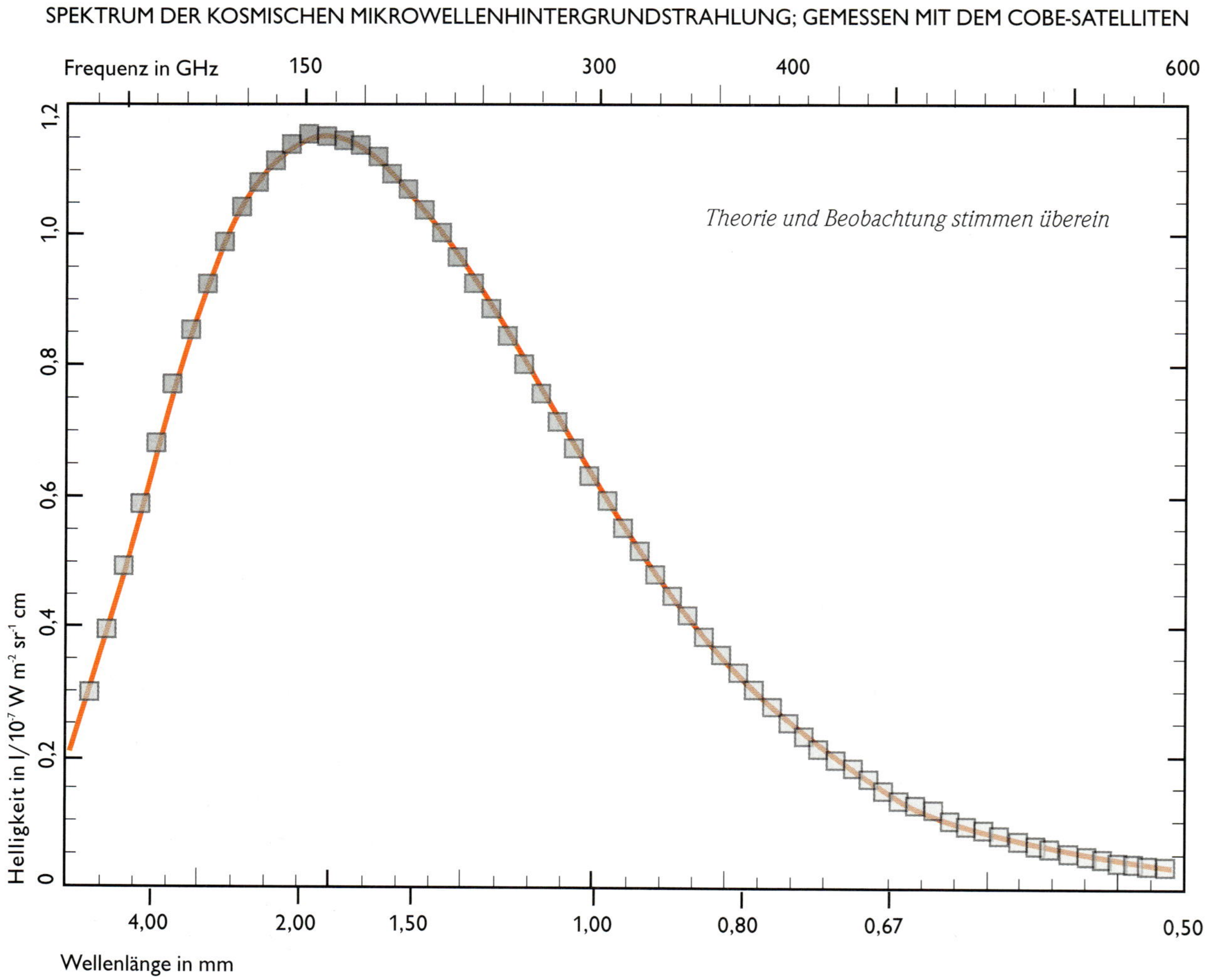

Frequenz in GHz   150   300   400   600

Theorie und Beobachtung stimmen überein

Helligkeit in I/10⁻⁷ W m⁻² sr⁻¹ cm

Wellenlänge in mm

(Abb. 2.6)
DAS SPEKTRUM DER KOSMISCHEN HINTERGRUNDSTRAHLUNG
Das Spektrum – die Verteilung der Strahlungsleistung auf die verschiedenen Frequenzen – der kosmischen Hintergrundstrahlung ist typisch für das Strahlungsspektrum eines heißen Körpers. Um ein Wärmegleichgewicht zu erreichen, müssen Strahlung und Materie viele Male aneinander gestreut haben. Daraus läßt sich auf eine Materiedichte in der Vergangenheit schließen, die ausreichte, um unseren Vergangenheitslichtkegel nach innen zu biegen.

In einem Diagramm, in dem die senkrechte Achse die Zeit und die waagerechte den Raum darstellt, bildet die Gesamtheit dieser Bahnen einen Kegel, dessen Scheitelpunkt dahin zeigt, wo wir uns hier und jetzt in der Raumzeit befinden. Wenn wir das Licht zurückverfolgen – vom Scheitelpunkt den Kegel hinab –, treffen wir auf Galaxien zu immer früheren Zeiten. Da das Universum expandiert und früher alles wesentlich näher zusammenlag, blicken wir, je weiter wir zurückschauen, durch Regionen von immer höherer Materiedichte. Einiges von dem Licht, das uns erreicht, stammt gar aus einer Zeit, bevor sich überhaupt so etwas wie Galaxien gebildet hatte: So beobachten wir einen schwachen Hintergrund von Mikrowellenstrahlung (eines niederenergetischen Verwandten des sichtbaren Lichts), der sich aus viel früherer Zeit, als das Universum noch erheblich dichter und heißer als heute war, entlang des Rückwärtslichtkegels bis zu uns ausbreitete. Durch Einstellen der

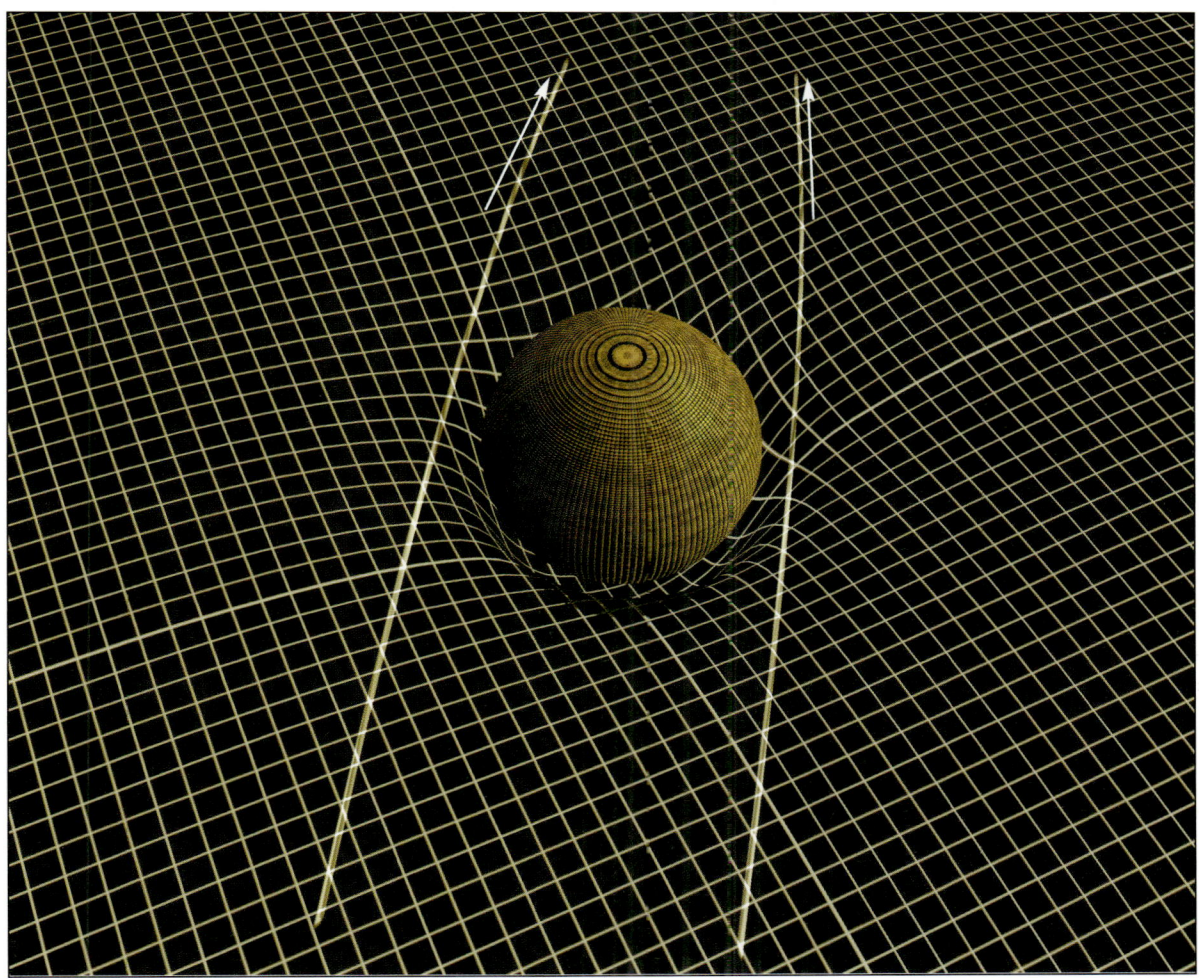

Empfänger auf verschiedene Mikrowellenfrequenzen können wir das Spektrum (die Verteilung der Energie auf die Teilwellen unterschiedlicher Frequenz) dieser Strahlung messen. Wir finden ein Spektrum, das für die Strahlung eines Körpers mit der Temperatur von 2,7 Grad über dem absoluten Nullpunkt charakteristisch ist. Diese Mikrowellenstrahlung eignet sich zwar nicht zum Auftauen einer tiefgefrorenen Pizza, doch der Umstand, daß das Spektrum so genau mit der Strahlung eines Körpers von 2,7 Grad übereinstimmt, gibt uns einen wichtigen Hinweis: Die Strahlung muß aus Regionen kommen, die für Mikrowellen undurchlässig sind (Abb. 2.6).

Daraus können wir auf die Menge an Materie schließen, die unser Rückwärtslichtkegel in der Vergangenheit durchdrungen hat. Sie reicht aus, die Raumzeit so zu krümmen, daß die Lichtstrahlen unseres Rückwärtslichtkegels aufeinander zu gebogen werden (Abb. 2.7). Wenn wir in der Zeit

(Abb. 2.7)
KRÜMMUNG DER RAUMZEIT
Weil die Gravitation eine anziehende Kraft ist, bewirkt Materie immer eine Krümmung der Raumzeit, durch die Lichtstrahlen aufeinander zu gelenkt werden.

Der Beobachter, der in diesem
Moment durch die Zeit zurückblickt

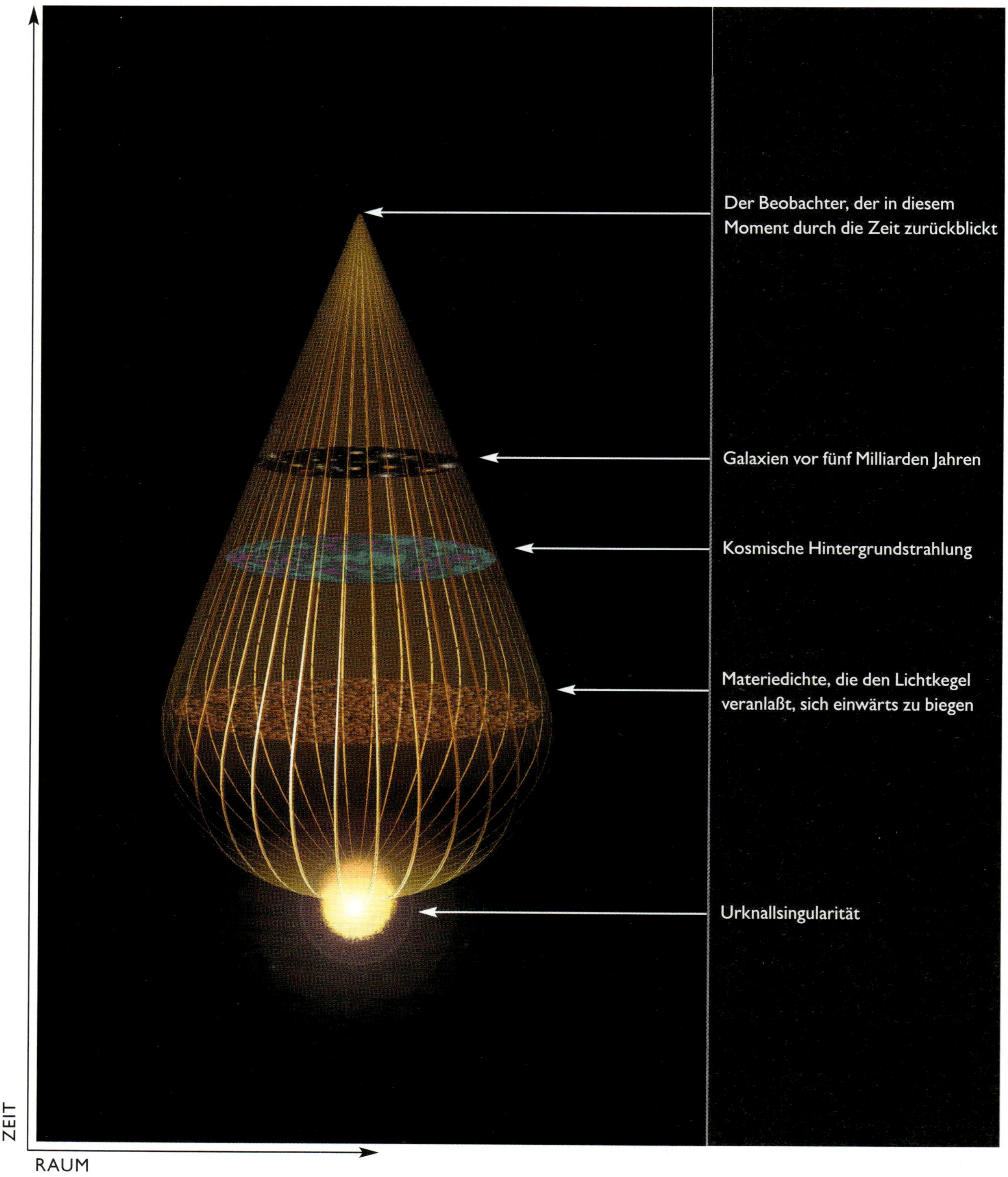

Galaxien vor fünf Milliarden Jahren

Kosmische Hintergrundstrahlung

Materiedichte, die den Lichtkegel
veranlaßt, sich einwärts zu biegen

Urknallsingularität

ZEIT

RAUM

zurückgehen, erreichen die Querschnitte unseres Rückwärtslichtkegels also eine maximale Größe und werden dann wieder kleiner. Unsere Vergangenheit ist birnenförmig (Abb. 2.8).

Folgen wir unserem Rückwärtslichtkegel noch weiter, bewirkt die positive Energiedichte der Materie, daß sich die Lichtstrahlen noch stärker aufeinander zu bewegen. In endlicher Zeit schrumpft der Querschnitt des Lichtkegels auf die Größe null. Mit anderen Worten, die gesamte Materie innerhalb unseres Rückwärtslichtkegels ist in einer Region eingeschlossen, deren Grenze gegen null geht. So konnten Penrose und ich beweisen, daß die Zeit nach dem mathematischen Modell der allgemeinen Relativitätstheorie im sogenannten Urknall einen Anfang gehabt haben muß. Mit ähnlichen Argumenten ließ sich zeigen, daß die Zeit ein Ende findet, wenn Sterne oder Galaxien unter dem Einfluß ihrer eigenen Schwerkraft zu Schwarzen Löchern zusammenstürzen. Wir umgingen Kants Antinomie der reinen Vernunft, indem wir die implizite Annahme aufgaben, die Zeit habe eine vom Universum unabhängige Bedeutung. Der Aufsatz, in dem wir bewiesen, daß die Zeit einen Anfang hat, gewann 1969 den zweiten Preis in dem von der Gravity Research Foundation gesponserten jährlichen Essay-Wettbewerb, und Roger und ich durften uns die fürstliche Summe von 300 Dollar teilen. Ich glaube nicht, daß die anderen preisgekrönten Arbeiten dieses Jahres von überdauerndem Wert waren.

Die Reaktionen auf unseren Aufsatz fielen unterschiedlich aus. Viele Physiker waren empört, während fromme Menschen, die an die Schöpfung glaubten, das Ergebnis mit Begeisterung aufnahmen: Endlich war der wissenschaftliche Beweis für einen punktuellen Schöpfungsakt erbracht. Derweilen waren Lifschitz und Chalatnikow in einer schwierigen Situation. Gegen die mathematischen Theoreme, die wir bewiesen hatten, konnten sie schlecht etwas einwenden, andererseits durften sie aber unter dem sowjetischen System auch nicht zugeben, daß sie sich geirrt und westliche Wissenschaftler recht hatten. Doch sie retteten die Situation, indem sie eine allgemeinere Familie von Lösungen mit einer Singularität fanden, die nicht so speziell waren wie ihre vorherigen Lösungen. Damit waren sie in der Lage, Singularitäten – den Anfang oder das Ende der Zeit – als sowjetische Entdeckung zu reklamieren.

(Abb. 2.8) DIE ZEIT IST BIRNENFÖRMIG
Wenn wir unseren Rückwärtslichtkegel zurückverfolgen, wird ersichtlich, daß seine Lichtstrahlen durch die Materie im frühen Universum einwärts gebogen werden. Das ganze Universum, das wir beobachten, war in der Vergangenheit in einer Region enthalten, deren Grenze beim Urknall auf null schrumpft. Das wäre eine Singularität, ein Ort, wo die Materie unendlich dicht wäre und die klassische allgemeine Relativitätstheorie nicht mehr gelten würde.

DIE UNSCHÄRFERELATION

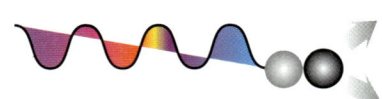

Niederfrequente Wellen stören die Geschwindigkeit des Teilchens nur wenig. Allerdings haben sie längere Wellenlängen.

Hochfrequente Wellen stören die Geschwindigkeit des Teilchens stärker. Dafür sind ihre Wellenlängen kürzer.

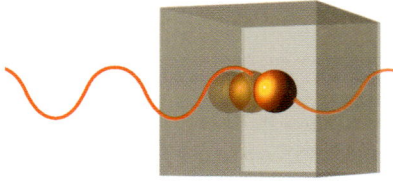

Je länger die Wellenlänge der Welle, mit deren Hilfe ein Teilchen beobachtet wird, desto weniger genau bestimmbar ist sein Ort.

Je kürzer die Wellenlänge der Welle, mit deren Hilfe ein Teilchen beobachtet wird, desto genauer bestimmbar ist sein Ort.

Ein wichtiger Schritt auf dem Weg zur Quantentheorie war im Jahr 1900 Max Plancks Annahme, das Licht komme immer in kleinen Paketen, Quanten, wie er sagte, vor. Zwar lieferte Plancks Quantenhypothese schlüssige Erklärungen für die Strahlung heißer Körper, doch das volle Ausmaß ihrer Bedeutung wurde erst Mitte der zwanziger Jahre erkannt, als der deutsche Physiker Werner Heisenberg seine berühmte Unschärferelation formulierte.

Wie er entdeckte, ergibt sich aus Plancks Hypothese folgendes: Je genauer man die Position eines Teilchens zu messen versucht, desto ungenauer mißt man seine Geschwindigkeit und umgekehrt.
Exakter: Heisenberg wies nach, daß die Unbestimmtheit in der Position eines Teilchens multipliziert mit der Unbestimmtheit seines Impulses stets größer sein muß als das Plancksche Wirkungsquantum, eine Größe, die in enger Beziehung zum Energiegehalt eines Lichtquants steht.

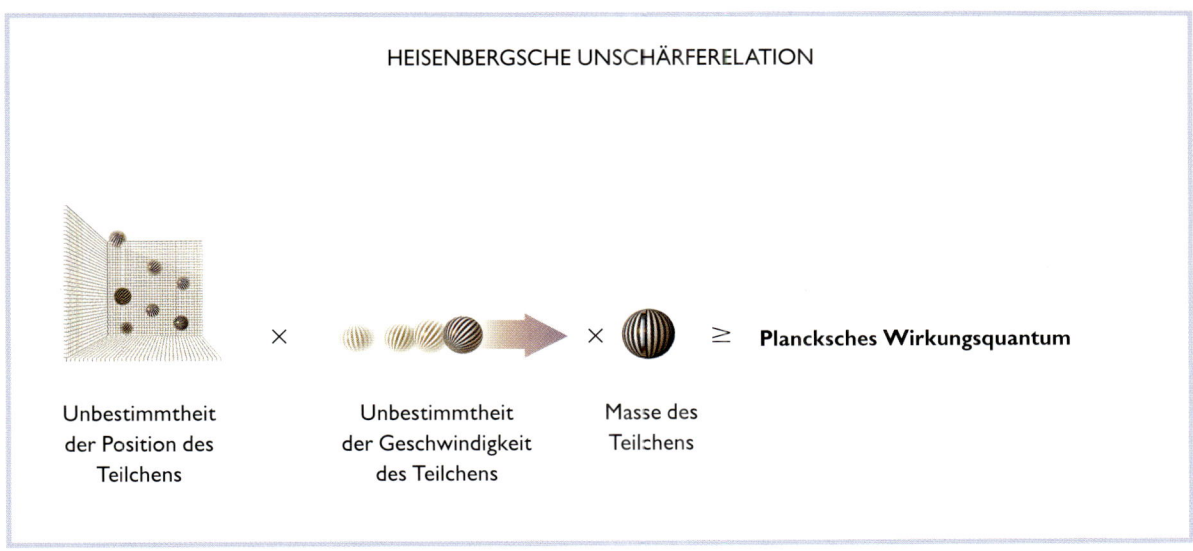

HEISENBERGSCHE UNSCHÄRFERELATION

Unbestimmtheit der Position des Teilchens × Unbestimmtheit der Geschwindigkeit des Teilchens → × Masse des Teilchens ≥ **Plancksches Wirkungsquantum**

Noch immer hegten die meisten Physiker eine instinktive Abneigung gegen die Vorstellung, die Zeit habe einen Anfang oder ein Ende. Daher wandten sie ein, das mathematische Modell sei wahrscheinlich keine gute Beschreibung der Raumzeit in der Nähe einer Singularität. Die allgemeine Relativitätstheorie ist nämlich, wie im ersten Kapitel erwähnt, eine klassische Theorie und läßt die Unschärferelation der Quantentheorie außer acht, die für alle anderen uns bekannten Kräfte gilt. Diese Inkonsistenz spielt im größten Teil des Universums während des größten Teils der Zeit keine Rolle, weil die Krümmungen der Raumzeit auf einer riesigen und die Quanteneffekte auf einer winzigen Größenskala stattfinden. Doch in der Nähe einer Singularität wären die beiden Skalen vergleichbar, so daß zusätzlich zur klassischen Gravitation die Effekte der Quantentheorie an Bedeutung gewönnen – dort hätten wir es demnach mit Quantengravitation zu tun. Im Grunde haben Penrose und ich also mit den Singularitätstheoremen nachgewiesen, daß unsere klassische Raumzeitregion in der Vergangenheit – und möglicherweise auch in der Zukunft – durch Regionen begrenzt wird, in denen die Quantengravitation zum Tragen kommt. Um den Ursprung und das Schicksal des Universums zu verstehen, brauchen wir eine Quantentheorie der Gravitation.

Quantentheorien von Systemen wie Atomen, die eine begrenzte Zahl von Teilchen umfassen, wurden in den zwanziger Jahren von Heisenberg, Erwin Schrödinger und Paul Dirac formuliert. (Auch Dirac hatte einst meinen Lehrstuhl in Cambridge inne, aber auch zu seiner Zeit war er noch nicht motorisiert.) Allerdings traten Probleme auf, als man versuchte, die Quantentheorie auf das Maxwell-Feld auszudehnen, das Elektrizität, Magnetismus und Licht beschreibt.

DAS MAXWELL-FELD

1865 faßte der englische Physiker James Clerk Maxwell alle bekannten Gesetze der Elektrizität und des Magnetismus zusammen. Maxwells Theorie setzt die Existenz von »Feldern« voraus, die Wirkungen von einem Ort an einen anderen übertragen. Er ging davon aus, daß die Felder, die elektrische und magnetische Störungen übertragen, dynamische Gebilde sind, die schwingen und sich durch den Raum bewegen können. Maxwells Synthese des Elektromagnetismus läßt sich in zwei Gleichungen zusammenfassen, die die Dynamik dieser Felder beschreiben. Er selbst hat die erste wichtige Schlußfolgerung aus diesen Gleichungen gezogen: daß sich elektromagnetische Wellen aller Frequenzen mit der gleichen unveränderlichen Geschwindigkeit durch den Raum bewegen – der Lichtgeschwindigkeit.

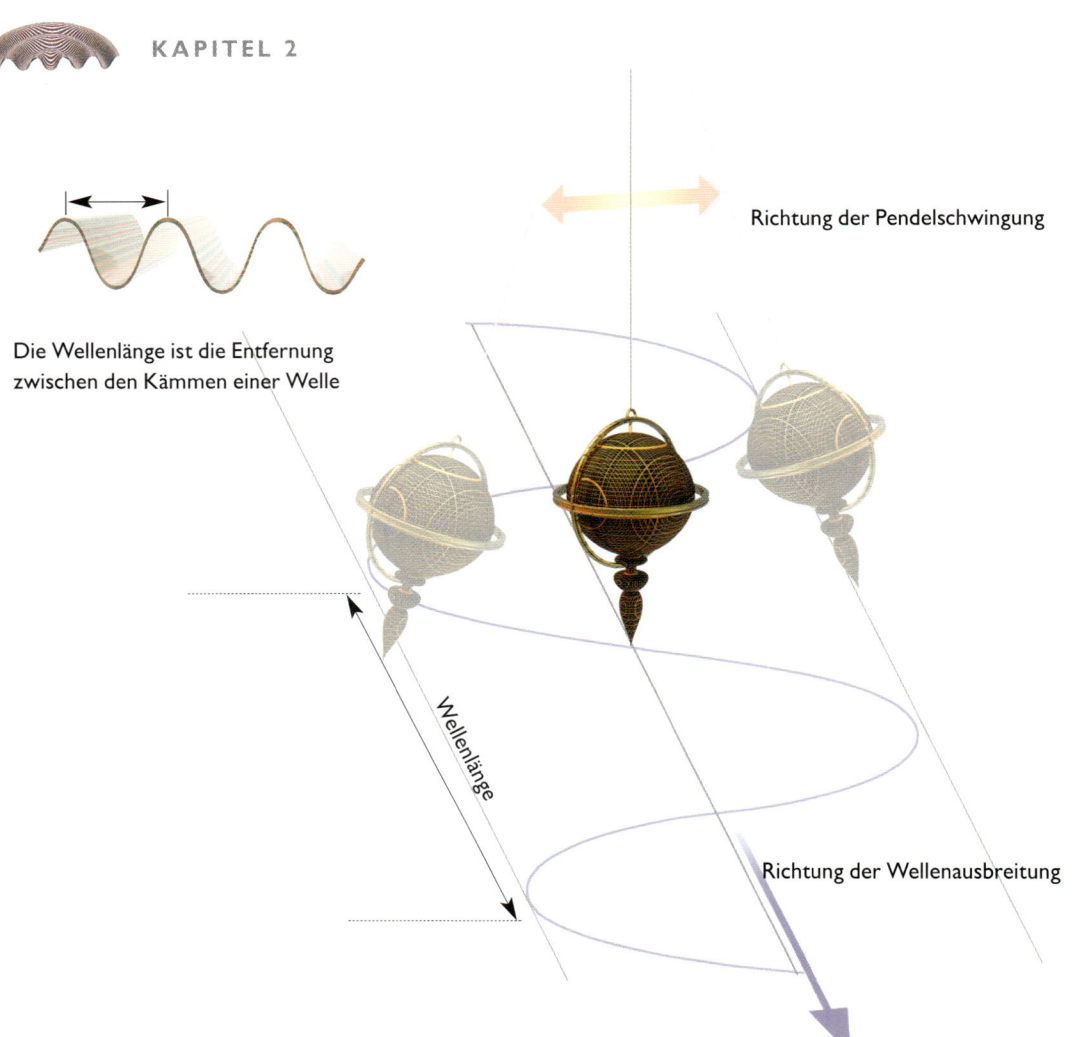

Die Wellenlänge ist die Entfernung zwischen den Kämmen einer Welle

Richtung der Pendelschwingung

Wellenlänge

Richtung der Wellenausbreitung

Man kann sich vorstellen, daß das elektromagnetische Feld aus Wellen verschiedener Wellenlängen (dem Abstand zwischen einem Wellenkamm und dem nächsten) besteht. In einer Welle schwingt das Feld wie ein Pendel von einem Wert zum anderen (Abb. 2.9).

Nach der Quantentheorie entspricht der Grundzustand – der Zustand niedrigstmöglicher Energie – eines Pendels nicht einfach (wie in der klassischen Physik) der Stellung, in der das Pendel in Ruhe ist und direkt nach unten zeigt. Dann hätte der Pendelkörper nämlich sowohl einen bestimmten Ort als auch eine bestimmte Geschwindigkeit – null. Das wäre eine Verletzung der Unschärferelation, die ja die exakte Messung des Ortes und der Geschwindigkeit zur selben Zeit verbietet. Die Unbestimmtheit des Ortes mal der Unbestimmtheit des Impulses muß größer sein als eine bestimmte Konstante, das sogenannte Plancksche Wirkungsquantum – ihr Zahlenwert ist zu lang, um sie immer wieder im Ganzen hinzuschreiben, daher geben wir sie durch ein Symbol wieder: $\hbar$, gesprochen »h quer«.

(Abb. 2.9)
BEWEGTE WELLE
MIT SCHWINGENDEM PENDEL
Elektromagnetische Strahlung bewegt sich als Welle durch den Raum, wobei elektrisches und magnetisches Feld wie ein Pendel schwingen – quer zur Ausbreitungsrichtung der Welle. Die Strahlung kann eine Überlagerung von einfachen Wellen verschiedener Wellenlängen sein.

Wahrscheinlichkeitsverteilung

Auslenkung

Der Grundzustand oder niedrigste Energiezustand eines Pendels besitzt also nicht die Energie null, wie man erwarten könnte. Vielmehr muß ein Pendel wie jedes quantentheoretische Schwingungssystem selbst in seinem Grundzustand bestimmte Schwingungen ausführen, sogenannte Nullpunktschwingungen. Das heißt, das Quantenpendel zeigt auch im Grundzustand nicht unbedingt direkt nach unten, sondern seine Lage weicht mit einer gewissen Wahrscheinlichkeit um einen kleinen Winkel von der Senkrechten ab (Abb. 2.10). Entsprechend wird die Höhe der Wellenberge des elektromagnetischen Feldes selbst im Vakuumzustand, ihrem niedrigsten Energiezustand, nicht genau gleich null sein, sondern kleine Werte aufweisen. Je höher die Frequenz (die Zahl der Schwingungen pro Zeiteinheit) des Pendels oder der Welle, desto höher die Energie des Grundzustands.

Berechnungen der Grundzustandsfluktuationen haben für die scheinbare Masse und Ladung des Elektrons einen unendlichen Wert ergeben, was sich nicht mit den Beobachtungen deckt. Doch in den vierziger Jahren des

(Abb. 2.10)
*PENDEL MIT WAHRSCHEINLICH-
KEITSVERTEILUNG*
Nach der Quantentheorie muß ein Pendel selbst in seinem niedrigsten Energiezustand ein Minimum an Fluktuationen aufweisen.
Seine Position ist durch eine Wahrscheinlichkeitsverteilung gegeben: Im Grundzustand ist die wahrscheinlichste Position eine Ausrichtung, die direkt nach unten zeigt, aber es besteht auch eine gewisse Wahrscheinlichkeit, das Pendel in einem kleinen Winkel zur Senkrechten anzutreffen.

20. Jahrhunderts entwickelten die Physiker Richard Feynman, Julian Schwinger und Shin'ichiro Tomonaga eine in sich schlüssige Methode, diese Unendlichkeiten zu eliminieren oder »herauszusubtrahieren« und nur die beobachteten endlichen Werte für die Masse und die Ladung zu berücksichtigen. Trotzdem verursachten die Grundzustandsfluktuationen noch immer kleine Effekte, die sich messen ließen und eine befriedigende Übereinstimmung mit den Experimenten zeigten. Ähnliche Subtraktionsverfahren zur Eliminierung von Unendlichkeiten bewährten sich bei sogenannten Yang-Mills-Feldern, deren Theorie von Chen Ning Yang und Robert Mills entwickelt wurde. Yang-Mills-Theorien sind eine Erweiterung der Maxwellschen Theorie des Elektromagnetismus. Mit ihrer Hilfe lassen sich zwei weitere der fundamentalen Kräfte (oder Wechselwirkungen) mathematisch beschreiben – die schwache und die starke Kernkraft. Doch in einer Quantentheorie der Gravitation haben Grundzustandsfluktuationen einen weit wichtigeren Effekt. Abermals besitzt jede Wellenlänge eine Grundzustandsenergie. Die Wellenlängen des elektromagnetischen Felds können beliebig kurz sein, daher gibt es in jeder Raumzeitregion eine unendliche Zahl verschiedener Wellenlängen und eine unendliche Menge an Grundzustandsenergie. Da Energie – wie Materie – eine Gravitationsquelle ist, müßte diese unendliche Energiedichte bedeuten, daß im Universum genügend Gravitationsanziehung vorhanden ist, um die gesamte Raumzeit zu einem einzigen Punkt zusammenzuziehen, was offenkundig nicht der Fall ist.

Man könnte meinen, dieser scheinbare Widerspruch zwischen Beobachtung und Theorie lasse sich auflösen, indem man erklärt, die Grundzustandsfluktuationen hätten keinen Gravitationseffekt, doch das geht nicht. Wir können die Energie der Grundzustandsfluktuationen durch den sogenannten Casimir-Effekt nachweisen. Wenn man zwei Metallplatten sehr nahe und parallel zueinander anordnet, ist die Anzahl der Wellenlängen, die zwischen die Platten passen, etwas geringer als die der verschiedenen Wellenlängen, die im Außenraum der Anordnung zulässig sind. Mithin ist die Energiedichte zwischen den Platten – obwohl immer noch unendlich – kleiner als die Energiedichte außerhalb der Platten (Abb. 2.11). Dieser Unterschied der Energiedichten führt zu einer Kraft, die die Platten aufeinander zu bewegt, und diese Kraft ist experimentell nachgewiesen worden. In der allgemeinen Relativitätstheorie sind Kräfte – genauso wie Materie – eine Gravitationsquelle, daher wäre es inkonsistent, den Gravitationseffekt dieses Energieunterschiedes außer acht zu lassen.

Eine andere mögliche Lösung des Problems wäre die Annahme, es gebe eine kosmologische Konstante, wie Einstein sie eingeführt hat, um ein statisches Universum zu beschreiben. Wenn diese Konstante einen unendlichen negativen Wert hätte, könnte sie den unendlichen positiven Wert der Grundzustandsenergien im freien Raum aufheben. Allerdings sähe eine solche kos-

(Abb. 2.11)
DER CASIMIR-EFFEKT
Die Existenz von Grund-
zustandsfluktuationen ist
durch den experimentellen
Nachweis des Casimir-
Effekts bestätigt worden,
einer winzigen Kraft, die
zwischen parallelen, elek-
trisch neutralen Metall-
platten wirkt.

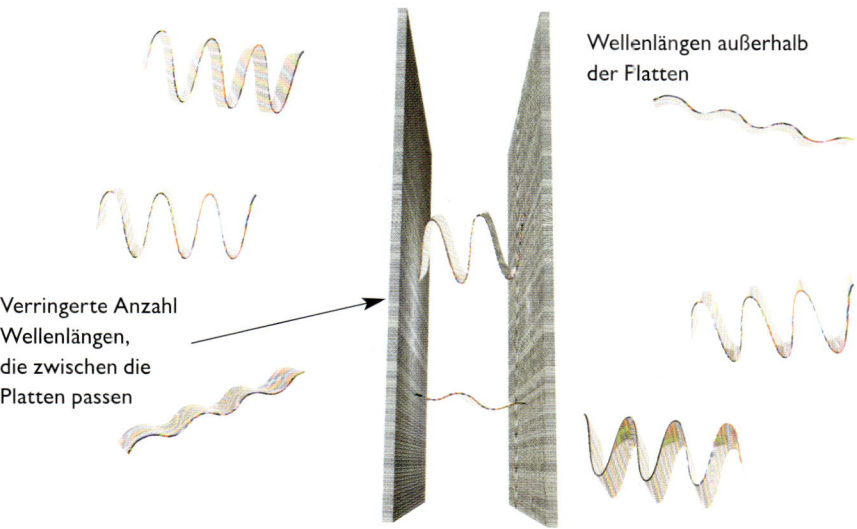

Wellenlängen außerhalb
der Flatten

Verringerte Anzahl
Wellenlängen,
die zwischen die
Platten passen

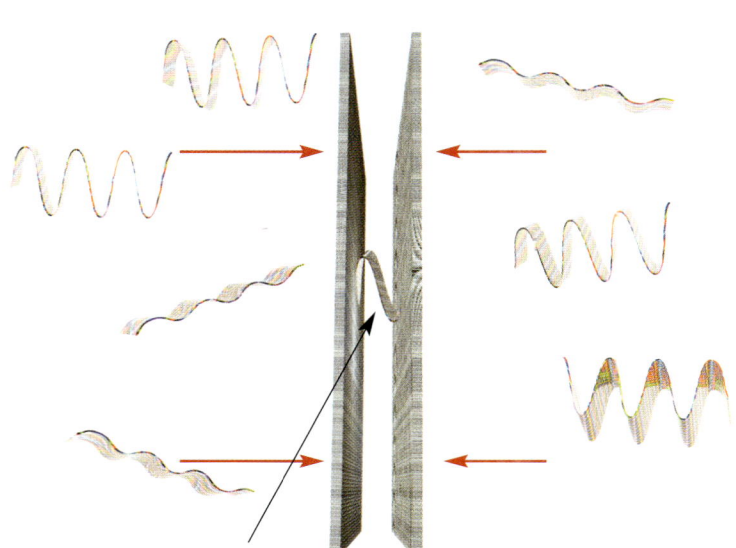

Die Energiedichte der Grundzustandsfluktuationen zwischen den Platten ist
geringer als die Dichte außerhalb, wodurch
die Platten aufeinander zu bewegt werden

Die Energiedichte der
Grundzustandsfluktuationen
ist außerhalb der Platten
größer

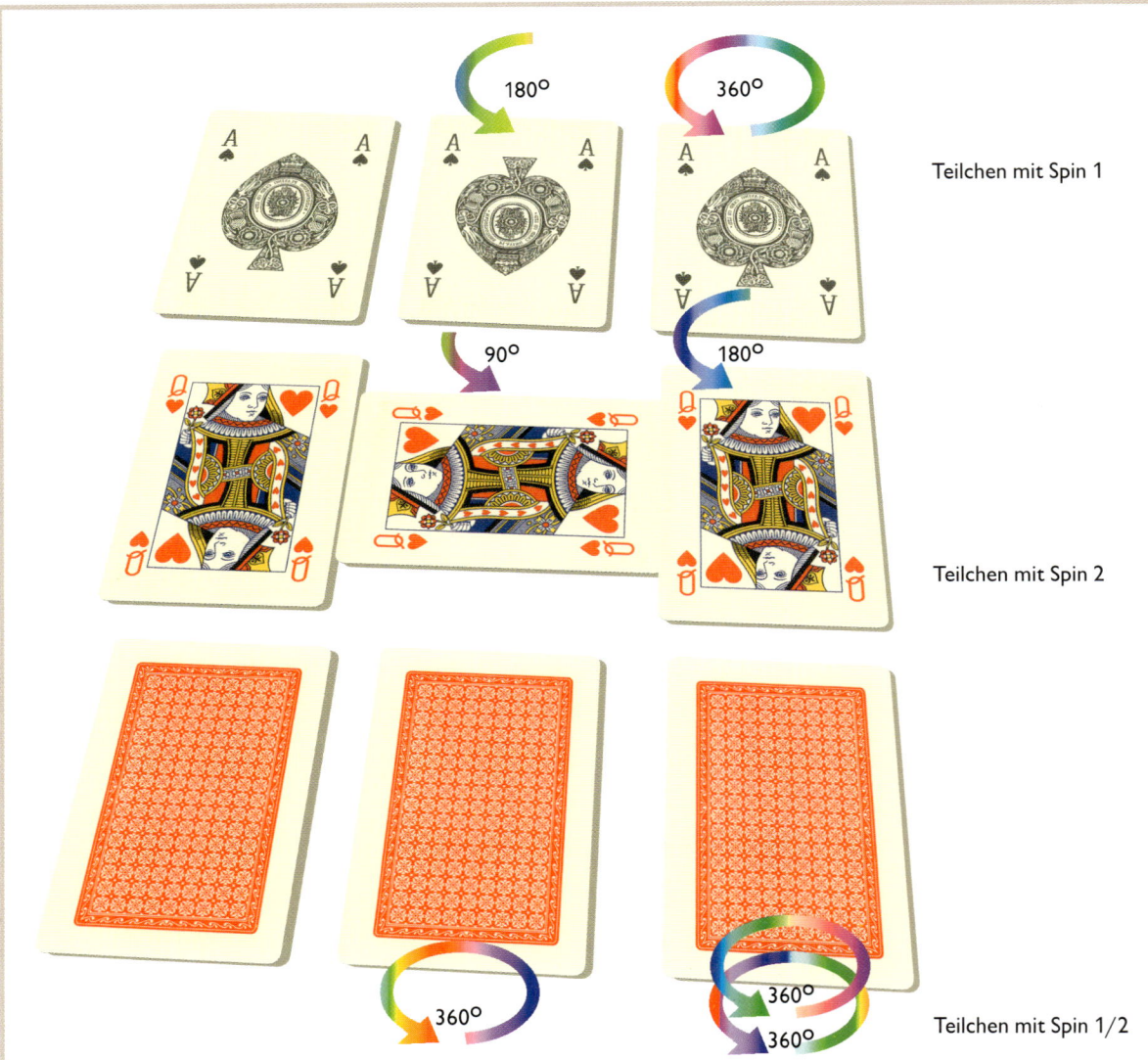

(Abb. 2.12) TEILCHENSPIN

Alle Teilchen haben eine Eigenschaft, den Spin, von dem es abhängt, wie Teilchen unter verschiedenen Blickwinkeln aussehen. Das läßt sich an einem Kartenspiel anschaulich machen. Betrachten wir zunächst das Pik-As. Gleich sieht es nur nach einer vollständigen Umdrehung von 360 Grad aus. Daher sagt man, es habe Spin 1. Dagegen besitzt die Herzdame zwei Köpfe und sieht schon nach einer halben Umdrehung von 180 Grad gleich aus. Bei ihr spricht man von Spin 2. Entsprechend kann man sich Objekte mit Spin 3 oder mehr vorstellen, die

schon bei kleineren Bruchteilen einer Umdrehung gleich aussehen.

Je höher der Spin, desto kleiner der Bruchteil einer vollständigen Umdrehung, der erforderlich ist, um das Teilchen gleich aussehen zu lassen. Bemerkenswert – und nicht anhand von Alltagsgegenständen darstellbar – ist der Umstand, daß es auch Teilchen gibt, die sich selbst erst wieder gleichen, wenn sie zwei vollständige Umdrehungen hinter sich haben. In diesen Fällen spricht man von Spin 1/2.

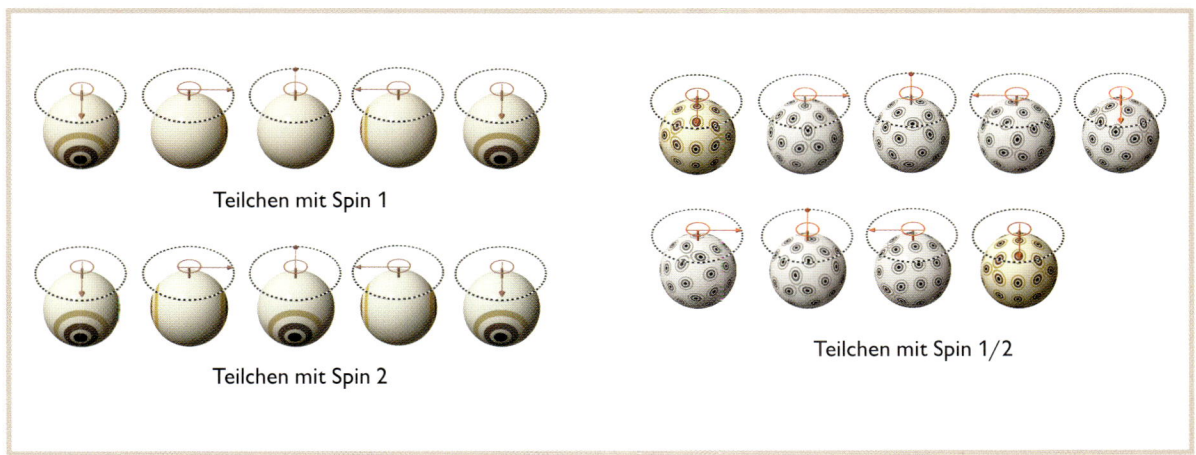

Teilchen mit Spin 1

Teilchen mit Spin 2

Teilchen mit Spin 1/2

mologische Konstante allzusehr nach einer Notlösung aus und müßte außerordentlich genau abgestimmt sein.

Zum Glück wurde in den siebziger Jahren eine vollkommen neue Art von Symmetrie entdeckt und mit ihr ein natürlicher physikalischer Mechanismus, durch den sich die aus den Grundzustandsfluktuationen erwachsenden Unendlichkeiten aufheben lassen. Es handelt sich um die sogenannte Supersymmetrie, eine Eigenschaft vieler der neueren physikalischen Theorien, die sich auf verschiedene Weise beschreiben läßt. Eine Möglichkeit besteht darin, zu sagen, die Raumzeit besitze neben den Dimensionen, die sich unserer Erfahrung erschließen, noch zusätzliche Dimensionen. Sie werden als Grassmann-Dimensionen bezeichnet, weil die zugehörigen Koordinaten keine gewöhnlichen Zahlen, sondern sogenannte Grassmann-Variablen sind. Gewöhnliche Zahlen sind kommutativ, das heißt, es spielt keine Rolle, in welcher Reihenfolge man sie multipliziert: 6 mal 4 ist gleich 4 mal 6. Hingegen sind Grassmann-Variablen antikommutativ: x mal y ist −y mal x.

Zunächst diente die Supersymmetrie zur Eliminierung von Unendlichkeiten in Materie- und Yang-Mills-Feldern, und zwar in einer Raumzeit, in der sowohl die gewöhnlichen als auch die Grassmann-Dimensionen flach, also nicht gekrümmt waren. Aber es lag nahe, sie auch auf gekrümmte gewöhnliche und Grassmann-Dimensionen auszuweiten. Das führte zu zahlreichen Theorien, die unter der Bezeichnung Supergravitation zusammengefaßt werden und ein unterschiedliches Maß an Supersymmetrie aufweisen. Eine Folge der Supersymmetrie ist, daß jedes Feld oder Teilchen einer supersymmetrischen Theorie mindestens einen »Superpartner« besitzen muß, ein weiteres Teilchen, dessen Spin um 1/2 größer oder kleiner ist als der seines Partnerteilchens (Abb. 2.12).

Die Grundzustandsenergien von Bosonen – Feldern, deren Spin ganzzahlig ist (0, 1, 2 usw.) – sind positiv, während die Grundzustandsenergien

GEWÖHNLICHE ZAHLEN
A x B = B x A

GRASSMANN-ZAHLEN
A x B = −B x A

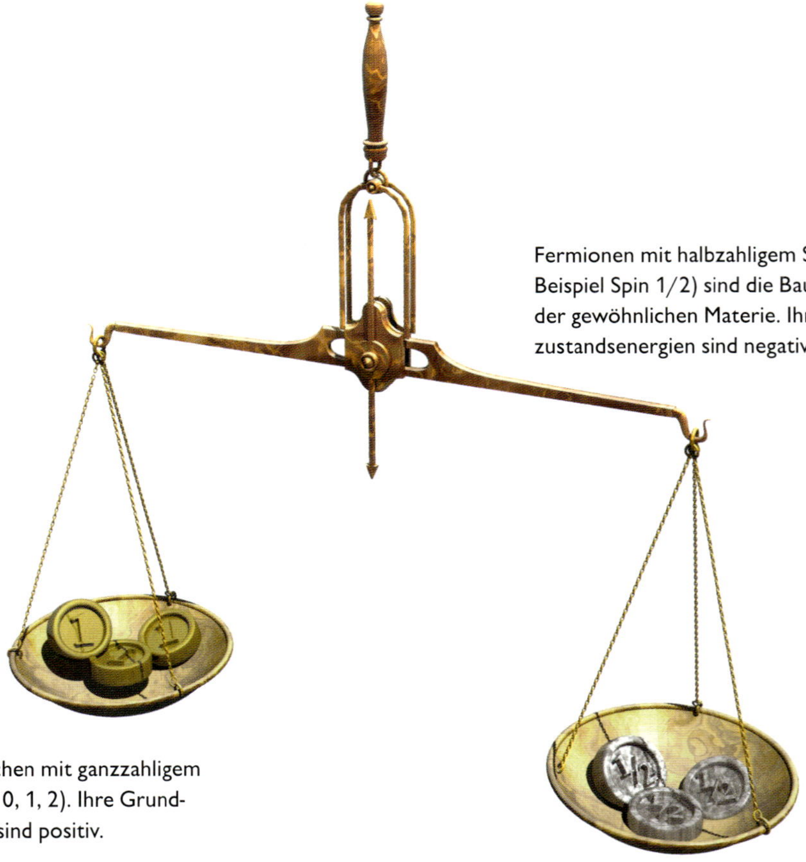

SUPERPARTNER

Fermionen mit halbzahligem Spin (zum
Beispiel Spin 1/2) sind die Bausteine
der gewöhnlichen Materie. Ihre Grundzustandsenergien sind negativ.

Bosonen sind Teilchen mit ganzzahligem
Spin (zum Beispiel 0, 1, 2). Ihre Grundzustandsenergien sind positiv.

(Abb. 2.13)
Alle bekannten Teilchen im Universum gehören zu einer
von zwei Gruppen, zu den Fermionen oder zu den
Bosonen. Fermionen sind Teilchen mit halbzahligem Spin
(zum Beispiel Spin 1/2). Aus ihnen besteht gewöhnliche
Materie. Ihre Grundzustandsenergien sind negativ.
Bosonen sind Teilchen mit ganzzahligem Spin (zum
Beispiel 0, 1, 2) und für die Kräfte zwischen den Fermionen verantwortlich, etwa die Gravitations- und die elektromagnetische Kraft. Ihre Grundzustandsenergien sind
positiv. Der Supersymmetrie zufolge hat jedes Fermion
und jedes Boson einen Superpartner, dessen Spin
entweder 1/2 größer oder 1/2 kleiner als der eigene ist.

Beispielsweise hat ein Photon (das ein Boson ist) einen
Spin von 1. Seine Grundzustandsenergie ist positiv. Der
Superpartner des Photons, das Photino, hat einen Spin
von 1/2, ist also ein Fermion. Daher ist seine
Grundzustandsenergie negativ.
Aufgrund der Supersymmetrie gibt es in supersymmetrischen Theorien immer genauso viele Bosonen wie
Fermionen. Die Grundzustandsenergien der Bosonen,
die auf der positiven Seite zu Buche schlagen, und die
der Fermionen, die auf der negativen Seite zu Buche
schlagen, heben einander daher exakt auf, so daß die
problematischsten Unendlichkeiten beseitigt werden.

MODELLE DES TEILCHENVERHALTENS

1 Wenn Punktteilchen tatsächlich diskrete Objekte wären wie Billardkugeln, würden sie nach einem Zusammenstoß in neue Bahnen gelenkt werden.

2 Ähnliches scheint zu geschehen, wenn zwei Elementarteilchen wechselwirken; allerdings ist der Effekt viel dramatischer.

3 Die Quantenfeldtheorie zeigt, daß zwei Teilchen, etwa ein Elektron und sein Anti-teilchen, ein Positron, sich beim Zusammen-stoß kurz vernichten, woraufhin in einem heftigen Energieausbruch ein Photon ent-steht. Anschließend setzt dieses seine Energie frei und erzeugt ein weiteres Elektron-Positron-Paar. Immer noch erweckt dies den Anschein, als würden die Teilchen nur auf neue Bahnen gelenkt.

4 Wenn Teilchen keine nulldimensionalen Punkte, sondern eindimensionale Strings sind, bei denen die oszillierenden Schleifen als ein Elektron und ein Positron schwingen, die sich im Zusammenstoß gegenseitig vernichten, erzeugen sie einen neuen String mit einem anderen Schwingungsmuster. Nach Freisetzung von Energie teilt er sich in zwei Strings auf, die ihren Weg auf neuen Bahnen fortsetzen.

5 Wenn wir von diesen ursprünglichen Strings keine vereinzelten Momentaufnah-men betrachten, sondern ihre Wechsel-wirkung als eine kontinuierliche Geschichte in der Zeit darstellen, dann sehen wir den Prozeß als eine String-Weltfläche.

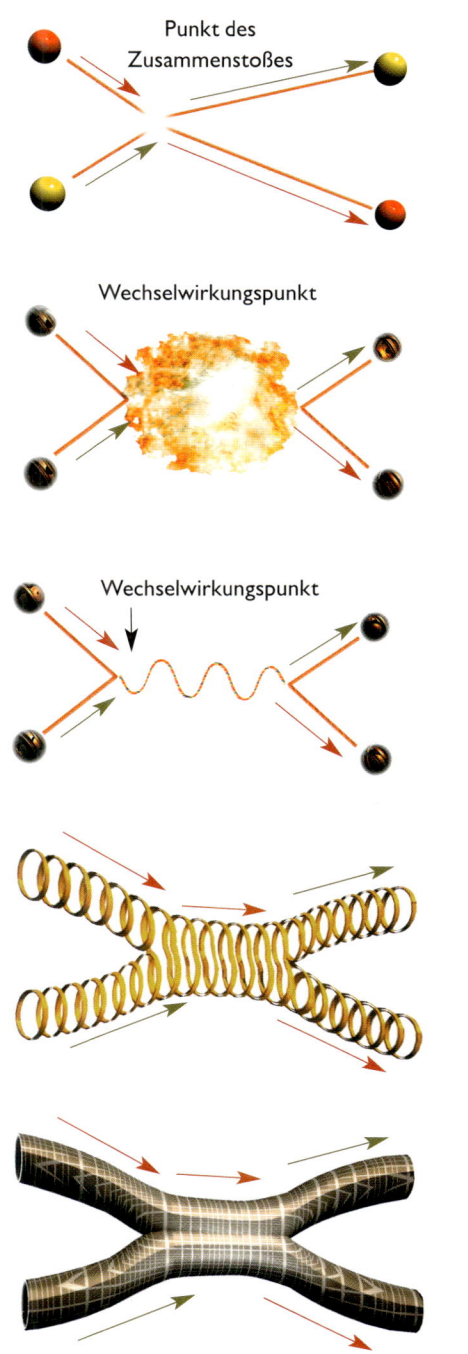

Punkt des Zusammenstoßes

Wechselwirkungspunkt

Wechselwirkungspunkt

(Abb. 2.14, gegenüber)
STRINGSCHWINGUNGEN
In der Stringtheorie sind die fundamentalen Objekte nicht Teilchen, die einen einzigen Punkt im Raum einnehmen, sondern eindimensionale Fäden, genannt Strings. Diese Strings können Enden haben oder sich mit sich selbst zu geschlossenen Schleifen verbinden.
Genau wie die Saiten einer Geige besitzen die Strings in der Stringtheorie bestimmte Resonanzschwingungsmuster mit Resonanzfrequenzen, deren Wellenlängen genau auf die Länge des String passen.
Doch während die verschiedenen Resonanzfrequenzen von Violinsaiten unterschiedliche Töne erzeugen, rufen die verschiedenen Schwingungen eines String verschiedene Massen und Kraftladungen hervor, die als verschiedene Elementarteilchen interpretiert werden. Grob gesagt, je kürzer die Wellenlänge der Stringschwingung, desto größer die Masse des Teilchens.

von Fermionen – Feldern, deren Spin halbzahlig ist ($1/2$, $3/2$ usw.) – negativ sind. Da es eine gleiche Anzahl von Bosonen und Fermionen gibt, heben sich die größten Unendlichkeiten in den Supergravitationstheorien auf (Abb. 2.13, S. 58).

Es bestand aber weiterhin die Möglichkeit, daß kleinere, aber immer noch unendliche Größen übrigblieben. Niemand hatte die Geduld, die erforderlich gewesen wäre, um auszurechnen, ob diese Theorien tatsächlich vollkommen endlich seien. Man schätzte, daß ein begabter Student dafür zweihundert Jahre bräuchte. Und wer hätte sagen können, ob er nicht auf der zweiten Seite einen Fehler gemacht hätte? Trotzdem war man bis 1985 allgemein der Auffassung, daß die meisten supersymmetrischen Supergravitationstheorien frei von Unendlichkeiten seien.

Dann änderte sich die Mode plötzlich. Jetzt behaupteten Wissenschaftler, es gebe keinen Grund, in Supergravitationstheorien keine Unendlichkeiten zu erwarten, also hätten sie grundsätzliche Mängel. Statt dessen vertraten viele nun die Auffassung, eine Theorie namens supersymmetrische Stringtheorie sei die einzige Möglichkeit, die Gravitation mit der Quantentheorie zu verbinden. Strings (Fäden, Saiten) sind wie ihre Namensvettern aus der Alltagswelt eindimensionale, ausgedehnte Objekte. Sie besitzen nur Länge. In der Stringtheorie bewegen sie sich durch den Raumzeithintergrund. Verschiedene Schwingungszustände des String werden als verschiedene Teilchen interpretiert (Abb. 2.14).

Wenn die Strings neben ihren normalzahligen Dimensionen der Zeit und des Raums zusätzlich noch Grassmann-Dimensionen haben, können sie je nach Schwingungszustand Bosonen oder Fermionen entsprechen. In diesem Fall heben sich die positiven und negativen Grundzustandsenergien so exakt auf, daß keine Unendlichkeiten übrigbleiben – auch nicht von der kleineren Art. Die Theorie solcher supersymmetrischen Strings oder Superstrings, so war zu hören, sei die allumfassende »Theorie für Alles«.

Zukünftige Wissenschaftshistoriker werden einmal mit großem Interesse das an Gezeiten erinnernde Auf und Ab im Meinungsbild der theoretischen Physiker studieren. Einige Jahre lang herrschten die Strings unangefochten, während die Supergravitation als bloße Näherungstheorie abgetan wurde, gültig nur bei niedrigen Energien. Die Einschränkung »niedrige Energien« galt als besonders vernichtendes Urteil, obwohl in diesem Fall »niedrige Energien« alle Teilchen umfaßt, deren Energien weniger als eine Milliarde milliardenmal größer sind als die Energien von Teilchen in einer TNT-Explosion. Wenn die Supergravitation aber nur eine Näherung für niedrige Energien war, dann konnte sie nicht den Anspruch erheben, eine fundamentale Theorie des Universums zu sein. Statt dessen nahm man an, die Theorie für Alles sei eine der fünf möglichen Superstringtheorien. Doch welche der fünf Stringtheorien beschrieb unser Universum? Und wie ließ sich eine String-

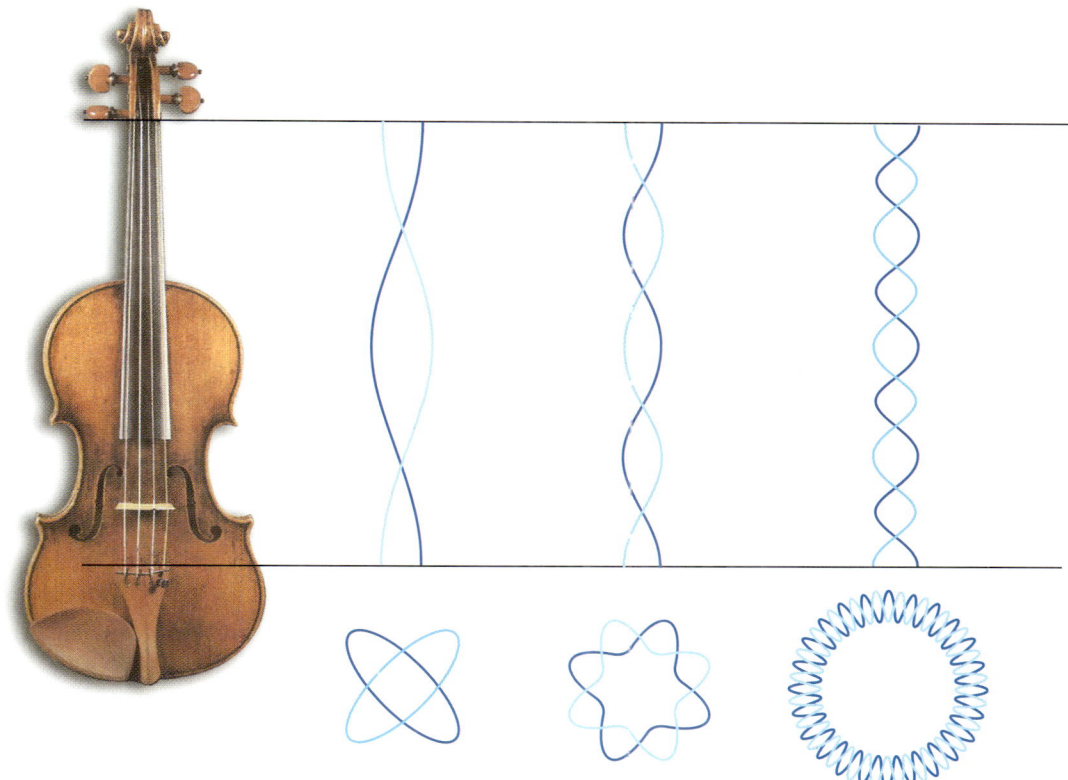

theorie formulieren, die nicht bloß eine Näherung war, in der Strings als Flächen mit einer räumlichen und einer zeitlichen Dimension in einem flachen Raumzeithintergrund abgebildet wurden? Gelang es den Strings nicht, den Raumzeithintergrund zu krümmen?

In den Jahren nach 1985 kristallisierte sich allmählich heraus, daß die Stringtheorie noch nicht das vollständige Bild lieferte. Strings, so stellte sich zunächst heraus, sind nur ein Element in einer großen Klasse von Objekten, zu der auch Gebilde gehören, die in mehr als einer Dimension ausgedehnt sind. Paul Townsend, der wie ich dem Department of Applied Mathematics and Theoretical Physics (DAMTP) der Universität Cambridge angehört und viel grundlegende Arbeit über diese Objekte geleistet hat, taufte sie auf den Namen »p-Branen«. Eine p-Bran ist ein in p Raumrichtungen ausgedehntes Objekt. Demzufolge ist eine 1-Bran ein String, eine 2-Bran eine zweidimensionale Fläche und so fort (Abb. 2.15). Es scheint keinen Grund zu geben,

den String-Fall p = 1 anderen möglichen Werten von p vorzuziehen. Statt dessen sollten wir das Prinzip der Branen-Demokratie akzeptieren: Alle p-Branen sind gleich geschaffen.

Alle p-Branen lassen sich als Lösungen der Gleichungen von Supergravitationstheorien in zehn oder elf Dimensionen finden. Zwar scheinen zehn oder elf Dimensionen wenig mit der Raumzeit unserer Erfahrung zu tun zu haben, doch man ging von der Überlegung aus, die anderen sechs oder sieben Dimensionen seien so klein aufgewickelt, daß wir sie nicht bemerken. Wir nehmen nur die verbleibenden vier großen und fast flachen Dimensionen wahr.

Ich muß bekennen, daß ich mich bislang schwer getan habe, an zusätzliche Dimensionen zu glauben. Doch da ich Positivist bin, hat die Frage »Gibt es wirklich zusätzliche Dimensionen?« keine Bedeutung für mich. Sinn macht es allenfalls, zu fragen, ob mathematische Modelle mit zusätzlichen Dimensionen eine gute Beschreibung des Universums liefern. Noch liegen uns keinerlei Beobachtungen vor, die sich nur mittels zusätzlicher Dimensionen erklären ließen. Es besteht allerdings die Möglichkeit, daß wir mit dem zur Zeit im Bau befindlichen Large Hadron Collider – dem großen Hadronen-Speicherring – in Genf solche Beobachtungen machen werden. Doch eine Tatsache hat viele Fachleute, auch mich, davon überzeugt, daß wir die erwähnten Modelle mit ihren zusätzlichen Dimensionen ernst nehmen müssen: Es gibt ein Geflecht von unerwarteten Beziehungen, sogenannten Dualitäten, zwischen den vielen verschiedenen höherdimensionalen Modellen. Diese Dualitäten zeigen, dass die Modelle alle im wesentlichen äquivalent sind, das heißt, nur verschiedene Aspekte derselben zugrunde liegenden Theorie darstellen, die den Namen M-Theorie erhalten hat. Das Geflecht von Dualitäten nicht als Zeichen zu werten, daß wir auf der richtigen Spur sind, wäre etwa so, als würden wir glauben, Gott habe Fossilien in die Gesteins-

(Abb. 2.15) P-BRANEN
Eine p-Bran ist ein in p Raumrichtungen ausgedehntes Objekt. Sonderfälle sind Strings (p = 1) und Membranen (p = 2), doch sind in einer zehn- oder elfdimensionalen Raumzeit auch größere Werte von p möglich. Oft sind alle oder einige der p Dimensionen aufgerollt wie ein Torus.

Wir halten diese
Wahrheit für
selbstverständlich:
Alle p-Branen sind
gleich geschaffen.

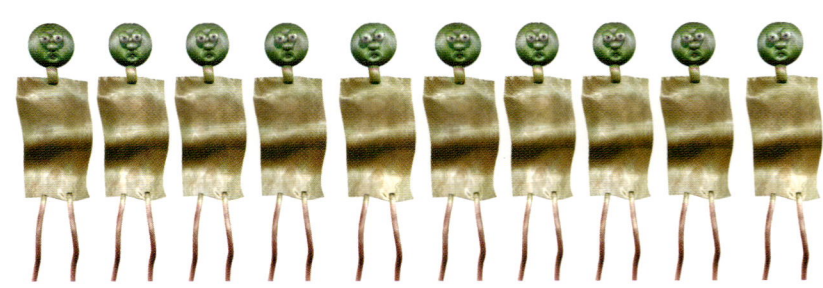

Paul Townsend

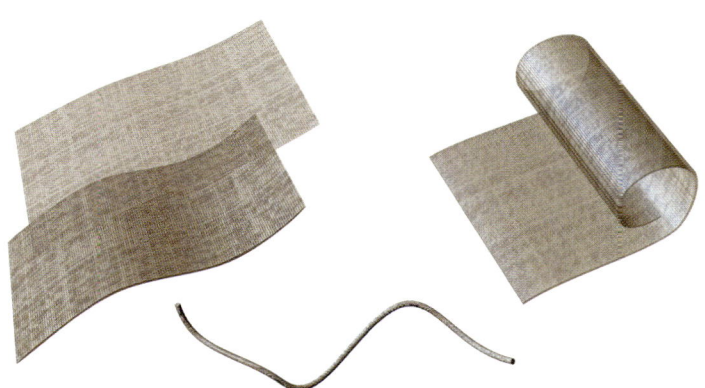

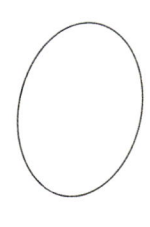

Der Raum unseres Universums könnte sowohl ausgedehnte als auch aufgewickelte Dimensionen besitzen. Die Membranen sind besser zu erkennen, wenn sie aufgewickelt sind.

1-Bran oder String im aufgewickelten Zustand

Zu einem Torus aufgewickelte 2-Bran-Fläche

(Abb. 2.16)
EIN VEREINHEITLICHTER THEORETISCHER RAHMEN?

Typ IIB

Typ I

Typ IIA

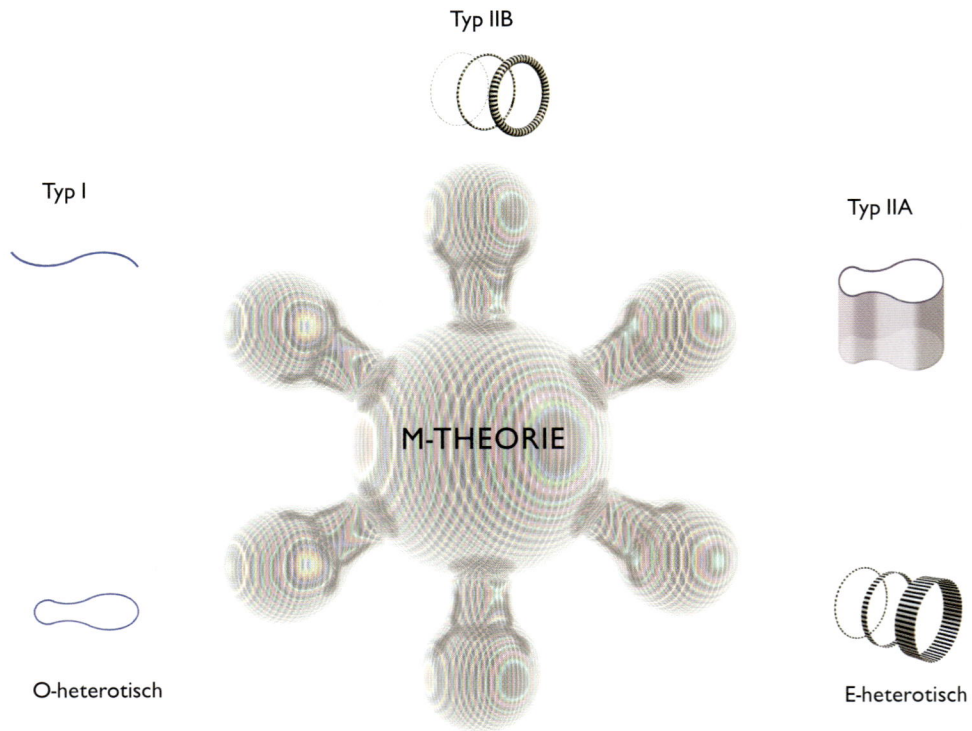

M-THEORIE

O-heterotisch

E-heterotisch

Elfdimensionale Supergravitation

Es gibt ein Netz von Beziehungen, die sogenannten Dualitäten, die alle fünf Stringtheorien und die elfdimensionale Supergravitation miteinander verbinden. Die Dualitäten lassen darauf schließen, daß die verschiedenen Stringtheorien einfach verschiedene Ausdrücke derselben zugrunde liegenden Theorie sind, die man als M-Theorie bezeichnet.

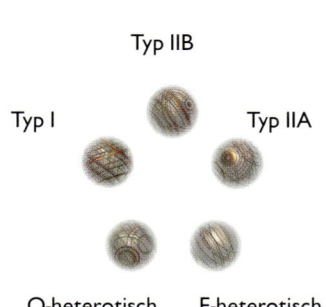

Bis zur Mitte der neunziger Jahre schien es, als gäbe es fünf verschiedene Stringtheorien, jede separat und für sich.

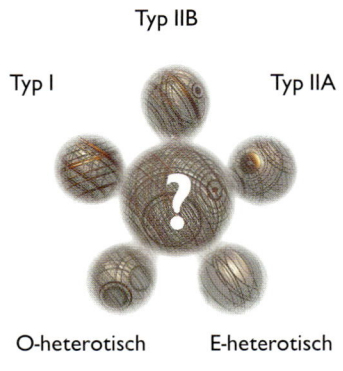

Die M-Theorie vereinigt die fünf Stringtheorien in einem einzigen theoretischen Rahmen, allerdings ist sie bei weitem noch nicht vollständig verstanden.

schichten geschmuggelt, um Darwin bezüglich der Evolution des Lebens irrezuführen.

Wie die Dualitäten erkennen lassen, beschreiben die fünf Superstringtheorien alle die gleiche Physik, mit der zudem auch die Supergravitation äquivalent ist (Abb. 2.16). Man kann nicht sagen, daß die Superstringtheorien fundamentaler sind als die Supergravitation oder umgekehrt, vielmehr sind allesamt einfach verschiedene Ausschnitte aus ein und derselben zugrunde liegenden Theorie. Sie alle erweisen sich in unterschiedlichen Situationen als nützliche Rechenwerkzeuge. Da Stringtheorien keine Unendlichkeiten haben, eignen sie sich gut, um zu berechnen, was passiert, wenn einige wenige sehr energiereiche Teilchen zusammenstoßen und aneinander streuen. Von geringerem Nutzen sind sie dagegen, wenn wir beschreiben wollen, wie die Energie einer sehr großen Zahl von Teilchen das Universum krümmt oder zu einem gebundenen Zustand führt, wie etwa einem Schwarzen Loch. Für solche Situationen brauchen wir die Supergravitation, die im Grunde genommen Einsteins Theorie der gekrümmten Raumzeit ist, allerdings erweitert um einige zusätzliche Materiearten. Von ihr werde ich im folgenden hauptsächlich ausgehen.

Um zu beschreiben, wie die Quantentheorie Zeit und Raum formt, ist es nützlich, die Idee der imaginären Zeit einzuführen. Imaginäre Zeit hört sich ein bißchen nach Science-fiction an, ist aber ein wohldefiniertes mathematisches Konzept: Es ist Zeit, die durch sogenannte imaginäre Zahlen angegeben wird. Man kann sich gewöhnliche reelle Zahlen wie 1, 2, −3, 5 und so fort als Punkte auf einer sich von links nach rechts erstreckenden waage-

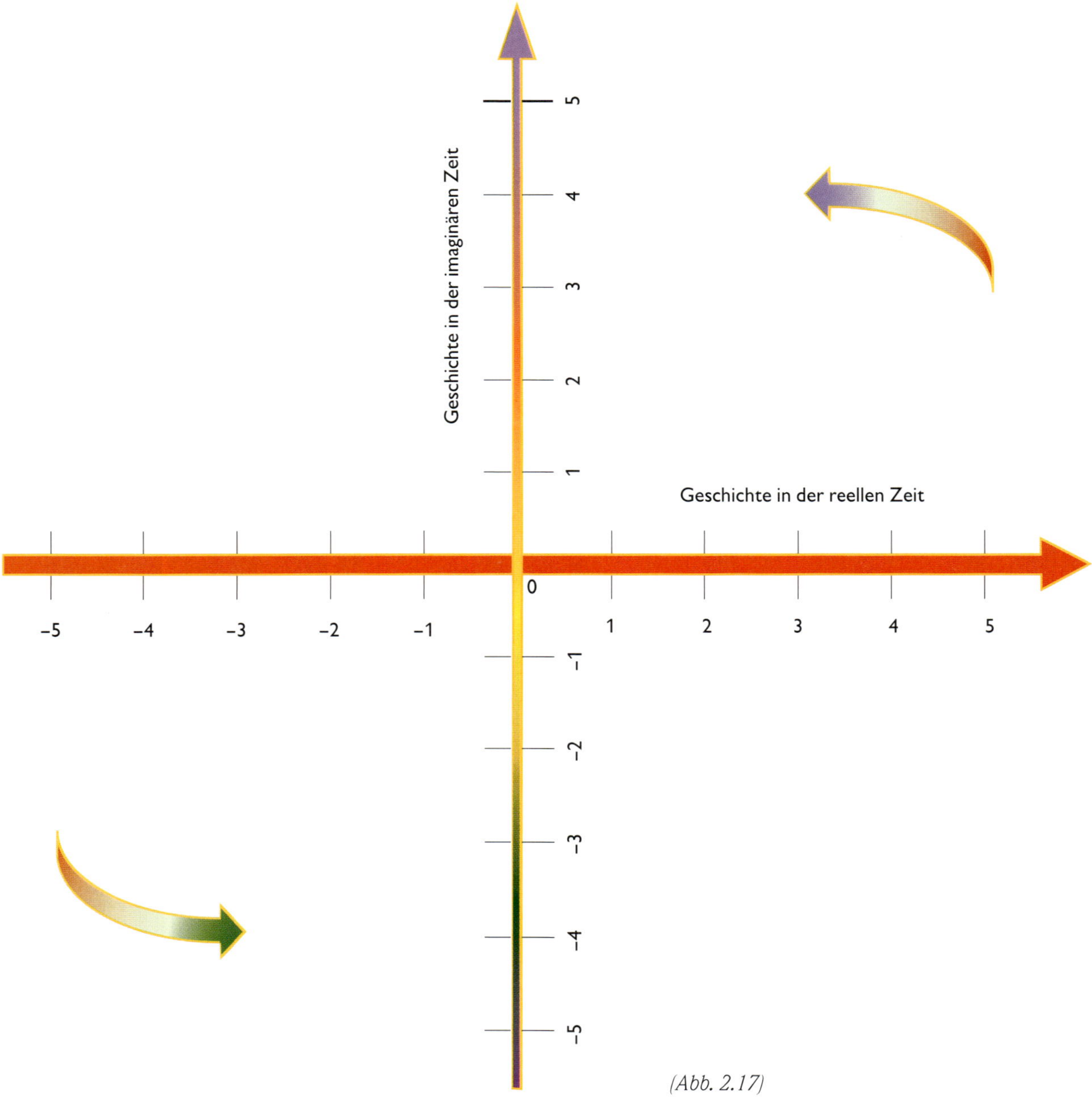

Geschichte in der imaginären Zeit

5

4

3

2

1

Geschichte in der reellen Zeit

0

–5   –4   –3   –2   –1   1   2   3   4   5

–1

–2

–3

–4

–5

(Abb. 2.17)
Man kann ein mathematisches Modell konstruieren, in dem die Richtung einer imaginären
Zeit rechtwinklig zur gewöhnlichen reellen Zeit
verläuft. Die Regeln des Modells bestimmen
die Geschichte in der imaginären Zeit abhängig
von der Geschichte in der reellen Zeit und umgekehrt.

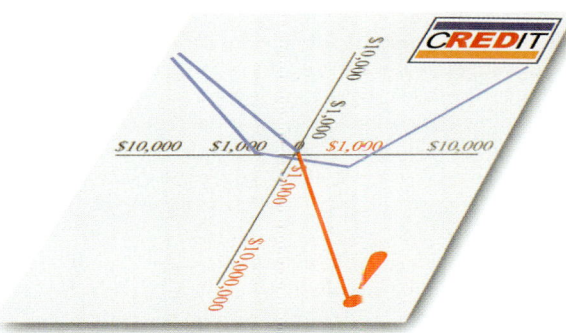

rechten Linie vorstellen: die Null in der Mitte, die positiven reellen Zahlen rechts und die negativen reellen Zahlen links von ihr (Abb. 2.17).

Imaginäre Zahlen lassen sich dann als Punkte auf einer senkrechten Linie darstellen: Die Null ist wieder in der Mitte, die positiven imaginären Zahlen sind nach oben, die negativen imaginären Zahlen nach unten abgebildet. Imaginäre Zahlen können wir also als eine neue Art von Zahlen begreifen, die rechtwinklig zu den reellen Zahlen verlaufen. Da sie ein mathematisches Konstrukt sind, bedürfen sie keiner Entsprechung in der konkreten Wirklichkeit: Niemand kann eine imaginäre Zahl von Apfelsinen kaufen oder eine imaginäre Kreditkartenrechnung erhalten (Abb. 2.18).

Man könnte also meinen, imaginäre Zahlen seien lediglich eine mathematische Spielerei, die nichts mit der realen Welt zu tun habe. Aus positivistischer Sicht läßt sich jedoch nicht bestimmen, was real ist. Wir können lediglich nach den mathematischen Modellen suchen, die das Universum beschreiben, in dem wir leben. Wie sich herausstellt, sagt ein mathematisches Modell, das die imaginäre Zeit einbezieht, nicht nur Effekte voraus, die wir bereits beobachtet haben, sondern auch solche, die wir noch nicht haben messen können, von deren Vorhandensein wir aber aus anderen Gründen überzeugt sind. Also, was ist real/reell und was imaginär? Gibt es die Unterscheidung nur in unserem Denken?

Einsteins klassische (das heißt nicht quantentheoretische) allgemeine Relativitätstheorie vereinigt die reelle Zeit und die drei Dimensionen des Raums zu einer vierdimensionalen Raumzeit. Aber die reelle Zeitrichtung ist von den drei Richtungen des Raums unterschieden: Entlang der Weltlinie

(Abb. 2.18)
Imaginäre Zahlen sind ein mathematisches Konstrukt. Sie können keine Kreditkartenrechnung über imaginäre Geldbeträge erhalten.

Zeitrichtung   Geschichte   Lichtkegel
                     des Beobachters

(Abb. 2.19)
In der reellen Raumzeit der klassi-
schen allgemeinen Relativitätstheorie
unterscheidet sich die Zeit von den
Raumrichtungen dadurch, daß sie
entlang der Geschichte eines
Beobachters nur zunehmen kann,
anders als die Raumrichtungen, deren
Koordinatenwerte entlang dieser
Geschichte zu- oder abnehmen
können.

oder Geschichte eines Beobachters kann die reelle Zeit nur zu-, aber niemals abnehmen – der Beobachter bewegt sich immer in dieselbe Zeitrichtung. Bezüglich des Raums kann er seine Bewegungsrichtung beliebig ändern (Abb. 2.19).

Doch da sich die imaginäre Zeit rechtwinklig zur reellen Zeit erstreckt, verhält sie sich wie eine vierte räumliche Richtung. Damit verfügt sie über ein weit breiteres Spektrum an Möglichkeiten als das Eisenbahngleis der reellen Zeit, das nur einen Anfang oder ein Ende haben oder kreisförmig verlaufen kann. In diesem imaginären Sinne hat die Zeit eine Form.

Schauen wir uns einige der Möglichkeiten an, indem wir eine Raumzeit mit imaginärer Zeit betrachten, die eine Kugel ist, wie die Oberfläche der

(Abb. 2.20)
IMAGINÄRE ZEIT
In einer imaginären Raumzeit, die
eine Kugel ist, könnte die imaginäre
Zeitrichtung die Entfernung zum
Südpol sein. Wenn man sich nord-
wärts bewegt, werden die Breiten-
kreise in gleichbleibenden Abständen
vom Südpol größer, was einem
Universum entspricht, das mit der
imaginären Zeit expandiert. Am
Äquator würde das Universum seine
maximale Größe erreichen und sich
dann mit anwachsender imaginärer
Zeit wieder zusammenziehen, bis es
am Nordpol zu einem einzigen Punkt
geschrumpft wäre. Zwar hätte das
Universum an den Polen die Größe
null, aber diese Punkte wären keine
Singularitäten, genauso wie der Nord-
und der Südpol auf der Erdoberfläche
vollkommen nichtsinguläre Punkte
sind. Daraus ergibt sich, daß der
Ursprung des Universums in imagi-
närer Zeit ein regelmäßiger Punkt in
der Raumzeit sein könnte.

(Abb. 2.21)
Statt der Breitengrade könnte die
imaginäre Zeitrichtung in einer
Raumzeit, die eine Kugel ist, auch
den Längengraden entsprechen.
Da sich alle Längenlinien im Nord-
und Südpol treffen, kommt die Zeit
an den Polen zum Stillstand. Bei
Zunahme der imaginären Zeit bliebe
man am gleichen Fleck, genauso wie
man am Nordpol bleibt, wenn man
von ihm aus nach Westen geht

S

Imaginäre Zeit als geographische Breite

N

Imaginäre Zeit als geographische Länge,
mit Längengraden, die sich am Nord-
und Südpol treffen.

Information, die in ein
Schwarzes Loch fällt

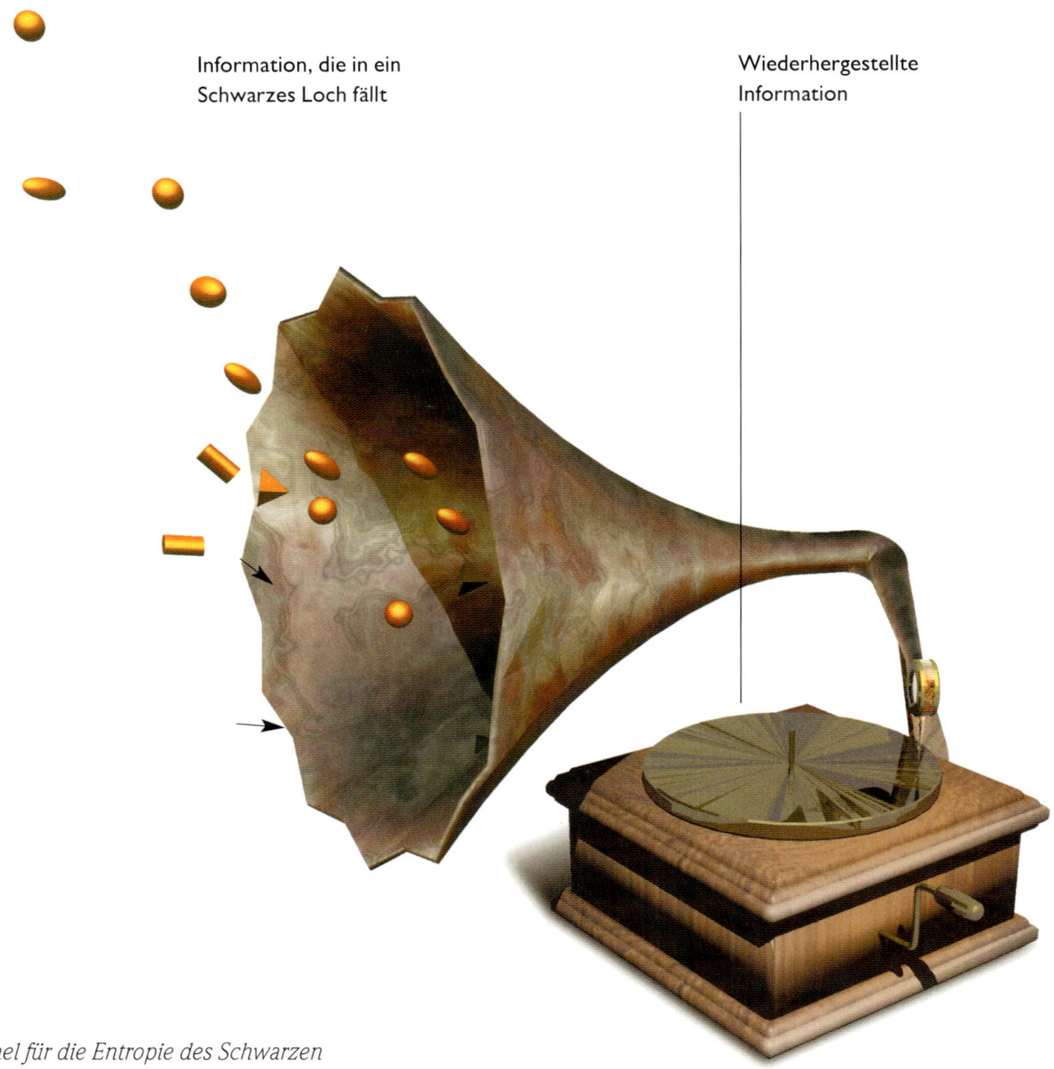

Wiederhergestellte
Information

*Die Formel für die Entropie des Schwarzen
Lochs – die der Anzahl seiner möglichen
inneren Zustände entspricht – deutet darauf
hin, daß Information, die in das Schwarze Loch
fällt, wie auf einer Langspielplatte gespeichert
und wiedergegeben wird, wenn das Schwarze
Loch verdampft.*

Erde. Nehmen wir an, die imaginäre Zeit entspräche den Breitengraden (Abb. 2.20, S.69). Dann begänne die Geschichte des Universums in imaginärer Zeit am Südpol. Es hätte keinen Sinn zu fragen: »Was geschah vor dem Anfang?« Solche imaginären Zeiten sind einfach nicht definiert, so wenig, wie es Punkte südlich des Südpols gibt. Der Südpol ist ein vollkommen regelmäßiger Punkt auf der Erdoberfläche, für den die gleichen Gesetze gelten wie für die anderen Punkte. Das läßt den Schluß zu, daß der Anfang des Universums in imaginärer Zeit ein regelmäßiger Raumzeitpunkt sein kann und daß für den Anfang die gleichen Gesetze gelten können wie für den Rest des Universums. (Ursprung und Entwicklung des Universums aus quantentheoretischer Sicht werde ich im nächsten Kapitel erörtern.)

Ein anderes mögliches Verhalten wird erkennbar, wenn wir die Längengrade der Erde als imaginäre Zeit nehmen. Alle Längengrade treffen sich sowohl am Nord- als auch am Südpol (Abb. 2.21, S.69). Dort steht die Zeit still, das heißt, auch bei einer Zunahme der imaginären Zeit oder der Längengrade bleibt man am gleichen Fleck – ganz ähnlich wie am Horizont eines Schwarzen Lochs, wo die gewöhnliche Zeit zum Stillstand zu kommen scheint. Aus diesem Stillstand der reellen und der imaginären Zeit (entweder kommen beide zum Stillstand oder keine) folgt, daß die Raumzeit eine Temperatur besitzt – eine Tatsache, die ich für Schwarze Löcher nachgewiesen habe. Einem Schwarzen Loch kann man nicht nur eine Temperatur zuordnen, es verhält sich auch so, als hätte es eine Größe namens Entropie. Die Entropie ist ein Maß für die Zahl der inneren Zustände (der möglichen inneren Konfigurationen), die ein Schwarzes Loch aufweisen könnte, ohne einem äußeren Beobachter, der nur seine Masse, Rotation und Ladung wahrnehmen kann, in irgendeiner Hinsicht anders zu erscheinen. Diese Entropie Schwarzer Löcher läßt sich durch eine sehr einfache Formel ausdrücken, die ich 1974 entdeckt habe. Sie ist proportional zur Horizontfläche des Schwarzen Lochs: In angemessenen Einheiten entspricht jedem Bit Information über den inneren Zustand des Schwarzen Lochs eine Flächeneinheit des Horizonts. Dies legt eine tiefreichende Verbindung zwischen Quantengravitation und der Thermodynamik nahe – der Wärmelehre, zu der auch die Beschäftigung mit der Entropie gehört – und weist zudem darauf hin, daß die Quantengravitation eine Eigenschaft zu besitzen scheint, die als Holographie bezeichnet wird (Abb. 2.22, S.73).

Informationen über die Quantenzustände in einer Region der Raumzeit könnten in irgendeiner Weise auf dem Rand der Region kodiert sein, der zwei Dimensionen weniger aufweist als die Region selbst. Dies würde der Art und Weise ähneln, wie ein Hologramm ein dreidimensionales Bild auf einer zweidimensionalen Fläche wiedergibt. Wenn in der Quantengravitation tatsächlich ein solches holographisches Prinzip gilt, könnten wir unter Umständen erfassen, was sich im Innern von Schwarzen Löchern befindet.

$$S = \frac{Akc^3}{4\hbar G}$$

DIE FORMEL DER SCHWARZLOCHENTROPIE

A Fläche des Ereignishorizonts des Schwarzen Lochs

$\hbar$ Plancksches Wirkungsquantum

k Boltzmann-Konstante

G Gravitationskonstante

c Lichtgeschwindigkeit

71

DAS HOLOGRAPHISCHE PRINZIP

Die Erkenntnis, daß die Fläche des Horizonts, der ein Schwarzes Loch umgibt, ein Maß für dessen Entropie ist, hat zu der Auffassung geführt, die maximale Entropie jeder geschlossenen Raumregion könne nie mehr als ein Viertel der sie umschließenden Fläche ausmachen. Da Entropie nichts anderes als ein Maß für die Gesamtinformation in einem System ist, liegt der Schluß nahe, daß die Informationen, die mit allen Phänomenen in der dreidimensionalen Welt assoziiert sind, ähnlich wie bei einem holographischen Bild auf einer zweidimensionalen Randfläche gespeichert werden könnten. In gewissem Sinne wäre die Welt somit zweidimensional.

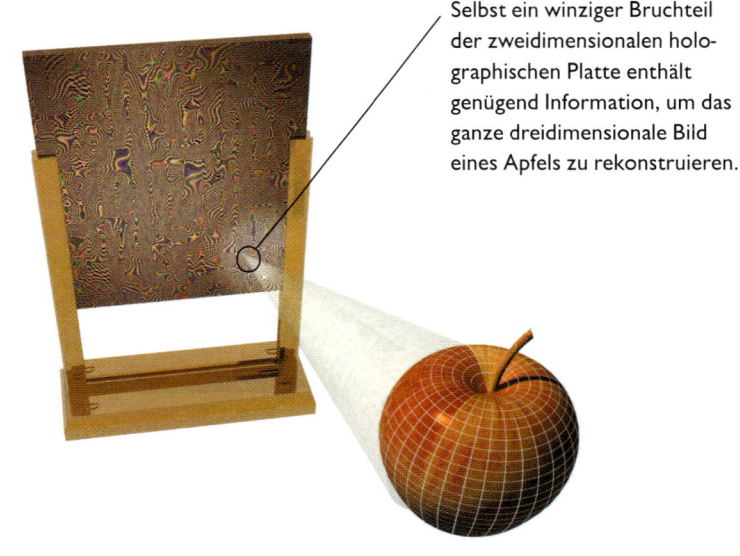

Selbst ein winziger Bruchteil der zweidimensionalen holographischen Platte enthält genügend Information, um das ganze dreidimensionale Bild eines Apfels zu rekonstruieren.

Das wäre von entscheidender Bedeutung, um die Strahlung Schwarzer Löcher vorherzusagen. Solange wir dazu nicht in der Lage sind, können wir die Zukunft nicht so vollständig vorhersagen, wie wir gedacht haben. Davon wird in Kapitel 4 die Rede sein. Auf die Holographie werden wir in Kapitel 7 noch einmal zurückkommen. Es könnte sein, daß wir auf einer 3-Bran leben, einer vierdimensionalen Fläche (drei Raumdimensionen plus eine Zeitdimension), die der Rand einer fünfdimensionalen Raumzeitregion ist. Der Zustand der Branwelt kodiert, was in der fünfdimensionalen Region vor sich geht.

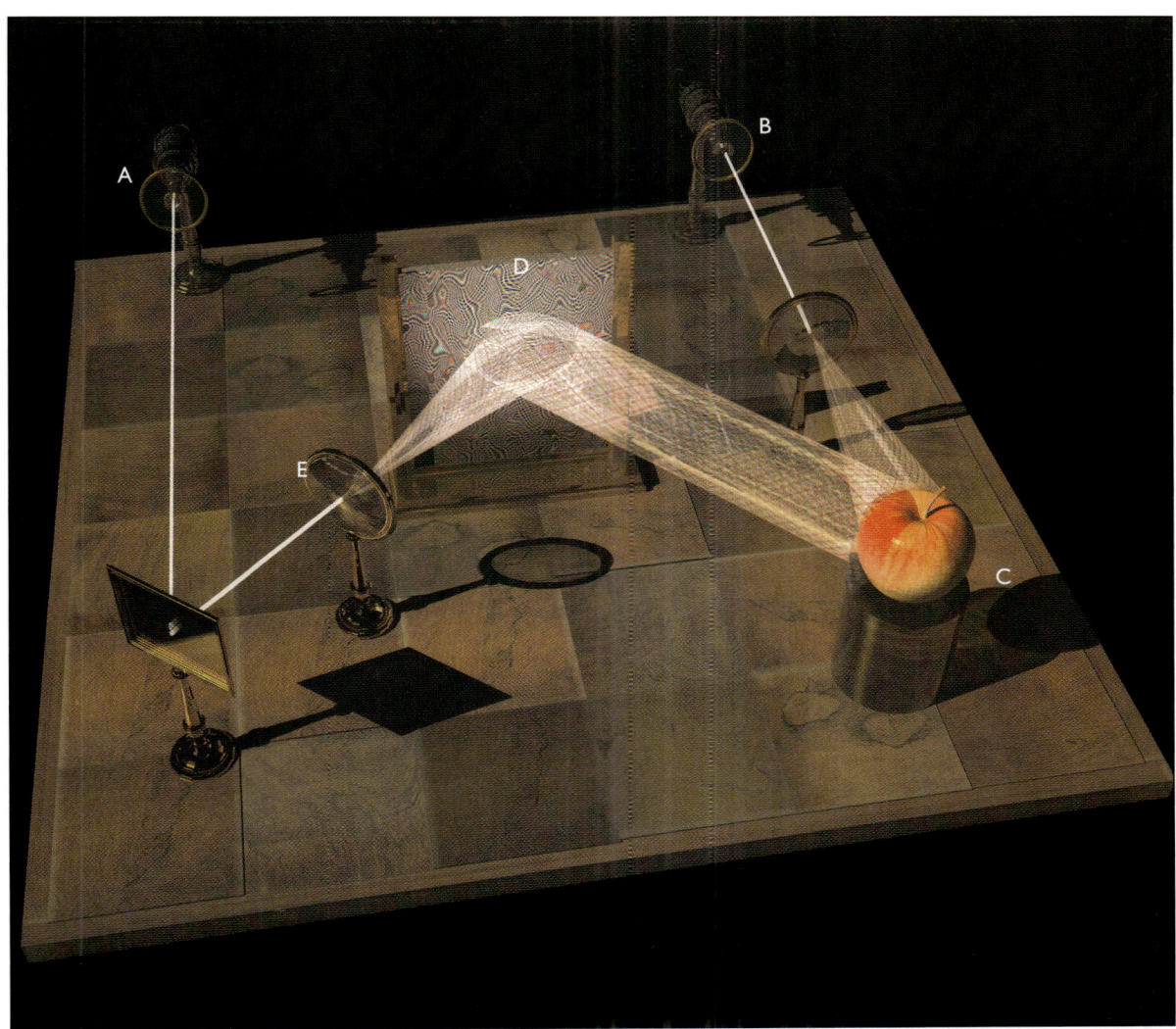

Abb. 2.22)
Die Holographie ist ein Phänomen, das auf der Interferenz von Wellenmustern beruht. Hologramme entstehen mit Hilfe zweier Laserstrahlen A und B. Einer, B, fällt auf das Objekt C und wird auf eine fotoempfindliche Platte D zurückgeworfen. Der andere wird durch eine Linse E gelenkt und stößt mit dem reflektierten Licht von B zusammen, wodurch ein Interferenzmuster auf der Platte erzeugt wird.
Wenn man nun einen Laser durch die entwickelte Platte schickt, entsteht ein vollständiges dreidimensionales Bild des ursprünglichen Objekts. Der Beobachter kann dieses holographische Bild umrunden und all die verborgenen Flächen betrachten, die ein normales Foto nicht zeigen würde.
Die zweidimensionale Fläche der Platte links hat im Gegensatz zu einem normalen Foto die bemerkenswerte Eigenschaft, daß bereits ein winziger Ausschnitt alle Information enthält, die erforderlich ist, um das Gesamtbild zu rekonstruieren.

KAPITEL 3

DAS UNIVERSUM
IN EINER NUßSCHALE

Das Universum hat viele Geschichten,
von denen jede durch eine winzige Nuß bestimmt wird.

O Gott, ich könnte in eine Nußschale eingesperrt sein
und mich für einen König
von unermeßlichem Gebiete halten …

Shakespeare,
Hamlet, 2. Aufzug, 2. Szene

O bwohl wir Menschen physischen Einschränkungen unterworfen sind – mag Hamlet gemeint haben –, können unsere Gedanken frei und ungebunden das Universum erforschen und sich in Regionen vorwagen, die sogar *Star Trek* scheut – soweit es die bösen Träume zulassen.

Ist das Universum unendlich oder nur sehr groß? Und ist es von ewiger Dauer oder nur sehr langlebig? Wie können wir mit unserem begrenzten Verstand ein unbegrenztes Universum begreifen? Ist nicht schon der Versuch vermessen? Laufen wir nicht Gefahr, das Schicksal des Prometheus zu erleiden, der, wie wir aus der griechischen Mythologie wissen, Zeus das Feuer stiehlt und den Menschen übergibt, woraufhin er für seine Kühnheit an einen Felsen gekettet wird, wo seine Leber einem Adler zum Fraß dient?

Trotz dieser zur Vorsicht mahnenden Sage glaube ich, daß wir versuchen können und sollten, das Universum zu verstehen. Wir haben dabei schon bemerkenswerte Fortschritte erzielt, vor allem in den letzten Jahren. Noch ist das Bild nicht vollständig, aber möglicherweise fehlt nicht mehr viel daran.

Die auffälligste Eigenschaft des Weltraums ist der Umstand, daß er immer weiter und weiter reicht. Das haben moderne Beobachtungsinstrumente wie das Hubble-Teleskop bestätigt, die es uns ermöglichen, tief in den Weltraum hineinzublicken. Unserem Blick erschließen sich Milliarden und Abermilliarden Galaxien verschiedenster Form und Größe (Abb. 3.1, S. 78). Jede Galaxie enthält ungezählte Milliarden von Sternen, und viele werden von Planeten umkreist. Wir leben auf einem Planeten, der zu einem Stern in einem äußeren Arm der Spiralgalaxie Milchstraße gehört. Der Staub der Spiralarme nimmt uns die Sicht auf das Universum in der Ebene der Galaxie, aber in zwei kegelförmige Raumgebiete zu beiden Seiten der galaktischen Ebene haben wir freie Sicht, so daß wir die Positionen ferner Galaxien bestimmen

Links: Die Linse und die Spiegel des Hubble-Weltraumteleskops werden durch eine Spaceshuttle-Mission aufgerüstet. Unten ist Australien zu erkennen.
Oben: Prometheus. Etruskische Vasenmalerei, 6. Jahrhundert v. Chr.

Spiralgalaxie NGC 4414   Balkenspiralgalaxie NGC 4314   Elliptische Galaxie NGC 147

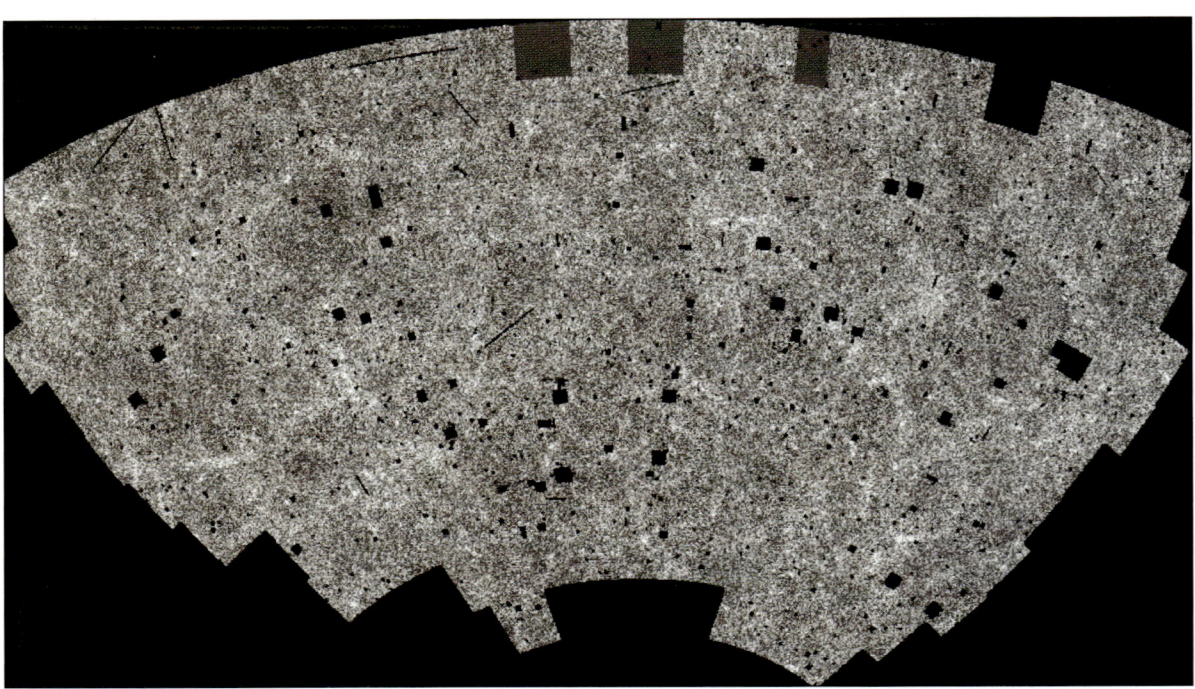

(Abb. 3.1)
Wenn wir tief ins Universum hineinschauen, erblicken wir Milliarden und Abermilliarden von Galaxien.
Galaxien können unterschiedliche Formen und Größen haben; sie können beispielsweise elliptisch
sein oder spiralförmig wie unsere Heimatgalaxie, die Milchstraße.

können (Abb. 3.2). Wir stellen fest, daß die Galaxien im großen und ganzen gleichförmig im All verteilt sind, allerdings mit einigen lokalen Gebieten höherer Galaxiendichte und einigen Lücken niedrigerer Dichte. Zwar scheint die Galaxiendichte nach dem, was in unseren Teleskopen sichtbar ist, in sehr großen Distanzen abzunehmen, aber der Schein trügt – die dort befindlichen Galaxien sind so weit entfernt und daher so lichtschwach, daß wir viele von ihnen wegen des beschränkten Leistungsvermögens unserer Teleskope nicht wahrnehmen können. Soweit wir sehen können, setzt sich das Universum im Raum grenzenlos fort (Abb. 3.3, S. 80).

Während das Universum überall im Raum weitgehend gleich zu sein scheint, verändert es sich eindeutig in der Zeit. Das wurde erst zu Beginn des 20. Jahrhunderts entdeckt. Bis dahin glaubte man, das Universum sei in der Zeit nur einem unwesentlichen Wandel unterworfen. Man könnte meinen, eine solche Unveränderlichkeit vertrage sich sehr gut mit einem Universum, das schon seit ewigen Zeiten existiert. Doch eine genauere Betrachtung zeigt, daß diese Annahme zu absurden Schlußfolgerungen führt. Wenn die Sterne schon unendlich lange strahlen würden, hätten sie längst das ganze

(Abb. 3.2)
Unser Planet Erde (E) umkreist die Sonne in einer äußeren Region der Spiralgalaxie Milchstraße.
Der Sternenstaub in den Spiralarmen verwehrt uns den Blick in der Ebene der Galaxie, aber wir haben einen ungehinderten Blick zu beiden Seiten der Ebene.

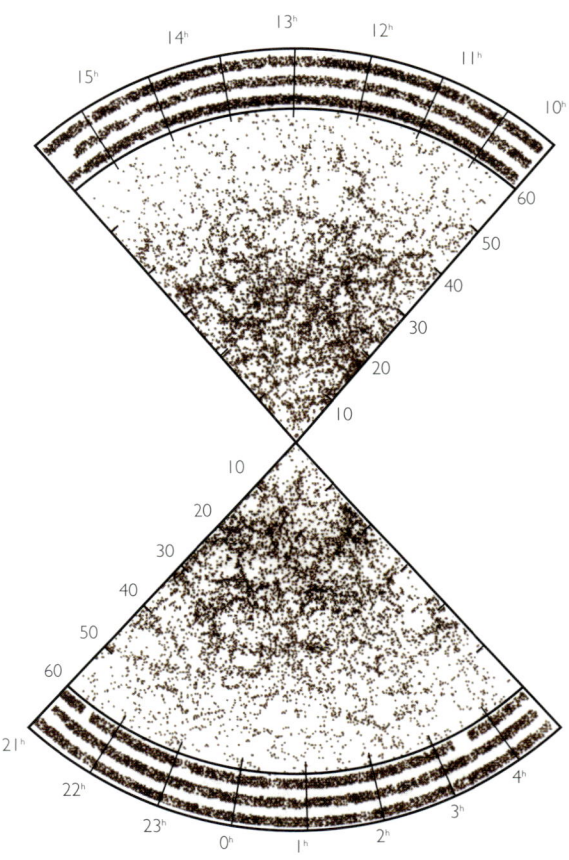

(Abb. 3.3)
Von einigen lokalen Konzentrationen
abgesehen, sind die Galaxien
weitgehend gleichmäßig im Raum
verteilt.

Universum auf ihre eigene Temperatur erhitzt. Auch bei Nacht wäre der gesamte Himmel so hell wie die Sonne, weil jede Sichtlinie entweder an einem Stern oder an einer Staubwolke enden würde, die auf die Temperatur der Sterne erhitzt worden wäre (Abb. 3.4).

Die uns allen vertraute Beobachtung, daß der Himmel bei Nacht dunkel ist, erweist sich somit als sehr bedeutend. Das Universum kann, so folgt aus ihr, nicht seit ewigen Zeiten in dem Zustand existiert haben, in dem wir es heute erblicken. Irgendein Ereignis in der Vergangenheit muß die Sterne dazu veranlaßt haben, sich erst vor endlicher Zeit zu entzünden, so daß das Licht sehr ferner Sterne noch keine Zeit gehabt hat, uns zu erreichen. Das würde erklären, warum der Nachthimmel nicht in jeder Richtung hell erstrahlt.

Wenn es die Sterne schon immer gegeben hätte, warum sollten sie dann vor ein paar Milliarden Jahren plötzlich entflammt sein? Was für eine Uhr hätte

ihnen sagen können, daß es an der Zeit sei, mit dem Leuchten zu beginnen? Philosophen, die glaubten, das Universum gebe es schon ewig, hat diese Frage, wie wir gesehen haben, große Rätsel aufgegeben. Doch für die meisten Menschen paßten die Beobachtungen zu ihrer Überzeugung, das Universum sei – weitgehend in seiner heutigen Gestalt – erst vor einigen tausend Jahren erschaffen worden.

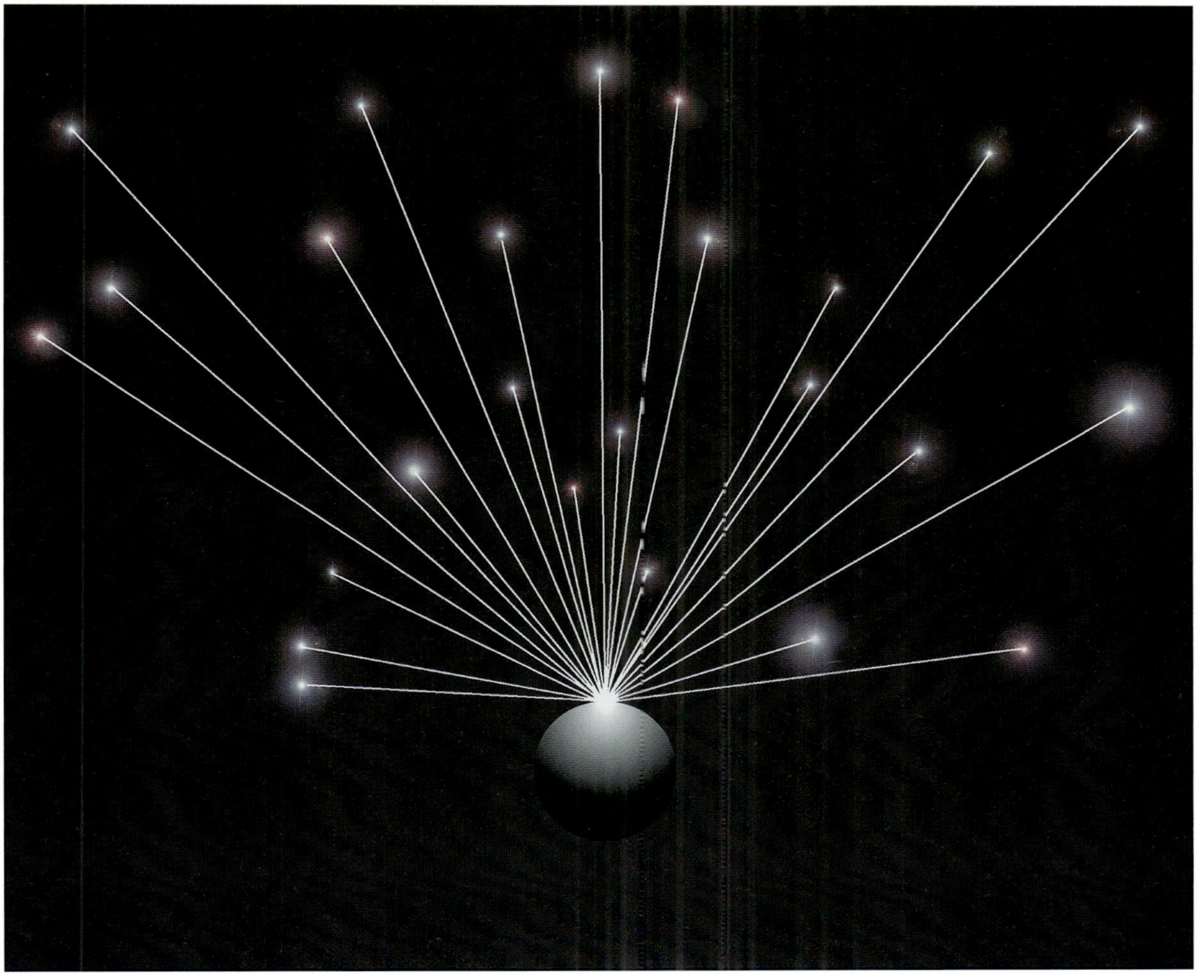

Zweifel an dieser Vorstellung brachten die Beobachtungen von Vesto Slipher und Edwin Hubble im zweiten und dritten Jahrzehnt des 20. Jahrhunderts. 1923 entdeckte Hubble, daß viele schwache Lichtflecken am Himmel, sogenannte Nebel, in Wirklichkeit andere Galaxien sind, gewaltige Ansammlungen von Sternen wie unsere Sonne, nur weiter entfernt. So klein und lichtschwach können sie nur erscheinen, wenn sie sehr weit entfernt sind, so daß ihr Licht Millionen oder gar Milliarden Jahre braucht, um uns zu

(Abb. 3.4)
Wäre das Universum statisch und in jeder Richtung unendlich, würde jede Sichtlinie an einem Stern enden, so daß der Nachthimmel hell wie die Oberfläche der Sonne wäre.

DER DOPPLER-EFFEKT

*Die Beziehung zwischen Geschwindigkeit und Wellen-
länge, die man Doppler-Effekt nennt, ist eine Alltagserfahrung.*

*Lauschen Sie auf ein Flugzeug, das über Ihnen vorbei-
fliegt: Nähert es sich, klingt sein Motorengeräusch
höher, als wenn es sich von Ihnen entfernt.*

*Der höhere Ton entspricht Schallwellen mit kürzeren
Wellenlängen (dem Abstand zwischen einem Wellenkamm und dem nächsten) und einer höheren Frequenz
(der Zahl der Schwingungen pro Zeiteinheit).*

*Der Grund ist folgender: Bewegt sich das Flugzeug auf
Sie zu, ist es Ihnen ein Stück näher gekommen, wenn es
den nächsten Wellenkamm erzeugt, wodurch sich der
Abstand zwischen den Wellenkämmen verringert.
Umgekehrt werden die Wellenlängen größer und die von
Ihnen wahrgenommenen Töne tiefer, wenn sich das
Flugzeug entfernt.*

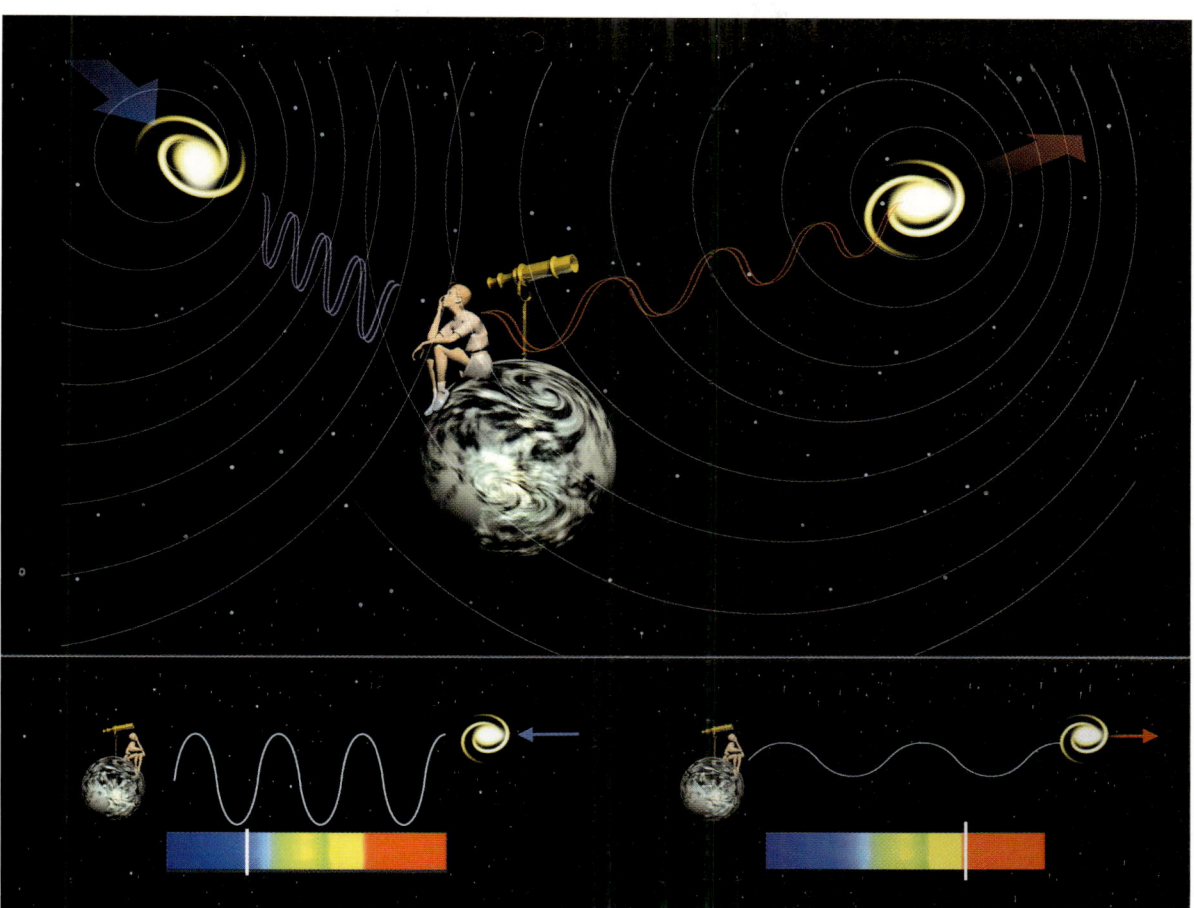

erreichen. Diese Beobachtung führte zu dem Schluß, daß der Anfang des Universums nicht erst ein paar tausend Jahre zurückliegen kann.

Die zweite Entdeckung, die Hubble machte, war noch bemerkenswerter. Die Astronomen hatten gelernt, das Licht anderer Galaxien zu analysieren und zu bestimmen, ob sie sich von uns fort oder auf uns zu bewegen (Abb. 3.5). Zu ihrer großen Überraschung fanden sie heraus, daß sich fast alle Galaxien von uns fort bewegen. Mehr noch, je weiter sie von uns entfernt sind, desto rascher bewegen sie sich von uns fort. Hubble erkannte, daß dieser Umstand von entscheidender Bedeutung für das Universum als Ganzes ist: Großräumig betrachtet, bewegen sich alle Galaxien voneinander fort. Das Universum expandiert (Abb. 3.6, S. 85).

Diese Entdeckung war eine der revolutionärsten Erkenntnisse des 20. Jahrhunderts. Sie kam völlig überraschend und veränderte unsere Überlegungen zum Ursprung des Universums von Grund auf. Wenn sich die Galaxien voneinander fort bewegen, müssen sie in der Vergangenheit näher zusammen

(Abb. 3.5)
Der Doppler-Effekt tritt auch bei Lichtwellen auf. Wenn eine Galaxie in konstanter Entfernung von der Erde ruht, zeigen sich im Spektrum an ganz bestimmten Stellen charakteristische Linien. Bewegt sich die Galaxie hingegen von uns fort, erscheinen die Wellen länglich oder gestreckt, und die charakteristischen Linien sind zu röteren Wellenlängen hin verschoben (rechts). Bewegt sich die Galaxie auf uns zu, erscheinen die Wellen komprimiert, und die Linien sind blauverschoben (links).

*Unsere Nachbargalaxie, der
Andromedanebel, aufgenommen
von Hubble und Slipher*

CHRONOLOGIE DER
ENTDECKUNGEN VON SLIPHER
UND HUBBLE ZWISCHEN
1910 UND 1930

*1912: Slipher mißt das Licht von
vier Nebeln und stellt fest, daß drei
von ihnen rotverschoben sind, der
Andromedanebel hingegen eine
Blauverschiebung zeigt. Seine Deutung: Andromeda bewegt sich auf
uns zu, während sich die anderen
Nebel von uns entfernen.*

*1912–1914: Slipher mißt die
Doppler-Verschiebung von zwölf
weiteren Nebeln. Alle außer einem
sind rotverschoben.*

*1914: Slipher berichtet auf einem
Treffen der American Astronomical
Society über seine Ergebnisse.
Hubble hört den Vortrag.*

*1918: Hubble beginnt die Nebel zu
untersuchen.*

*1923: Hubble findet heraus, daß die
Spiralnebel (einschließlich
Andromeda) andere Galaxien sind.*

*1914–1925: Slipher und andere
messen weitere Doppler-Verschie-
bungen. 1925 waren 43 Rotver-
schiebungen und zwei Blauverschie-
bungen erfaßt.*

*1929: Hubble und Milton Humason,
die weiterhin Doppler-Verschie-
bungen gemessen und dabei festgestellt haben, daß sich, großräumig
betrachtet, alle Galaxien voneinander zu entfernen scheinen, geben
ihre Entdeckung bekannt, daß das
Universum expandiert.*

gewesen sein. Aus der gegenwärtigen Expansionsrate läßt sich berechnen,
daß sie vor zehn bis fünfzehn Milliarden Jahren sehr nahe beieinander gewesen sein müssen. Wie im letzten Kapitel geschildert, konnten Roger Penrose
und ich zeigen, daß Einsteins allgemeine Relativitätstheorie auf einen Anfang
des Universums und sogar einen Anfang der Zeit selbst in einer Art gewal-
tiger Explosion schließen läßt. Damit war erklärt, warum der Himmel bei
Nacht dunkel ist: Alle Sterne können höchstens seit zehn bis fünfzehn
Milliarden Jahren scheinen.

Wir sind an die Vorstellung gewöhnt, daß Ereignisse durch frühere Ereignisse und diese wiederum durch noch frühere Ereignisse verursacht werden.
So erstreckt sich eine Kausalitätskette in die Vergangenheit zurück. Aber
nehmen wir an, diese Kette hat einen Anfang. Nehmen wir an, es gibt ein
erstes Ereignis. Wodurch wurde es verursacht?

Edwin Hubble 1930 am 2,5-Meter-Teleskop auf dem Mount Wilson

(Abb. 3.6) HUBBLE-GESETZ
Edwin Hubble untersuchte das Licht anderer Galaxien und entdeckte in den zwanziger Jahren des vorigen Jahrhunderts, daß sich fast alle Galaxien von uns entfernen, und zwar mit einer Geschwindigkeit V, die proportional zu ihrer Entfernung R von der Erde ist, so daß V = H × R. Diese bedeutsame Beobachtung, das sogenannte Hubble-Gesetz, bewies, daß sich das Universum ausdehnt, wobei die Hubble-Konstante H die Expansionsgeschwindigkeit angibt.
Das Diagramm unten zeigt jüngere Beobachtungen der Rotverschiebung verschiedener Galaxien und bestätigt Hubbles Gesetz bis hin zu riesigen Entfernungen von der Erde. Daß sich die Kurve am Ende leicht nach oben biegt, zeigt an, daß die Expansion mit der Entfernung stärker zunimmt, und könnte ein Hinweis auf den Einfluß der Vakuumenergie sein.

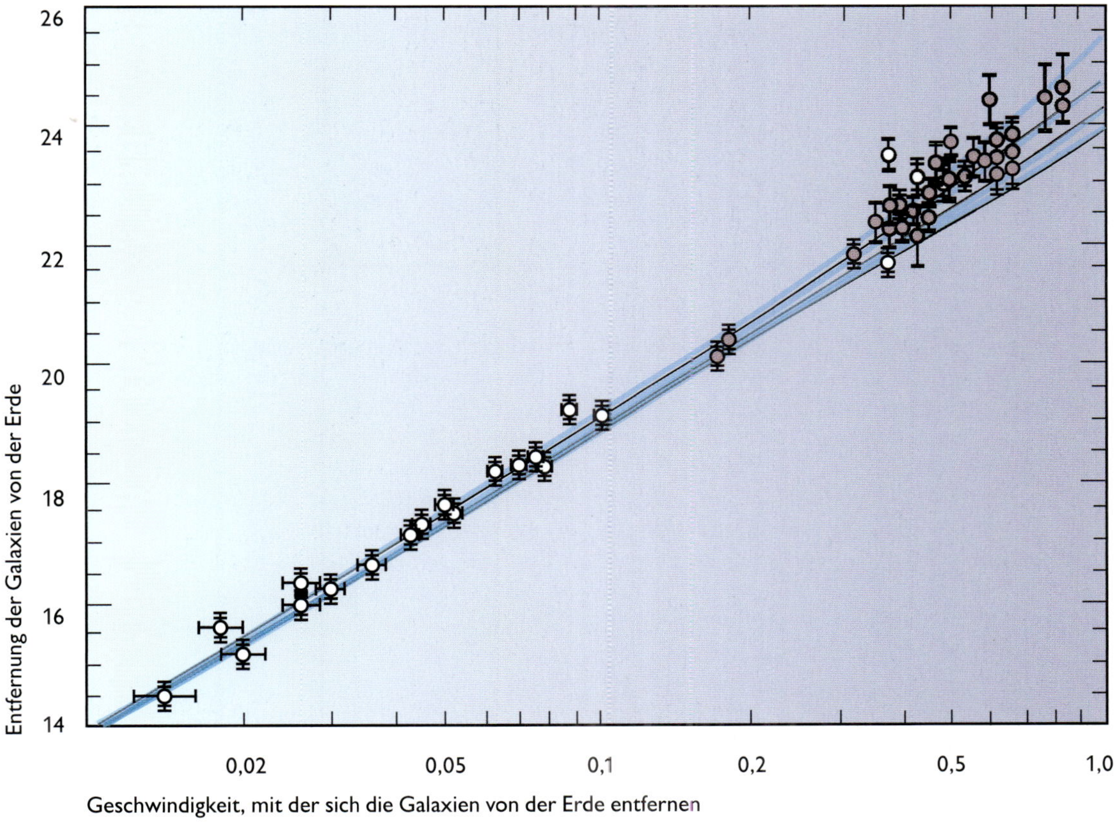

Entfernung der Galaxien von der Erde (y-Achse: 14, 16, 18, 20, 22, 24, 26)

Geschwindigkeit, mit der sich die Galaxien von der Erde entfernen (x-Achse: 0,02 · 0,05 · 0,1 · 0,2 · 0,5 · 1,0)

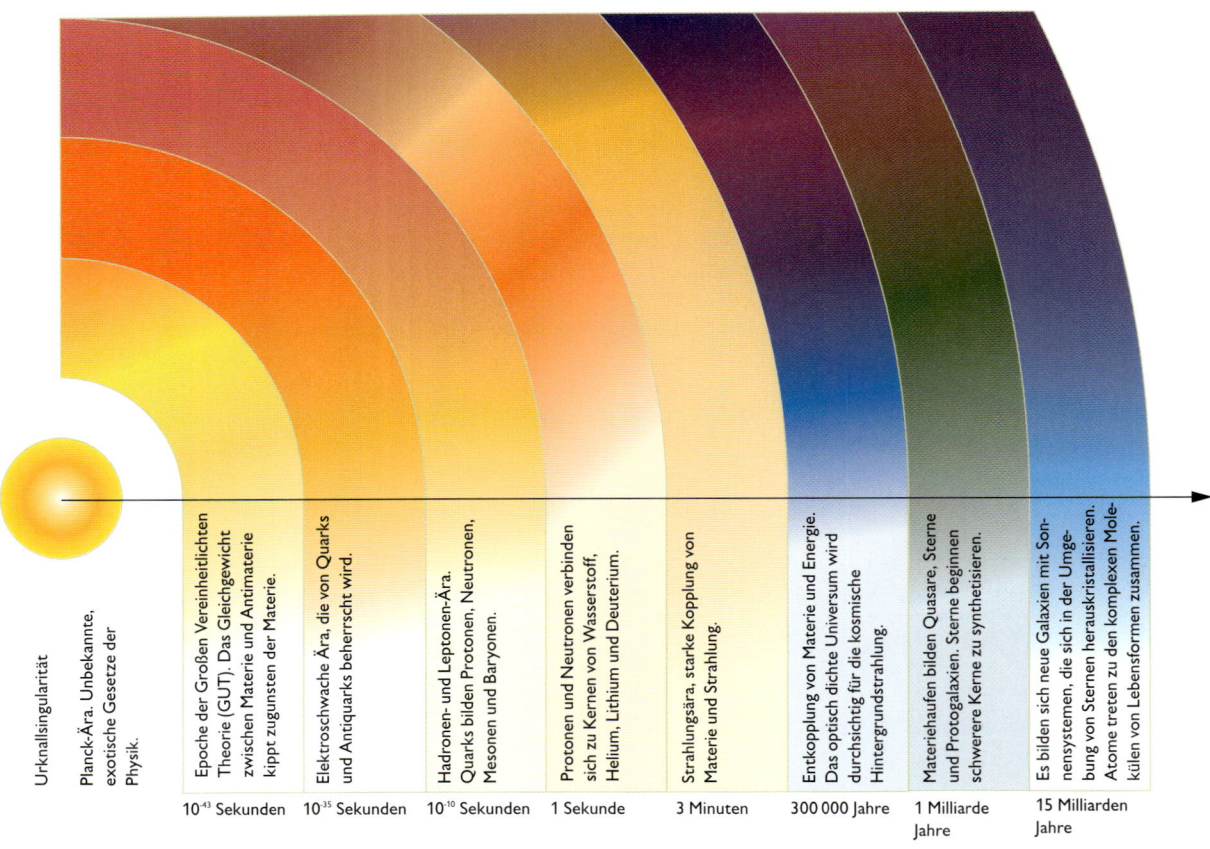

Urknallsingularität

Planck-Ära. Unbekannte, exotische Gesetze der Physik.

Epoche der Großen Vereinheitlichten Theorie (GUT). Das Gleichgewicht zwischen Materie und Antimaterie kippt zugunsten der Materie.

Elektroschwache Ära, die von Quarks und Antiquarks beherrscht wird.

Hadronen- und Leptonen-Ära. Quarks bilden Protonen, Neutronen, Mesonen und Baryonen.

Protonen und Neutronen verbinden sich zu Kernen von Wasserstoff, Helium, Lithium und Deuterium.

Strahlungsära, starke Kopplung von Materie und Strahlung.

Entkopplung von Materie und Energie. Das optisch dichte Universum wird durchsichtig für die kosmische Hintergrundstrahlung.

Materiehaufen bilden Quasare, Sterne und Protogalaxien. Sterne beginnen schwerere Kerne zu synthetisieren.

Es bilden sich neue Galaxien mit Sonnensystemen, die sich in der Umgebung von Sternen herauskristallisieren. Atome treten zu den komplexen Molekülen und Lebensformen zusammen.

| | 10^{-43} Sekunden | 10^{-35} Sekunden | 10^{-10} Sekunden | 1 Sekunde | 3 Minuten | 300 000 Jahre | 1 Milliarde Jahre | 15 Milliarden Jahre |

URKNALLMODELLE

Der allgemeinen Relativitätstheorie zufolge hat das Universum mit der Urknallsingularität, einem Zustand von unendlicher Temperatur und Dichte, begonnen. Als es expandierte, kühlte die Strahlungstemperatur ab. Ungefähr eine Hundertstelsekunde nach dem Urknall lag die Temperatur bei 100 Milliarden Grad, und das Universum enthielt überwiegend Photonen, Elektronen und Neutrinos (extrem leichte Teilchen), dazu ihre Antiteilchen sowie einige Protonen und Neutronen – immer vorausgesetzt, die allgemeine Relativitätstheorie hat recht. In den nächsten drei Minuten kühlte das Universum auf rund eine Milliarde Grad ab, woraufhin Protonen und Neutronen sich zu den Atomkernen von Helium, Wasserstoff und anderen leichten Elementen zusammenfanden. Die Kerne der schwereren Elemente, aus denen wir bestehen, Kohlenstoff und Sauerstoff zum Beispiel,

entstanden dagegen erst Milliarden Jahre später bei der Heliumverbrennung im Zentrum von Sternen.

Mehrere hunderttausend Jahre nach dem Urknall, als die Temperatur auf einige tausend Grad gefallen war, hatte sich, so die Theorie, die Geschwindigkeit der Elektronen so weit verringert, daß die leichten Kerne sie einfangen und Atome bilden konnten.

Dieser Entwurf eines dichten, heißen Frühstadiums des Universums wurde 1948 erstmals von dem Wissenschaftler George Gamow vorgeschlagen, und zwar in einem zusammen mit Ralph Alpher verfaßten Artikel, der die bemerkenswerte Vorhersage enthält, daß die Strahlung dieses sehr heißen Frühstadiums heute noch vorhanden sein müsse. Diese Vorhersage bestätigte sich 1965, als die Physiker Arno Penzias und Robert Wilson die kosmische Hintergrundstrahlung entdeckten.

Es gab nicht viele Wissenschaftler, die Lust hatten, sich mit dieser Frage auseinanderzusetzen. Man versuchte, sie zu vermeiden, indem man entweder, wie die Russen, behauptete, das Universum habe keinen Anfang, oder indem man erklärte, für den Ursprung des Universums sei nicht die Naturwissenschaft, sondern die Metaphysik oder die Religion zuständig. Ich denke, das ist ein Standpunkt, den kein wirklicher Wissenschaftler vertreten darf. Wenn die Gesetze der Wissenschaft am Anfang des Universums außer Kraft gesetzt wären, könnten sie dann nicht auch zu anderen Zeiten versagen? Ein Gesetz ist kein Gesetz, wenn es nur manchmal gilt. *Wir müssen uns bemühen, den Anfang des Universums mit den Mitteln der Naturwissenschaft zu begreifen. Das mag eine Aufgabe sein, die über unsere Kräfte geht, aber versuchen sollten wir es zumindest.*

Zwar geht aus den Theoremen, die Penrose und ich bewiesen haben, hervor, daß das Universum nach der allgemeinen Relativität einen Anfang gehabt haben muß, doch liefern sie über die Natur dieses Anfangs wenig Information. Sie lassen darauf schließen, daß das Universum in einem Urknall begonnen hat, in einem Punkt, in dem das ganze Universum und alles, was in ihm enthalten ist, zu unendlicher Dichte zusammengepreßt war. An diesem Punkt verliert Einsteins allgemeine Relativitätstheorie ihre Gültigkeit, so daß sie nicht zu der Vorhersage taugt, wie das Universum angefangen hat. So blieb nur der Schluß, der Ursprung des Universums entziehe sich offenbar dem Zugriff der Naturwissenschaft. Damit durften sich die Wissenschaftler jedoch nicht zufriedengeben. Wie in Kapitel 1 und 2 dargelegt, büßt die allgemeine Relativitätstheorie in der Nähe des Urknalls ihre Gültigkeit ein, weil es sich bei ihr um eine sogenannte klassische Theorie handelt. Sie bezieht nicht die Unschärferelation ein, das Zufallselement der Quantentheorie, das Einstein mit dem Einwand abgelehnt hat, der Herrgott würfle nicht. Doch nach allem, was wir heute wissen, hat der liebe Gott eine ziemlich ausgeprägte Spielernatur. Man kann sich das Universum als riesiges Casino vorstellen, in dem bei jeder Gelegenheit Würfel geworfen und Rouletteräder gedreht werden (Abb. 3.7). Nun denken Sie vielleicht, das Betreiben eines Casinos sei ein

sehr ungewisses Geschäft, weil Sie jedesmal, wenn ein Würfel geworfen oder ein Rad gedreht wird, Gefahr laufen, Geld zu verlieren. Doch für eine große Zahl von solchen Ereignissen gleichen sich die Gewinne und Verluste aus und führen zu einem Ergebnis, das sich durchaus vorhersagen läßt, auch wenn wir nicht das Resultat jedes einzelnen Ereignisses prognostizieren können (Abb. 3.8). Casinobetreiber sorgen dafür, daß die Wahrscheinlichkeit im Durchschnitt zu ihren Gunsten ausfällt – das ist der Grund, warum sie so reich sind. Unsere einzige Chance, gegen sie zu gewinnen, liegt darin, all unser Geld nur auf wenige Würfe des Würfels oder auf wenige Umdrehungen des Rouletterades zu setzen.

Das gleiche gilt fürs Universum. Wenn es, wie heute, groß ist, gibt es eine sehr große Zahl von Würfelwürfen, die sich zu einem vorhersagbaren Ergebnis mitteln. Daher sind die klassischen Gesetze mit ihren exakten Vorhersagen für große Systeme gültig. Doch wenn das Universum sehr klein ist, wie zu einer Zeit kurz nach dem Urknall, gibt es nur eine kleine Zahl von Würfelwürfen, so daß die Unschärferelation große Bedeutung gewinnt.

Da das Universum ständig würfelt, um zu sehen, was als nächstes geschieht, hat es nicht nur eine einzige Geschichte, wie man denken könnte, sondern jede irgend mögliche Geschichte, jede mit ihrer eigenen Wahrscheinlichkeit. Es muß eine Geschichte des Universums geben, in der Belize bei den Olympischen Spielen alle Goldmedaillen gewonnen hat, obwohl die Wahrscheinlichkeit dieser Geschichte vielleicht eher gering ist.

Die Idee, das Universum habe jede Menge Geschichten, hört sich vielleicht nach Science-fiction an, gehört aber durchaus in den Bereich der ernsthaften Wissenschaft. Formuliert wurde sie von Richard Feynman, der ein großer Physiker und eine außergewöhnliche Persönlichkeit war.

Heute arbeiten wir daran, Einsteins allgemeine Relativitätstheorie und Feynmans Konzept der multiplen Geschichten zu einer vollständigen einheitlichen Theorie zu verbinden, die alles beschreibt, was im Universum geschieht. Mit Hilfe einer solchen allumfassenden Theorie werden wir berechnen können, wie sich das Universum entwickeln wird, wenn wir wissen, wie die Geschichten angefangen haben. Doch diese einheitliche Theorie an sich kann uns nicht mitteilen, wie das Universum begonnen hat oder wie sein Anfangszustand beschaffen war. Dafür brauchen wir sogenannte Randbedingungen, Regeln, die uns sagen, was in den äußersten Zonen des Universums geschieht, an den Rändern von Zeit und Raum.

Wäre die Grenze des Universums nur ein normaler Punkt in Raum und Zeit, könnten wir über ihn hinausgehen und das dahinter gelegene Gebiet zu einem Teil des Universums erklären. Wäre dagegen der Rand des Universums eine Art Riß, eine Region, in der die Raumzeit bis zur Unkenntlichkeit zerstaucht und die Dichte unendlich wäre, hätten wir große Schwierigkeiten, sinnvolle Randbedingungen zu definieren.

(Abb. 3.7 oben und Abb. 3.8 gegenüber) Wenn ein Roulettespieler bei einer großen Zahl von Spielen auf Rot setzt, kann man seinen Gewinn ziemlich genau vorhersagen, weil sich die Ergebnisse der einzelnen Spiele ausgleichen.
Dagegen ist es unmöglich, das Ergebnis eines einzelnen Spiels vorherzusagen.

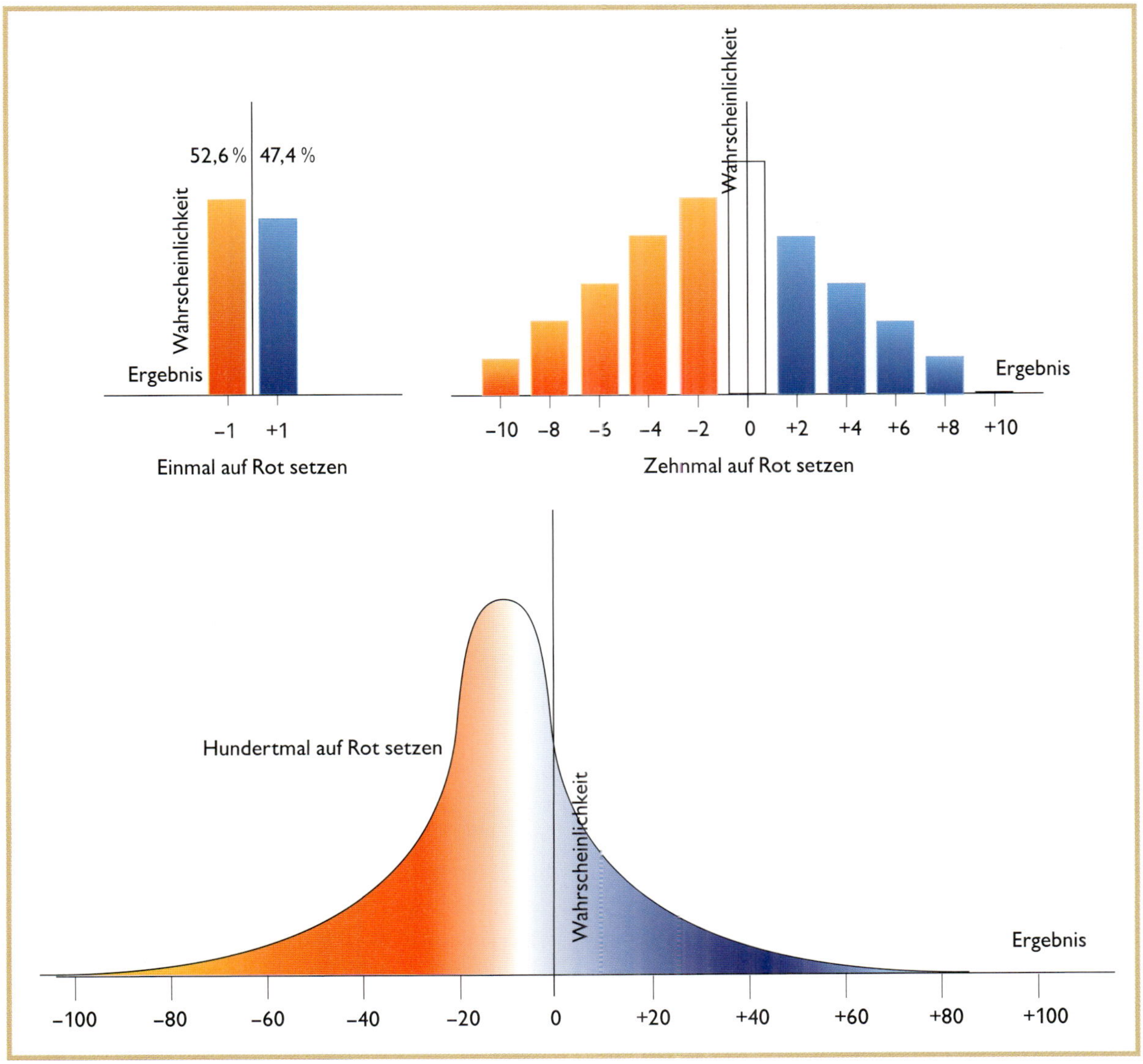

52,6 % | 47,4 %

Wahrscheinlichkeit

Ergebnis

−1   +1

Einmal auf Rot setzen

Wahrscheinlichkeit

Ergebnis

−10 −8 −5 −4 −2   0   +2 +4 +6 +8 +10

Zehnmal auf Rot setzen

Hundertmal auf Rot setzen

Wahrscheinlichkeit

Ergebnis

−100   −80   −60   −40   −20   0   +20   +40   +60   +80   +100

Bestünde der Rand des Universums einfach aus Punkten in der Raumzeit, könnten wir die Grenzen ständig hinausschieben.

Doch mein Kollege Jim Hartle und ich haben entdeckt, daß es noch eine dritte Möglichkeit gibt: Vielleicht hat das Universum gar keine Ränder in Raum und Zeit. Auf den ersten Blick scheint dies in direktem Gegensatz zu den Theoremen zu stehen, die Penrose und ich bewiesen haben und die zeigen, daß das Universum einen Anfang haben muß, einen »Zeitrand«. Doch wie ich in Kapitel 2 gezeigt habe, gibt es noch eine andere Art der Zeit, die imaginäre Zeit, die rechtwinklig zur gewöhnlichen Zeit verläuft – zu jener Zeit, die wir verstreichen fühlen. Die Geschichte des Universums in der reellen Zeit bestimmt seine Geschichte in der imaginären Zeit und umgekehrt, aber die beiden Arten von Geschichte können sehr verschieden sein. Insbesondere muß das Universum in der imaginären Zeit weder einen

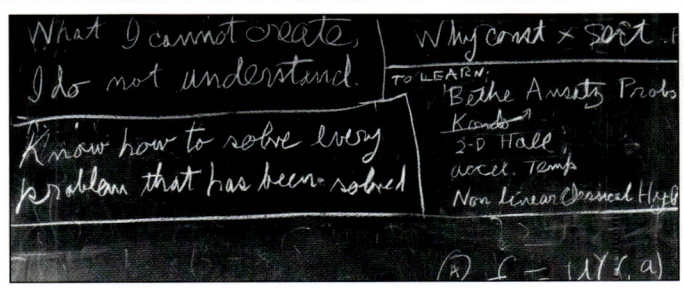

Feynmans Tafel am Caltech zur Zeit seines Todes im Jahr 1988

Richard Feynman

FEYNMAN-GESCHICHTEN

Feynman wurde 1918 in Brooklyn, New York, geboren und promovierte 1942 bei John Wheeler an der Princeton University. Kurz darauf wurde er für das Manhattan Project angeworben. Dort waren seine faszinierende Persönlichkeit und sein Hang zu Streichen – in den Labors von Los Alamos knackte er ständig die streng geheimen Safes – nicht weniger bekannt als seine außergewöhnlichen physikalischen Fähigkeiten. Er hat entscheidend zur Theorie der Atombombe beigetragen. Feynmans unersättliche Neugier, die viele Aspekte der Welt betraf, war die Wurzel seiner Existenz. Sie war nicht nur der Motor seines wissenschaftlichen Erfolgs, sondern befähigte ihn auch zu einer Reihe erstaunlicher nichtphysikalischer Leistungen, etwa der Entzifferung von Maya-Hieroglyphen.

In den Jahren nach dem Zweiten Weltkrieg entwickelte Feynman einen leistungsfähigen neuen Ansatz zur Beschreibung der Quantenmechanik, für den er 1965 den Nobelpreis erhielt. Er stellte die klassische Annahme in Frage, nach der jedes Teilchen nur eine einzige Geschichte hat. Statt dessen schlug er die Hypothese vor, daß Teilchen auf ihrem Weg von einem Ort zum anderen jeder möglichen Bahn durch die Raumzeit folgen, mit anderen Worten: jede irgend mögliche Geschichte durchleben. Jeder Bahn ordnete Feynman zwei Zahlen zu, die eine für die Größe – die Amplitude – einer Welle, die andere für ihre Phase – ob sie sich gerade auf einem Berg oder in einem Tal befindet oder irgendwo dazwischen. Die Wahrscheinlichkeit, daß ein Teilchen von A nach B gelangt, berechnete er als Summe der Wellen, die mit jeder möglichen Bahn von A nach B assoziiert sind. Trotzdem haben wir in der Alltagswelt den Eindruck, daß Objekte auf einer einzigen Bahn von ihrem Ausgangs- zu ihrem Bestimmungspunkt gelangen. Das entspricht Feynmans Konzept der »Summe über alle Geschichten«, denn bei makroskopischen Objekten trägt seine Regel, nach der jeder Bahn ihre Kennzahlen zugeordnet werden, dafür Sorge, daß sich alle Bahnen bis auf eine aufheben, wenn ihre Beiträge zusammengefaßt werden. Für die Bewegung makroskopischer Objekte zählt nur eine der unendlich vielen möglichen Bahnen, und diese Bahn ist genau diejenige, die sich auch aus Newtons klassischen Bewegungsgesetzen ergibt.

Anfang noch ein Ende haben. Die imaginäre Zeit verhält sich einfach wie eine weitere Raumrichtung. Daher kann man sich die Geschichten des Universums in der imaginären Zeit als gekrümmte Flächen wie Kugeln, Ebenen oder Sattelflächen vorstellen, nur mit vier Dimensionen anstelle von zweien (Abb. 3.9, S. 92).

Würden sich die Geschichten des Universums endlos fortsetzen wie Sättel oder Ebenen, stünden wir vor dem Problem, die Randbedingungen im Unendlichen angeben zu müssen. Doch wir können die Notwendigkeit von Randbedingungen ganz vermeiden, wenn die Geschichten des Universums in der imaginären Zeit randlose geschlossene Flächen wie beispielsweise die Erdoberfläche sind. Die Oberfläche der Erde hat keine Grenzen oder Ränder.

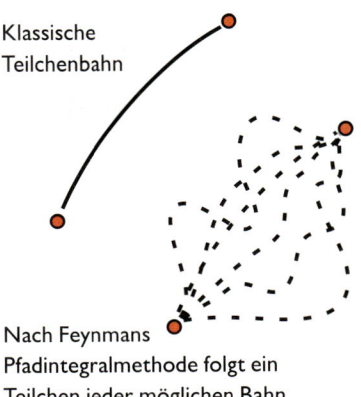

Klassische Teilchenbahn

Nach Feynmans Pfadintegralmethode folgt ein Teilchen jeder möglichen Bahn

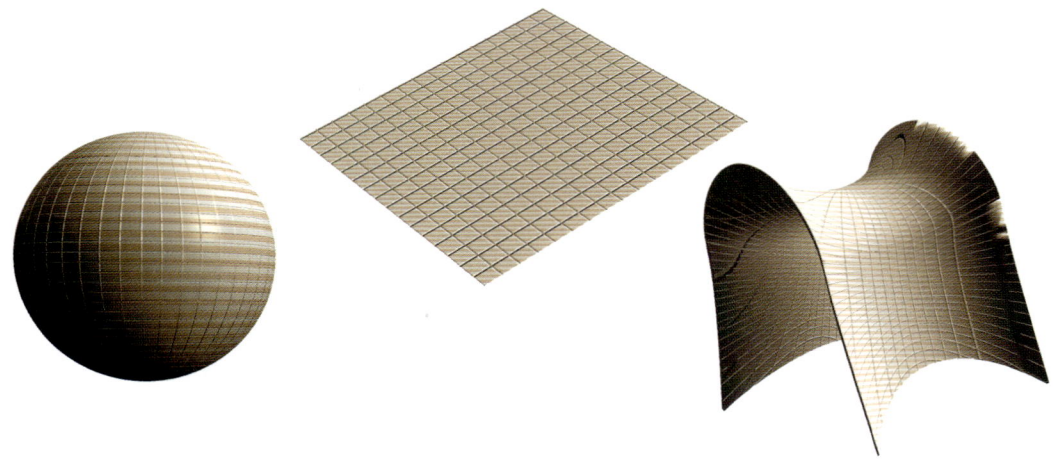

(Abb. 3.9)
GESCHICHTEN DES UNIVERSUMS
Wenn sich die Geschichten des Universums wie ein Sattel ins Unendliche erstrecken würden, stünde man vor der Schwierigkeit, die Randbedingungen im Unendlichen anzugeben. Wären alle Geschichten des Universums in imaginärer Zeit geschlossene Flächen wie die Erdoberfläche, dann bräuchte man überhaupt keine Randbedingungen zu bestimmen.

ENTWICKLUNGSGESETZE UND ANFANGSBEDINGUNGEN

Die Gesetze der Physik geben an, wie sich ein Anfangszustand im Laufe der Zeit entwickelt. Wenn wir beispielsweise einen Stein werfen, schreiben die Gravitationsgesetze die nachfolgende Bewegung des Steins genau vor.

Aber wir können nicht ausschließlich anhand dieser Gesetze vorhersagen, wo der Stein landen wird. Dazu müssen wir auch wissen, welche Geschwindigkeit und Richtung er beim Verlassen unserer Hand hat. Mit anderen Worten, wir müssen die Anfangsbedingungen – die Randbedingungen – der Steinbewegung kennen.

Die Kosmologie versucht die Entwicklung des ganzen Universums mit Hilfe der physikalischen Gesetze zu erklären. Folglich müssen wir fragen, wie die Anfangsbedingungen des Universums waren, auf die wir diese Gesetze anwenden können.

Der Anfangszustand kann nachhaltige Konsequenzen für grundlegende Merkmale des Universums haben, vielleicht sogar für die Eigenschaften der Elementarteilchen und der Kräfte, die für die Evolution biologischen Lebens von entscheidender Bedeutung sind.

Eine Hypothese ist die Kein-Rand-Bedingung, die Annahme, Zeit und Raum seien endlich und bildeten eine geschlossene Fläche ohne Rand, so wie die Oberfläche der Erde von endlicher Größe ist, aber keinen Rand besitzt. Die Kein-Rand-Bedingung beruht auf Feynmans Konzept der »Summe über Geschichten«, doch die Geschichte eines Teilchens in Feynmans Summe wird jetzt durch eine vollständige Raumzeit ersetzt, die die Geschichte des gesamten Universums darstellt. Die Kein-Rand-Bedingung schränkt die möglichen Geschichten des Universums exakt auf diejenigen Raumzeiten ein, die keinen Rand in der imaginären Zeit haben. Mit anderen Worten, die Randbedingung des Universums ist, daß es keinen Rand hat.

Gegenwärtig untersuchen Kosmologen, ob sich Anfangskonfigurationen, die von der Kein-Rand-Hypothese begünstigt werden, vielleicht im Zusammenwirken mit den schwachen anthropischen Argumenten, mit einer gewissen Wahrscheinlichkeit zu einem Universum wie dem unseren entwickeln.

Es gibt keine glaubhaften Berichte, daß irgend jemand jemals vom Rand der Erde gefallen wäre.

Falls die Geschichten des Universums in imaginärer Zeit tatsächlich solche geschlossenen Flächen wären, wie Hartle und ich vorgeschlagen haben, hätte das grundlegende Konsequenzen für die Philosophie und die Vorstellung von unserem Ursprung. Das Universum wäre vollkommen in sich geschlossen. Es wäre auf keinen äußeren Einfluß angewiesen, der das Uhrwerk aufziehen und in Gang setzen müßte. Vielmehr würde alles im Universum von den Naturgesetzen und den Würfelwürfen innerhalb des Universums bestimmt werden. Das mag anmaßend klingen, aber es ist das, was ich und mit mir viele Wissenschaftler glauben.

Auch wenn die Randbedingung des Universums sein sollte, daß es keinen Rand hat, so besitzt es nicht nur eine einzige Geschichte. Auch dann hat es eine Vielzahl von Geschichten, wie sie Feynman beschreibt. Jeder möglichen geschlossenen Fläche entspricht eine Geschichte in der imaginären Zeit, und jede Geschichte in der imaginären Zeit bestimmt eine Geschichte in der reellen Zeit. Damit ergibt sich eine Überfülle von Möglichkeiten für das Universum. Was hebt dann aber das besondere Universum, in dem wir leben, aus der Menge aller möglichen Universen hervor? Sicherlich der Umstand, daß viele mögliche Geschichten des Universums nicht jene Sequenz von Galaxien- und Sternbildung durchlaufen, die für die Entwicklung von uns Menschen entscheidend war. Zwar gibt es die Möglichkeit, daß sich intelligente Wesen auch ohne Galaxien und Sterne entwickeln, aber sie erscheint doch recht unwahrscheinlich. So bedeutet die bloße Tatsache, daß wir als Wesen existieren, die fragen können: »Warum ist das Universum so, wie es ist?«, eine Einschränkung, der die Geschichte, in der wir leben, genügen muß. Daraus folgt nämlich, daß sie zur Minderheit jener Geschichten gehört, in denen Galaxien und Sterne entstehen.

Dies ist ein Beispiel für das sogenannte anthropische Prinzip. Es besagt, das Universum müsse mehr oder weniger so sein, wie wir es sehen, denn wäre es anders, gäbe es nieman-

Die Oberfläche der Erde hat keine Ränder oder Grenzen. Berichte über Menschen, die von ihr hinuntergefallen sind, dürften stark übertrieben sein.

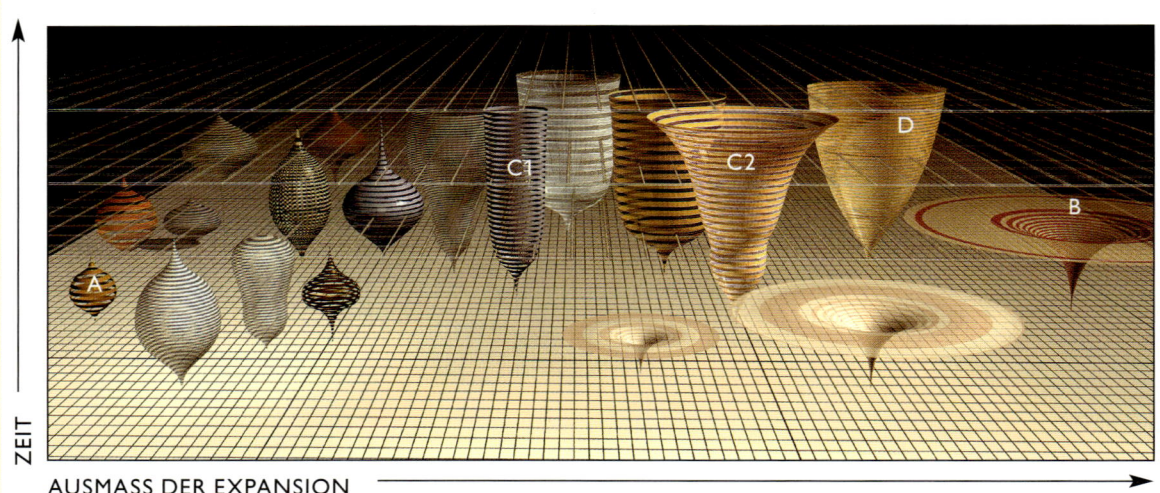

DAS ANTHROPISCHE PRINZIP

In einfachen Worten besagt das anthropische Prinzip, daß die Eigenschaften des Universums, das wir beobachten, zumindest teilweise so sind, wie sie sind, weil wir in einem anders gearteten Universum überhaupt nicht existieren, solch ein Universum also gar nicht beobachten könnten. Diese Sicht steht in vollkommenem Gegensatz zum Traum von einer einheitlichen Theorie mit absoluter Vorhersagekraft, in der die Naturgesetze in dem Sinne vollständig sind, daß die Welt ist, wie sie ist, weil sie nicht anders sein kann. Es gibt eine Reihe verschiedener Versionen des anthropischen Prinzips, von denen, die so schwach sind, daß sie trivial erscheinen, bis zu denen, die so stark sind, daß sie absurd werden. Obwohl es den meisten Wissenschaftlern widerstrebt, eine starke Version des anthropischen Prinzips zu vertreten, stellen doch nur wenige die Nützlichkeit einiger schwacher anthropischer Argumente in Frage.

Das schwache anthropische Prinzip läuft auf die Erklärung hinaus, welche der verschiedenen Epochen oder Teile des Universums wir bewohnen könnten. Beispielsweise ist der Grund, warum der Urknall von heute aus gesehen vor rund zehn Milliarden Jahren stattgefunden hat, ganz einfach: Das Universum muß so alt sein, daß einige Sterne ihre Entwicklung abgeschlossen haben und Elemente wie Sauerstoff und Kohlenstoff herstellen können, Elemente, aus denen wir bestehen. Andererseits muß es so jung sein, daß einige Sterne noch die Energie liefern können, auf die das Leben angewiesen ist.

Im Rahmen der Kein-Rand-Bedingung kann man mit Hilfe der Feymanschen Regel jeder Geschichte des Universums eine Zahl zuweisen und auf diese Weise diejenigen Eigenschaften herausfinden, die ein Universum mit einiger Wahrscheinlichkeit besitzt. In diesem Zusammenhang ist das anthropische Prinzip an die Bedingung geknüpft, daß die Geschichten intelligentes Leben enthalten. Natürlich könnte man besser mit dem anthropischen Prinzip leben, wenn sich zeigen ließe, daß sich ein Universum, wie wir es beobachten, mit einer gewissen Wahrscheinlichkeit aus einer Anzahl verschiedener Anfangskonfigurationen hätte entwickeln können. Daraus würde folgen, daß der Anfangszustand jenes Teils des Universums, den wir bewohnen, nicht mit besonderer Sorgfalt ausgewählt werden mußte.

(Abb. 3.10, links)
Ganz links in der Abbildung sind die Universen A, die geschlossen und in sich zusammengestürzt sind. Ganz rechts sind jene offenen Universen B, die ihre Expansion ewig fortsetzen werden.
Die kritischen Universen, die sich an der Grenze zwischen dem Wieder-in-sich-Zusammenfallen und der ewigen Expansion befinden, etwa C1 oder die Doppelinflation C2, könnten intelligentes Leben beherbergen. Unser eigenes Universum D befindet sich gegenwärtig in einer Expansionsphase.

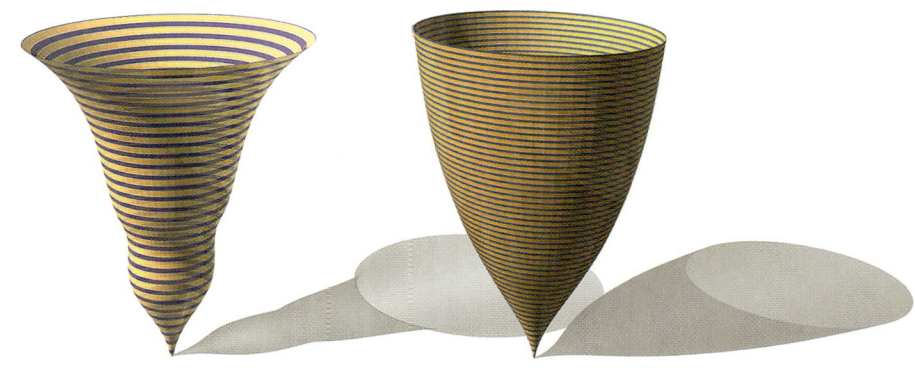

Die Doppelinflation könnte intelligentes Leben beherbergen.

Unser eigenes Universum setzt gegenwärtig seine Expansion fort.

den, der es beobachten könnte (Abb. 3.10). Vielen Wissenschaftlern mißfällt das anthropische Prinzip, weil es recht vage formuliert und wenig Vorhersagekraft zu besitzen scheint. Doch man kann eine exakte Formulierung für das anthropische Prinzip finden, und in dieser Formulierung ist das Prinzip augenscheinlich von entscheidender Bedeutung, wenn man sich mit dem Ursprung des Universums beschäftigt. Die in Kapitel 2 beschriebene M-Theorie läßt eine außerordentlich große Zahl möglicher Geschichten für das Universum zu. Die meisten dieser Geschichten eignen sich nicht für die Entwicklung intelligenten Lebens, entweder weil sie leer, zu kurz, zu gekrümmt oder in irgendeiner anderen Hinsicht falsch sind. Doch nach Richard Feynmans Konzept der Geschichtenvielfalt können diese unbewohnten Geschichten eine ziemlich hohe Wahrscheinlichkeit haben (vgl. S. 92).

Tatsächlich spielt es keine Rolle, wie viele Geschichten es gibt, die keine intelligenten Wesen enthalten. Wir sind nur an der Teilmenge jener Geschichten interessiert, in denen sich intelligentes Leben entwickelt. Es muß nicht unbedingt menschenähnliche Züge besitzen. Kleine grüne Außerirdische täten es auch, täten es vielleicht sogar besser. Die Menschheit hat keine sehr gute Bilanz an intelligentem Verhalten vorzuweisen.

Betrachten Sie als Beleg für die Leistungsfähigkeit des anthropischen Prinzips die Anzahl der Raumdimensionen. Unsere Alltagserfahrung sagt uns, daß wir im dreidimensionalen Raum leben. Das heißt, wir können die Position eines Punktes im Raum durch drei Zahlen angeben,

beispielsweise die geographische Länge und Breite sowie die Höhe über dem Meeresspiegel. Doch warum ist der Raum dreidimensional? Warum hat er nicht zwei, vier oder irgendeine andere Zahl von Dimensionen, wie in Science-fiction-Geschichten? In der M-Theorie hat der Raum neun oder zehn Dimensionen, doch man nimmt an, daß sechs oder sieben Richtungen sehr eng aufgewickelt sind, so daß nur drei große und nahezu flache Dimensionen übrigbleiben (Abb. 3.11).

Warum leben wir nicht in einer Geschichte, in der acht Dimensionen eng aufgewickelt sind, so daß nur zwei für uns erkennbare, makroskopische Dimensionen übrigbleiben? Ein zweidimensionales Tier hätte große Schwierigkeiten, Nahrung zu verdauen. Hätte es einen Verdauungskanal, der es ganz durchquerte, zerfiele das Tier in zwei Teile. Zwei makroskopische Dimensionen sind also nicht genug für etwas so Kompliziertes wie intelligentes Leben. Gäbe es andererseits vier oder mehr makroskopische Dimensionen, würden die Gravitationskräfte zwischen zwei Körpern, die sich einander nähern, rascher anwachsen, als es in unserem Universum der Fall ist. Für solche Kräfte läßt sich zeigen, daß sie keine stabilen Umlaufbahnen zulassen, auf denen ein Planet seine Sonne umkreisen könnte. Entweder würde der Planet in die Sonne stürzen (Abb. 3.12a) oder in die Dunkelheit und Kälte des Weltraums entweichen (Abb. 3.12b).

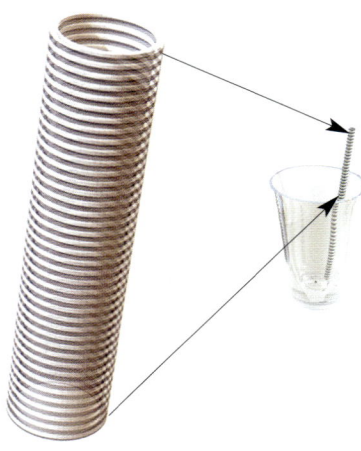

(Abb. 3.11)
Von weitem sieht ein Strohhalm wie eine eindimensionale Linie aus.

(Abb. 3.12a)

(Abb. 3.12b)

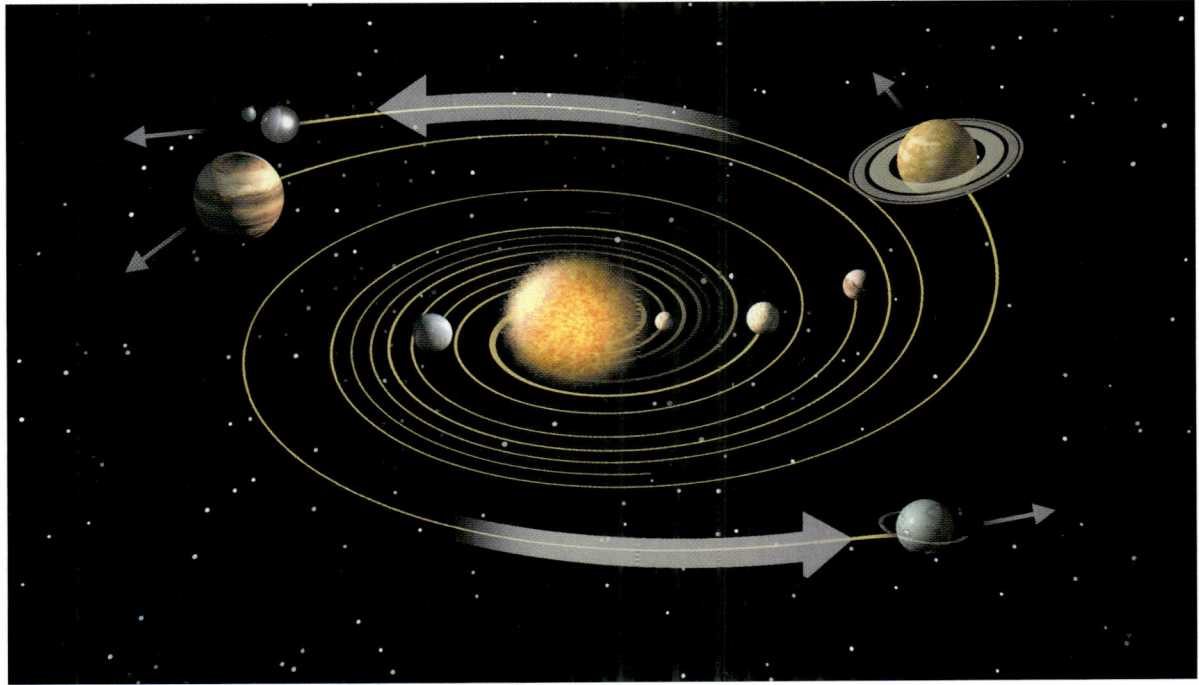

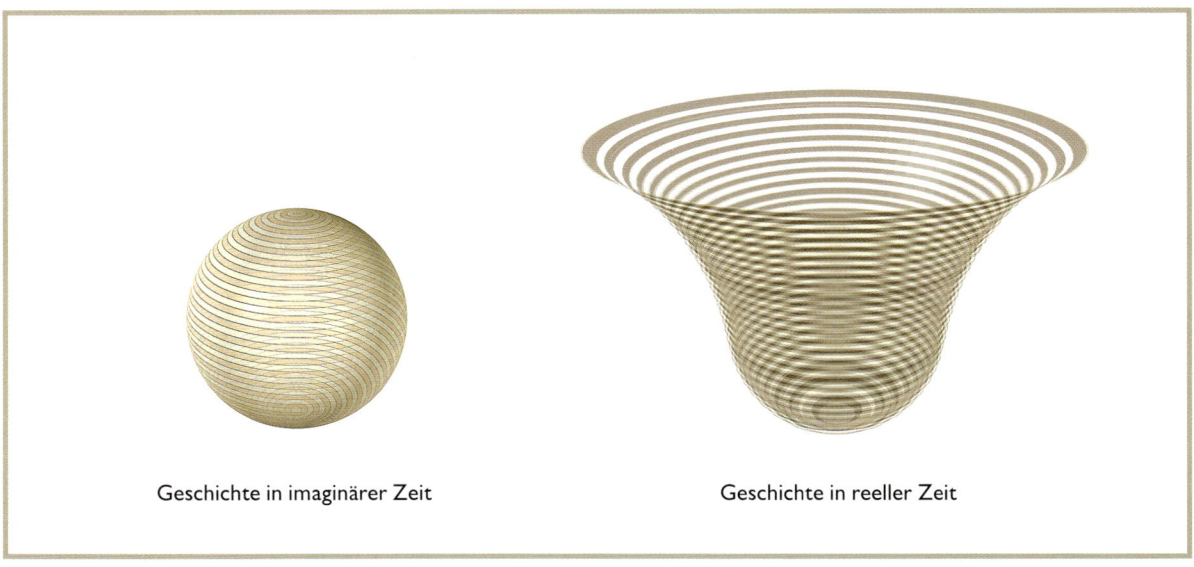

Geschichte in imaginärer Zeit   Geschichte in reeller Zeit

(Abb. 3.13)
Die einfachste Geschichte in
imaginärer Zeit, die keinen Rand hat,
ist eine Kugelfläche. Sie bestimmt
eine Geschichte in der reellen Zeit,
die inflationär expandiert.

Auch die Orbitale der Elektronen in den Atomen wären nicht stabil, so daß es keine Materie in der uns bekannten Form gäbe. Zwar würde das Konzept der Geschichtenvielfalt eine beliebige Zahl von makroskopischen Dimensionen zulassen, doch nur Geschichten mit drei makroskopischen Dimensionen werden intelligente Wesen enthalten. Nur in solchen Geschichten wird die Frage gestellt werden: »Warum hat der Raum drei Dimensionen?«

Die einfachste Geschichte des Universums in imaginärer Zeit ist eine runde Kugelfläche, ähnlich der Erdoberfläche, aber mit zwei zusätzlichen Dimensionen (Abb. 3.13). Sie bestimmt eine Geschichte des Universums in der reellen Zeit (der Zeit, die sich unserer Erfahrung erschließt), in der das Universum an jedem Punkt des Raums die gleichen Eigenschaften hat und in der der Raum mit der Zeit expandiert. In diesen beiden Punkten ähnelt das Modell dem Universum, in dem wir leben. Doch die Expansionsgeschwin-

(Abb. 3.14)   **Materieenergie**   **Gravitationsenergie**

digkeit in dem Modelluniversum ist sehr hoch und wird immer rascher. Eine derart beschleunigte Expansion heißt Inflation, weil sie, wie inflationäre Preise, in immer schnellerem Tempo zunimmt.

Die Inflation von Preisen gilt im allgemeinen als sehr nachteilig, doch für das Universum ist die Inflation eine sehr nützliche Angelegenheit. Die gewaltige Expansion bügelt alle Unebenheiten aus, die das frühe Universum möglicherweise aufgewiesen hat. Im Zuge seiner Expansion borgt sich das Universum Energie vom Gravitationsfeld aus, um mehr Materie zu erzeugen. Die positive Materieenergie wird exakt durch die negative Gravitationsenergie ausgeglichen, so daß die Gesamtenergie null ist. Wenn das Universum seine Größe verdoppelt, verdoppeln sich auch die Materie- und die Gravitationsenergie – zwei mal null bleibt null. Wäre das Bankwesen doch auch so einfach (Abb. 3.14).

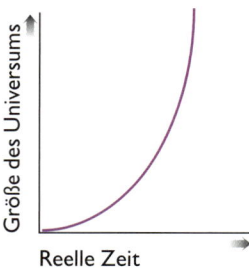

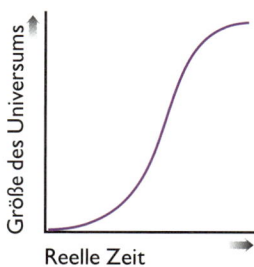

(Abb. 3.15) DAS INFLATIONÄRE UNIVERSUM

Im herkömmlichen Urknallmodell hatten die verschiedenen Regionen im frühen Universum nicht genügend Zeit, um miteinander Wärme auszutauschen. Trotzdem beobachten wir, daß die Temperatur der Mikrowellenhintergrundstrahlung dieselbe ist, egal, in welche Richtung wir blicken. Daraus folgt, daß der Anfangszustand des Universums überall exakt die gleiche Temperatur gehabt haben muß.

Im Bestreben, ein Modell zu finden, in dem sich viele verschiedene Anfangskonfigurationen zu einem Gebilde wie dem gegenwärtigen Universum hätten entwickeln können, ist vorgeschlagen worden, das frühe Universum habe möglicherweise eine Periode sehr schneller Expansion durchlaufen. Diese Expansion wird inflationär genannt, womit gemeint ist, daß sie sich mit wachsender

Geschwindigkeit vollzieht und nicht mit abnehmender wie die Expansion, die wir heute beobachten. Eine solche Inflationsphase könnte erklären, warum das Universum in jeder Richtung gleich aussieht, denn das Licht hätte unter diesen Umständen genügend Zeit gehabt, im sehr frühen Universum von einer Region in die andere zu gelangen. Einem Universum, das seine inflationäre Expansion ewig fortsetzt, entspricht in imaginärer Zeit eine vollkommen runde Kugelfläche. Doch in unserem eigenen Universum verlangsamte sich die inflationäre Expansion nach einem Sekundenbruchteil, woraufhin sich Galaxien bilden konnten.

Daraus folgt, daß die Geschichte unseres Universums in imaginärer Zeit eine Kugel mit einer leicht abgeflachten Südpolregion wäre.

INDEX DER GROSSHANDELSPREISE – INFLATION UND HYPERINFLATION

Juli 1914	1,0	
Januar 1919	2,6	Eine Mark 1914
Juli 1919	3,4	
Januar 1920	12,6	Einhunderttausend Mark 1923
Januar 1921	14,4	
Juli 1921	14,3	
Januar 1922	**36,7**	Zwei Millionen Mark 1923
Juli 1922	**100,6**	Zehn Millionen Mark 1923
Januar 1923	**2 785,0**	
Juli 1923	**194 000,0**	Einhundert Milliarden Mark 1923
November 1923	**726 000 000 000,0**	

Wäre die Geschichte des Universums in imaginärer Zeit eine vollkommene Kugel, dann wäre die entsprechende Geschichte in der reellen Zeit ein Universum, das seine inflationäre Expansion ewig fortsetzen würde. In einem solchen inflationären Universum könnte sich die Materie nicht zu Galaxien und Sternen zusammenballen, und somit könnte sich auch kein Leben entwickeln, schon gar keine intelligenten Lebensformen wie wir. Wir sehen also, daß Geschichten des Universums in imaginärer Zeit, die vollkommene Kugeln sind, zwar ein Teil der gesamten Geschichtenvielfalt sind, aber verhältnismäßig uninteressante Varianten darstellen. Von weit größerer Bedeutung sind Geschichten in imaginärer Zeit, die am Südpol der Kugel etwas abgeflacht sind (Abb. 3.15).

In diesem Fall wird die entsprechende Geschichte in der reellen Zeit zunächst in einer beschleunigten, inflationären Weise expandieren. Doch dann verlangsamt sich die Expansion, und es können sich Galaxien bilden. Intelligentes Leben wird nur dann entstehen, wenn die Abflachung am Südpol sehr gering ist. Folglich wird das Universum anfangs in ganz außerordentlichem Maße expandieren. Ein Rekordniveau erreichte die Geldinflation zwischen den Weltkriegen in Deutschland (Abb. 3.16), als die Preise milliar-

(Abb. 3.16)
DIE INFLATION KÖNNTE EIN NATURGESETZ SEIN
Nach dem Friedensschluß stieg die Inflation in Deutschland immer rascher an, bis das Preisniveau im Februar 1920 fünfmal so hoch war wie 1918. Nach dem Juli 1922 begann die Phase der Hyperinflation. Alles Vertrauen in das Geld schwand, und der Preisindex stieg fünfzehn Monate lang schneller und schneller an, so daß am Ende die Druckereien das Geld nicht mehr so schnell liefern konnten, wie es an Wert verlor. Ende 1923 arbeiteten dreihundert Papierfabriken unter Hochdruck, und hundertfünfzig Druckereien ließen ihre zweitausend Pressen rund um die Uhr laufen, um das nötige Papiergeld bereitzustellen.

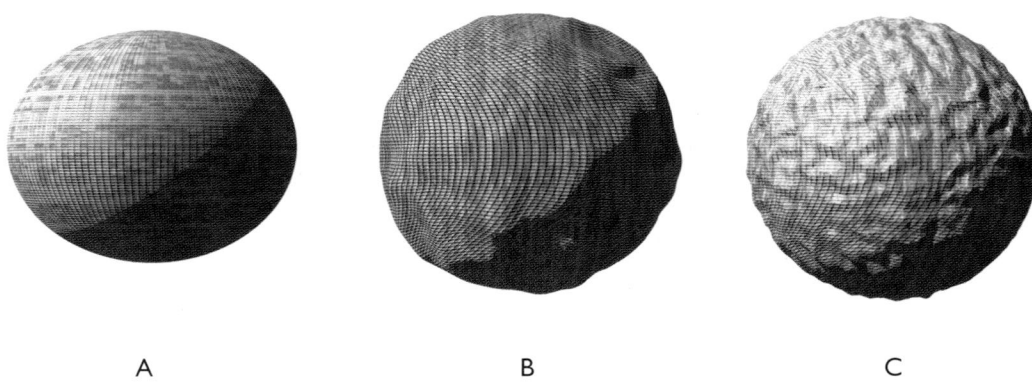

A   B   C

(Abb. 3.17)
WAHRSCHEINLICHE UND
UNWAHRSCHEINLICHE
GESCHICHTEN
Glatte Geschichten wie A sind,
jede für sich genommen, am wahr-
scheinlichsten, doch gibt es sie
nur in kleiner Zahl.
Obwohl leicht unregelmäßige
Geschichten (B) und (C) weniger
wahrscheinlich sind, gibt es doch
so viele verschiedene davon, daß
die wahrscheinlichsten Geschichten
des Universums kleine Abweichun-
gen von der vollkommenen Kugelform
aufweisen dürften.

denfach anstiegen – doch das Ausmaß der Inflation, die im Universum stattgefunden haben muß, entspricht einem Faktor von mindestens einer Milliarde
Milliarden Milliarden.

Infolge der Unschärferelation wird es nicht nur eine Geschichte des Universums geben, die intelligentes Leben enthält. Vielmehr werden die Geschichten in imaginärer Zeit eine ganze Familie leicht verformter Kugeln
sein, deren jede einer Geschichte in reeller Zeit entspricht, und in jeder
durchläuft das Universum eine lange, aber nicht unendlich lange Phase
inflationärer Expansion. Daher stellt sich die Frage, welche dieser zulässigen
Geschichten die wahrscheinlichsten sind. Wie sich erweist, sind die wahrscheinlichsten Geschichten diejenigen, die nicht vollkommen glatt sind, sondern winzige Ausbuchtungen nach innen und außen aufweisen (Abb. 3.17).
Die Kräuselungen auf den wahrscheinlichsten Geschichten sind wirklich
winzig. Die Abweichungen von einem glatten Verlauf liegen in der Größen-
ordnung von eins zu hunderttausend. Obwohl sie so außerordentlich klein
sind, ist es uns gelungen, sie als winzige Variationen der Eigenschaften der
Mikrowellen zu beobachten, die uns aus allen Richtungen des Raums erreichen. Der Satellit Cosmic Background Explorer, der 1989 auf seine Umlaufbahn gebracht wurde, hat eine Mikrowellenkarte des Himmels erstellt.

Die verschiedenen Farben bezeichnen verschiedene Temperaturen. Dabei

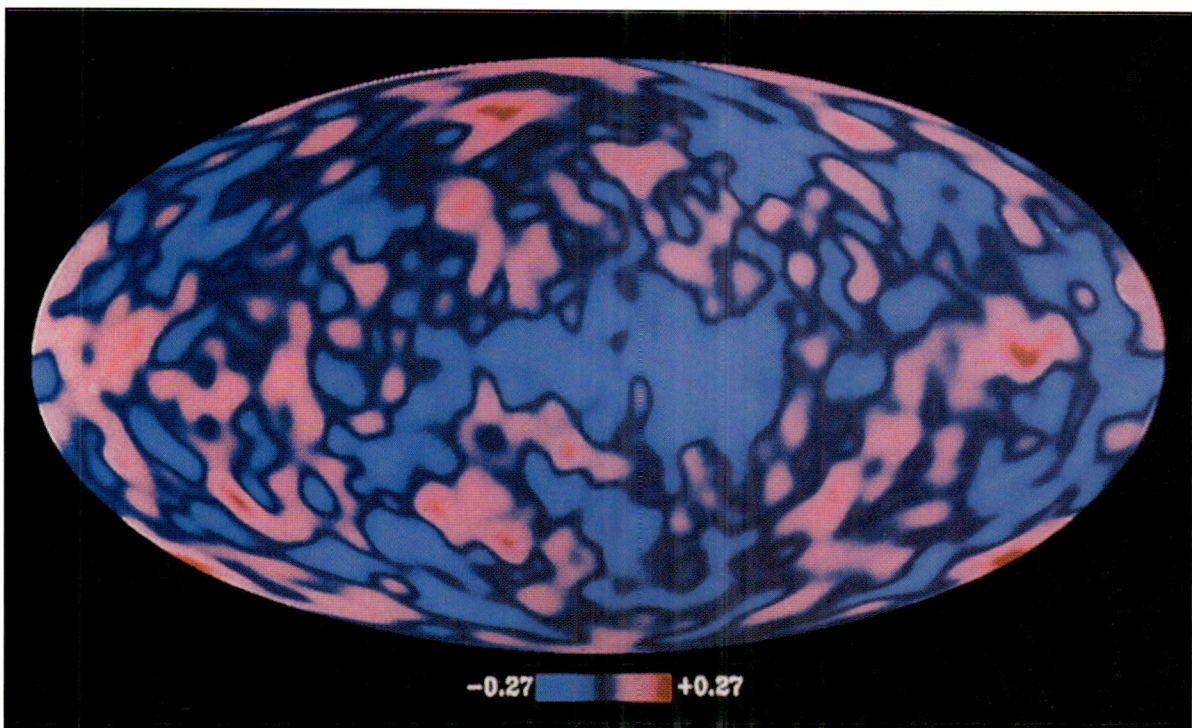

−0.27 +0.27

stellt das gesamte Farbspektrum von Rot bis Blau einen Temperaturbereich von nur etwa einem zehntausendstel Grad dar – die hier sichtbaren Temperaturschwankungen sind fast unvorstellbar gering, und doch erzeugen sie zwischen verschiedenen Regionen des frühen Universums in den dichteren Bereichen eine zusätzliche Gravitation, die ausreicht, um die Expansion dort irgendwann zum Stillstand zu bringen und die Materie zum Kollaps zu veranlassen, so daß sie unter ihrem eigenen Gewicht zu Galaxien und Sternen zusammenstürzt. Im Prinzip zumindest ist die COBE-Karte der Grundriß aller Strukturen im Universum.

Welcher künftige Verlauf der wahrscheinlichsten Geschichten des Universums verträgt sich mit dem Auftreten intelligenter Wesen? Es scheint verschiedene Möglichkeiten zu geben, je nach der im Universum vorhandenen Materiemenge. Wenn mehr als eine bestimmte kritische Menge vorhanden ist, wird die Gravitationsanziehung zwischen den Galaxien ihre Expansionsbewegung abbremsen und sie schließlich daran hindern, sich noch weiter voneinander zu entfernen. Dann stürzen sie wieder aufeinander zu, um sich schließlich in einem großen Endkollaps zu vereinigen, der das Ende der Geschichte des Universums in der reellen Zeit bedeuten wird (Abb. 3.18, S. 104).

Liegt die Dichte des Universums unter dem kritischen Wert, dann reicht

Die vollständige Himmelskarte, die das Mikrowellenradiometer DMR des Satelliten COBE geliefert hat, enthält Hinweise auf winzige Raumzeitkräuselungen.

(Abb. 3.18, oben)
Ein mögliches Ende des Universums ist der Große Endkollaps, in dessen Verlauf das All zu einem Gebilde extremer Dichte zusammenstürzen würde.

(Abb. 3.19, gegenüber)
Das lange, kalte Elend, in dem alles vergeht und die letzten Sterne erlöschen, nachdem sie ihren Brennstoff verbraucht haben.

die Gravitation nicht aus, um die Galaxien am ewigen Auseinanderdriften zu hindern. Alle Sterne werden ausbrennen. Das Universum wird leerer und leerer und kälter und kälter werden. Auch in diesem Szenario wird alles ein Ende finden, wenn auch weniger spektakulär. In beiden Fällen wird das Universum noch einige Milliarden Jahre existieren (Abb. 3.19).

Möglicherweise enthält das Universum neben Materie auch sogenannte Vakuumenergie, Energie, die auch im scheinbar leeren Raum vorhanden ist. Nach Einsteins berühmter Gleichung $E = mc^2$ hat diese Vakuumenergie Masse. Damit ist sie auch eine Quelle der Gravitation und beeinflußt die Expansion des Universums. Doch merkwürdigerweise ist der Effekt der Vakuumenergie dem der Materie entgegengesetzt. Materie bewirkt eine Verlangsamung der Expansion und kann sie schließlich zum Stillstand bringen und umkehren, die Vakuumenergie dagegen verursacht, wie die Inflation, eine Beschleunigung der Expansion. Tatsächlich hat die Vakuumenergie genau die gleiche Wirkung wie die kosmologische Konstante, von der in Kapitel 1

die Rede war – jener Konstante, die Einstein 1917 in seine ursprünglichen Gleichungen einfügte, als ihm klar wurde, daß es ihm anders nicht möglich war, ein statisches Universum zu beschreiben. Nachdem Hubble die Expansion des Universums entdeckt hatte, war es sinnlos geworden, den Gleichungen dieses Glied hinzuzufügen, und Einstein hielt die Einführung der kosmologischen Konstante nun für einen Fehler.

Aber vielleicht war es doch kein Fehler: Wie in Kapitel 2 beschrieben, legt die Quantentheorie den Schluß nahe, daß die Raumzeit mit Quantenfluktuationen gefüllt ist. In supersymmetrischen Theorien gleichen sich die unendlichen positiven und negativen Energien der Grundzustandsfluktuationen der Partnerteilchen mit verschiedenem Spin gegenseitig aus. Allerdings können wir nicht erwarten, daß sich die positiven und negativen Energien vollständig aufheben. Es sollte eine kleine, endliche Menge an Vakuumenergie übrigbleiben, da sich das Universum nicht in einem supersymmetrischen Zustand befindet. Überraschend ist eigentlich nur, daß der Wert der Vakuumenergie

Die kosmologische Konstante war meine größte Eselei?

Albert Einstein

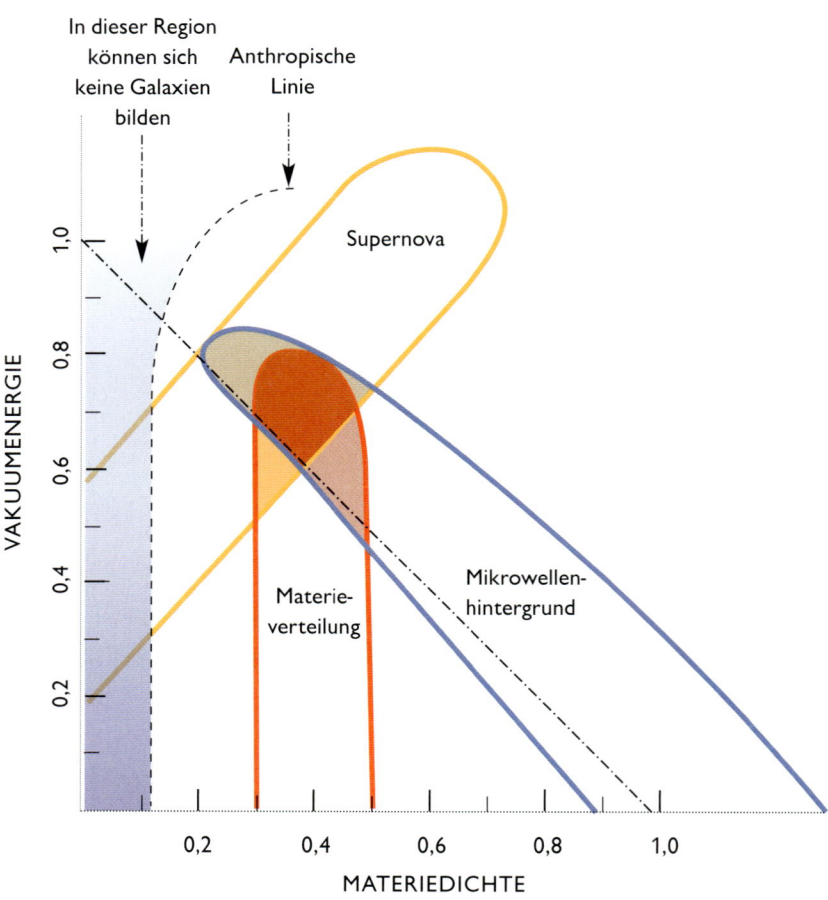

In dieser Region
können sich
keine Galaxien
bilden

Anthropische
Linie

Supernova

VAKUUMENERGIE

1,0

0,8

0,6

0,4

0,2

Materie-
verteilung

Mikrowellen-
hintergrund

0,2   0,4   0,6   0,8   1,0

MATERIEDICHTE

(Abb. 3.20)
Wenn man die Beobachtungen
ferner Supernovae, der kosmischen
Hintergrundstrahlung und der
Materieverteilung im Universum
zusammenfaßt, lassen sich
Vakuumenergie und Materiedichte
im Universum ziemlich gut
abschätzen.

so nahe bei null liegt und daß sie sich deshalb nicht schon früher bemerkbar gemacht hat. Vielleicht ist dies ein weiteres Beispiel für das anthropische Prinzip: Eine Geschichte mit einer größeren Vakuumenergie hätte keine Galaxien hervorgebracht und enthielte deshalb auch keine Wesen, die fragen könnten: Warum hat die Vakuumenergie gerade den Wert, den wir beobachten?

Wir können versuchen, die Menge von Materie und Vakuumenergie im Universum anhand verschiedener Beobachtungen zu bestimmen. Die Ergebnisse lassen sich in einem Diagramm wiedergeben, in dem die Materiedichte auf der waagerechten Achse und die Dichte der Vakuumenergie auf der senkrechten Achse aufgetragen wird. Die gepunktete Linie bildet die Grenze der Region, in der sich intelligentes Leben entwickeln könnte (Abb. 3.20).

Beobachtungen ferner Supernovae, der Materieverteilung im Universum und der kosmischen Hintergrundstrahlung schränken die möglichen Werte

»O Gott, ich könnte in eine Nußschale eingesperrt sein
und mich für einen König
von unermeßlichem Gebiete halten …«

Shakespeare,
Hamlet, 2. Aufzug, 2. Szene

für Vakuumenergie und Materiedichte jeweils auf eine bestimmte Region des
Diagramms ein. Glücklicherweise überschneiden sich die drei Regionen.
Wenn die Materiedichte und Vakuumenergie in diesem Schnitt liegen, so folgt
daraus, daß die Expansion des Universums nach einer langen Phase der Verlangsamung wieder dabei ist, sich zu beschleunigen. Vielleicht ist die Inflation ein Naturgesetz.

In diesem Kapitel haben wir gesehen, wie sich das Verhalten des unge-
heuer großen Universums durch seine Geschichte in imaginärer Zeit verstehen läßt, die eine winzige, abgeflachte Kugel ist. Insofern hat es große
Ähnlichkeit mit Hamlets Nußschale, und in dieser Nuß ist alles verschlüsselt,
was in reeller Zeit geschieht. Hamlet hat also vollkommen recht: Wir könnten in einer Nußschale eingesperrt sein und uns doch für Könige von unermeßlichem Gebiet halten.

DIE ZUKUNFT VORHERSAGEN

*Wie der Informationsverlust in Schwarzen Löchern
unsere Fähigkeit beeinträchtigen könr.te, die Zukunft vorherzusagen*

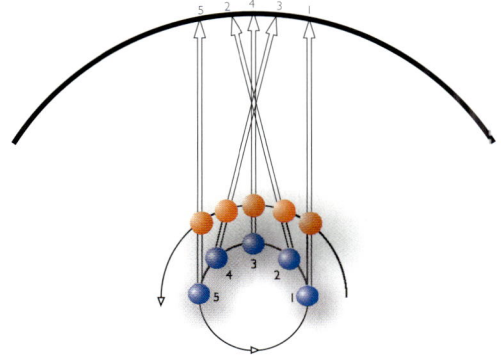

(Abb. 4.1)
Ein Beobachter auf der Erde (blau)
betrachtet beim Umkreisen der Sonne
den Mars (rot) vor dem Hintergrund
der Sternbilder.
Die komplizierte scheinbare
Bewegung der Planeten am Himmel
läßt sich durch Newtons Gesetze
erklären und hat keinen Einfluß auf
das persönliche Schicksal.

Seit jeher hegt die Menschheit den Wunsch, die Zukunft ihrer Kontrolle zu unterwerfen oder zumindest vorherzusagen. Deshalb ist die Astrologie so beliebt. Astrologen behaupten, die Ereignisse auf der Erde seien mit den Bewegungen der Planeten am Himmel verknüpft. Das ist eine wissenschaftlich überprüfbare Hypothese – oder wäre es zumindest, wenn sich die Astrologen tatsächlich einmal zu eindeutigen Vorhersagen bequemen würden, die man testen könnte. Doch klugerweise halten sie ihre Prophezeiungen so vage, daß sie immer »zutreffen«, egal, was passiert. Aussagen wie »Es könnte zu einer bedeutsamen Veränderung in Ihren persönlichen Beziehungen kommen« lassen sich natürlich nicht widerlegen.

Doch der eigentliche Grund, warum die meisten Wissenschaftler nicht an die Astrologie glauben, ist nicht die wissenschaftliche Beweislage, sondern der Umstand, daß sie nicht mit anderen Theorien konsistent ist, die einer experimentellen Überprüfung standgehalten haben. Als Kopernikus und Galilei entdeckten, daß die Planeten die Sonne und nicht die Erde umkreisen, und Newton die Gesetze fand, die ihre Bewegung bestimmen, wurde die Astrologie außerordentlich unglaubwürdig. Warum sollten die Positionen anderer Planeten vor dem Hintergrundhimmel in irgendeinem Zusammenhang mit dem Geschick von Makromolekülen stehen, die auf einem unbedeutenden Planeten leben und sich selbst als intelligent bezeichnen (Abb. 4.1)? Und doch möchte uns die Astrologie genau dies glauben machen. Für einige der in diesem Buch beschriebenen Theorien gibt es nicht mehr experimentelle Anhaltspunkte als für die Astrologie, aber wir nehmen sie ernst,

»Mars steht diesen Monat im
Schützen, und auf Sie kommt eine
Zeit der Selbstbesinnung zu. Mars
fordert Sie auf, Ihr Leben so zu
gestalten, wie es Ihnen gefällt,
anstatt sich nach anderen zu
richten. Und dies wird geschehen.
Zur Zeit des Vollmonds wird Ihnen
Ihr Leben in einem unverhofft
neuen Licht erscheinen, und Sie
gelangen zu Einsichten, die Sie
verändern werden. Sie werden
lernen, Verantwortung zu
übernehmen und mit schwierigen
Beziehungen umzugehen.«

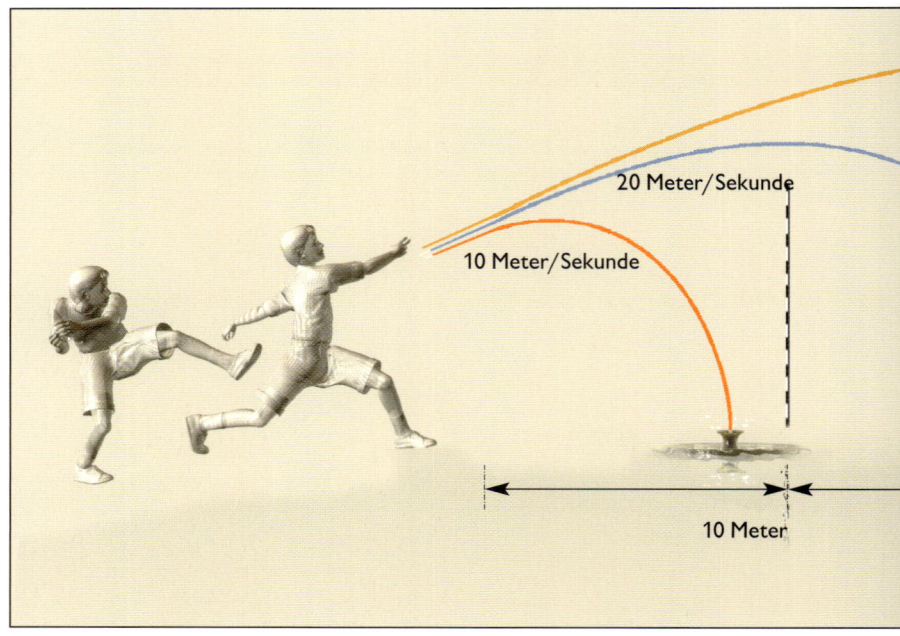

(Abb. 4.2)
Wenn Sie wissen, wo und mit
welcher Geschwindigkeit ein Ball
geworfen wird, können Sie
vorhersagen, wohin er fliegt.

weil sie mit Theorien konsistent sind, die sich in experimentellen Tests behauptet haben.

Der Erfolg der Newtonschen Gesetze und anderer physikalischer Theorien führte zum Prinzip des wissenschaftlichen Determinismus, das erstmals Anfang des 19. Jahrhunderts von einem französischen Naturwissenschaftler, dem Marquis de Laplace, formuliert wurde. Wenn wir den Ort und die Geschwindigkeit aller Teilchen im Universum kennen würden, so meinte Laplace, dann müßten wir anhand der physikalischen Gesetze den Zustand des Universums zu jedem gegebenen Zeitpunkt in der Vergangenheit oder Zukunft vorhersagen können (Abb. 4.2).

Mit anderen Worten, wenn der wissenschaftliche Determinismus richtig ist, sollten wir im Prinzip in der Lage sein, die Zukunft vorherzusagen, und bräuchten die Astrologie gar nicht. In der Praxis ergeben sich allerdings schon aus so einfachen Theorien wie Newtons Gravitationsgesetzen Gleichungen, die wir nicht für mehr als zwei Teilchen exakt lösen können. Außerdem haben die Gleichungen oft eine Eigenschaft, die als chaotisches Verhalten bezeichnet wird: Eine kleine Modifizierung von Position oder Geschwindigkeit zu einem Zeitpunkt kann ein vollkommen verändertes Verhalten zu einem anderen Zeitpunkt hervorrufen. Wer *Jurassic Park* gesehen hat, weiß, daß eine winzige Störung an einem Ort eine große Störung an einem anderen bewirken kann. Ein Schmetterling, der in Tokio mit seinen Flügeln schlägt, kann Regen verursachen, der in New Yorks Central Park fällt (Abb. 4.3). Das Ärgerliche daran ist, daß sich diese Ereignisfolge nicht wiederholen läßt. Wenn

(Abb. 4.3)

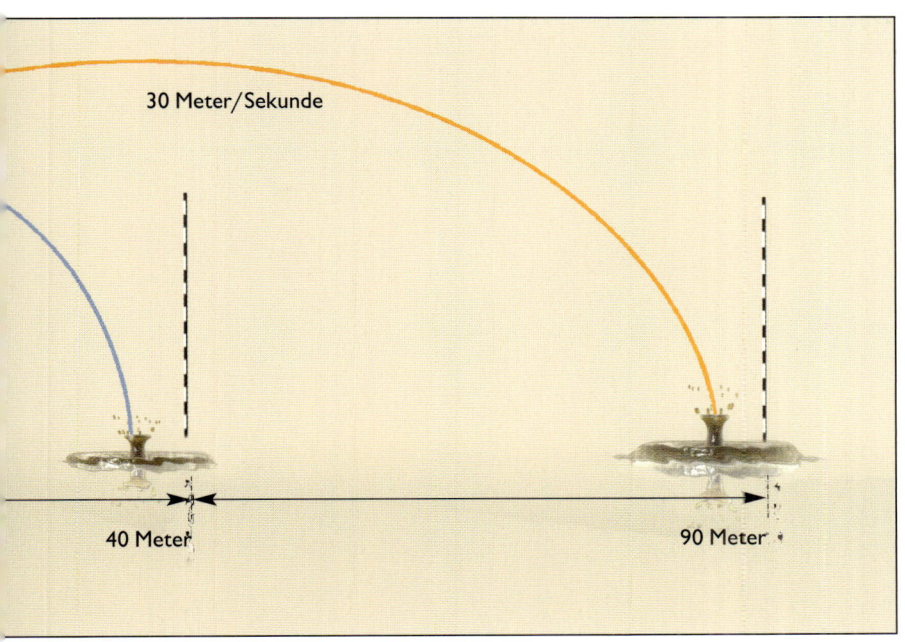

30 Meter/Sekunde

40 Meter

90 Meter

der Schmetterling das nächste Mal mit seinen Flügeln schlägt, wird sich eine Reihe von Faktoren verändert haben, die das Wetter ebenfalls beeinflussen.

Aus diesem Grund ist uns auch kein großer Erfolg bei dem Versuch beschieden, menschliches Verhalten aus mathematischen Gleichungen vorherzusagen, obwohl es die Gesetze der Quantenelektrodynamik im Prinzip ermöglichen sollten, alle Phänomene der Chemie und der Biologie zu berechnen. Trotz dieser praktischen Schwierigkeiten haben die meisten Wissenschaftler Trost in dem Gedanken gefunden, daß die Zukunft – wiederum im Prinzip – vorhersagbar ist.

Auf den ersten Blick scheint der Determinismus auch durch die Unschärferelation in Frage gestellt zu werden, der zufolge man nicht zur gleichen Zeit die Position und die Geschwindigkeit eines Teilchens exakt messen kann. Je genauer man die Position eines Teilchens mißt, desto weniger genau kann man seine Geschwindigkeit bestimmen und umgekehrt. Nach der Laplaceschen Version des Determinismus wäre es notwendig, die Positionen und Geschwindigkeiten von Teilchen zu einem einzigen Zeitpunkt genau zu kennen, um die Positionen und Geschwindigkeiten der Teilchen für jeden Zeitpunkt in der Vergangenheit oder Zukunft zu bestimmen. Doch wie soll man einen Anfang machen, wenn einen die Unschärferelation daran hindert, die Positionen und Geschwindigkeiten zu irgendeinem Zeitpunkt genau zu erkennen? Wie gut auch immer unser Computer ist, wenn wir schlechte Daten eingeben, bekommen wir lausige Vorhersagen heraus.

REIN

?!

RAUS

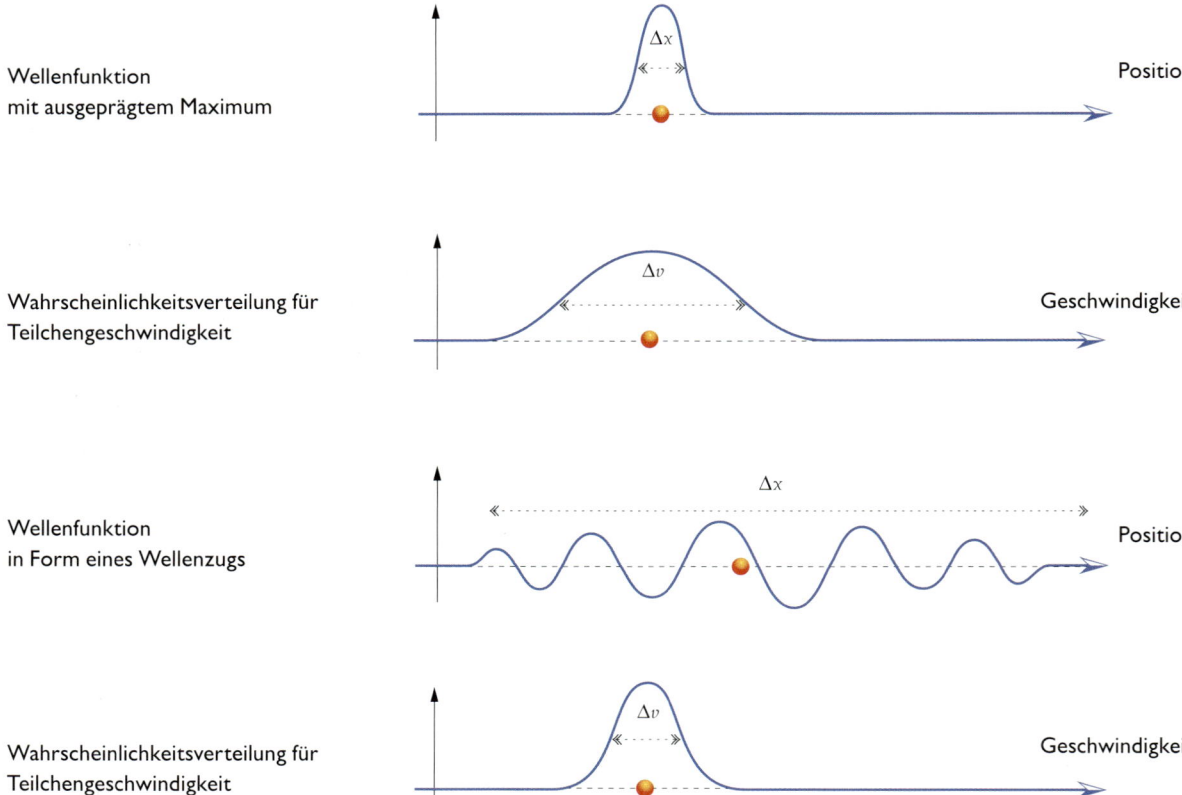

Wellenfunktion
mit ausgeprägtem Maximum

Δx

Position

Wahrscheinlichkeitsverteilung für
Teilchengeschwindigkeit

Δv

Geschwindigkeit

Wellenfunktion
in Form eines Wellenzugs

Δx

Position

Wahrscheinlichkeitsverteilung für
Teilchengeschwindigkeit

Δv

Geschwindigkeit

(Abb. 4.4)
Die Wahrscheinlichkeit, das Teilchen
an einem gegebenen Ort und mit
einer gegebenen Geschwindigkeit
anzutreffen, wird durch seine
Wellenfunktion bestimmt, und zwar
so, daß Δx und Δv der Unschärfe-
relation gehorchen.

In abgewandelter Form wurde der Determinismus aber doch wieder-
hergestellt, und zwar durch die neue Theorie der Quantenmechanik, die die
Unschärferelation einbezog. In der Quantenmechanik können wir, stark
vereinfacht gesagt, genau die Hälfte dessen vorhersagen, was der klassische
Laplacesche Determinismus an Vorhersagen verspricht. In der Quantenmechanik ist entweder die Position oder die Geschwindigkeit eines Teilchens
nicht wohldefiniert, und doch läßt sich sein Zustand durch eine sogenannte
Wellenfunktion darstellen (Abb. 4.4).

Die Wellenfunktion eines Teilchens weist jedem Punkt des Raums eine
Zahl zu, die die Wahrscheinlichkeit angibt, mit der das Teilchen an diesem
Ort anzutreffen ist. Die Änderungsrate der Wellenfunktion von Punkt zu
Punkt gibt darüber Auskunft, wie wahrscheinlich verschiedene Teilchenge-
schwindigkeiten sind. Einige Wellenfunktionen weisen an einem einzigen
Punkt im Raum einen ausgeprägten Gipfel auf. In diesen Fällen gibt es nur
eine geringe Unbestimmtheit in bezug auf die Position des Teilchens. Doch
das Diagramm zeigt in solchen Fällen auch, daß sich die Wellenfunktion in

(Abb. 4.5)

DIE SCHRÖDINGER-GLEICHUNG
Wie sich die Wellenfunktion Ψ
entwickelt, wird durch den
Hamilton-Operator H bestimmt,
der mit der Energie des betreffen-
den physikalischen Systems
zusammenhängt.

der Nähe des Punktes rasch verändert, auf der einen Seite nach oben und auf der anderen nach unten. Daraus folgt, daß die Wahrscheinlichkeitsverteilung für die Geschwindigkeit über einen großen Bereich gestreut ist. Mit anderen Worten, die Unbestimmtheit der Geschwindigkeit ist groß. Betrachten wir als Kontrast einen periodischen, ausgedehnten Wellenzug. Jetzt ist die Unbestimmtheit groß hinsichtlich der Position, aber klein in bezug auf die Geschwindigkeit. Daher ist – in Übereinstimmung mit der Unschärferelation – bei der Beschreibung eines Teilchens durch eine Wellenfunktion entweder die Position oder die Geschwindigkeit nicht wohldefiniert. Wohldefiniert ist ausschließlich die Wellenfunktion. Wir können noch nicht einmal annehmen, daß das Teilchen zu jedem Zeitpunkt eine ganz bestimmte Position und Geschwindigkeit besitzt, die nur uns verborgen, Gott hingegen bekannt sind. Eine solche Theorie der »verborgenen Variablen« sagt Ergebnisse vorher, die nicht mit den Beobachtungen übereinstimmen. Sogar Gott ist an die Unschärferelation gebunden und kann nicht gleichzeitig Position und Geschwindigkeit eines Teilchens kennen. Nur die Wellenfunktion kann ihm bekannt sein.

(Abb. 4.6)
In der flachen Raumzeit der speziellen Relativitätstheorie haben Beobachter, die sich mit unterschiedlichen Geschwindigkeiten bewegen, verschiedene Zeitmaße, aber wir können in jeder dieser Zeiten mit Hilfe der Schrödinger-Gleichung vorhersagen, wie die Wellenfunktion in Zukunft aussehen wird.

Die Änderungsrate der Wellenfunktion mit der Zeit wird durch die sogenannte Schrödinger-Gleichung bestimmt (Abb. 4.5, S. 115). Wenn uns die Wellenfunktion zu einem bestimmten Zeitpunkt bekannt ist, können wir sie mit Hilfe der Schrödinger-Gleichung für jeden anderen Zeitpunkt in der Vergangenheit oder Zukunft berechnen. Daher gibt es auch in der Quantentheorie einen Determinismus, wenn auch von eingeschränkter Geltung. Nicht die Positionen und Geschwindigkeiten können wir vorhersagen, sondern nur die Wellenfunktion. Und die ermöglicht es uns, entweder die Positionen oder die Geschwindigkeiten genau vorherzusagen, aber nicht beide. In diesem Sinne ist in der Quantentheorie die Fähigkeit zu exakten Vorhersagen genau halb so groß wie im klassischen Laplaceschen Weltbild. Doch in diesem eingeschränkten Sinne läßt sich durchaus noch von Determinismus sprechen.

Wenn wir die Wellenfunktion mit Hilfe der Schrödinger-Gleichung in der Zeit vorwärts entwickeln (also vorhersagen, wie sie zu zukünftigen Zeitpunkten sein wird), setzen wir allerdings implizit voraus, daß sie überall und immer glatt verläuft. Das traf für die Newtonsche Physik sicherlich zu. Die Zeit galt als absolut, das heißt, jedes Ereignis in der Geschichte des Universums wurde mit einer Zahl namens Zeit etikettiert, und eine ununterbrochene Kette solcher Zeitetiketten reichte von der unendlich fernen Vergangenheit bis in die unendlich ferne Zukunft. Man könnte dies den Alltagsbegriff der Zeit nennen, es ist der Zeitbegriff, den die meisten Menschen – auch die meisten Physiker – im Hinterkopf haben. Doch 1905 wurde, wie schon erwähnt, das Konzept der absoluten Zeit durch die spezielle Relativitätstheorie aufgehoben. Von nun an war die Zeit keine unabhängige, eigenständige Größe

TOTPUNKT

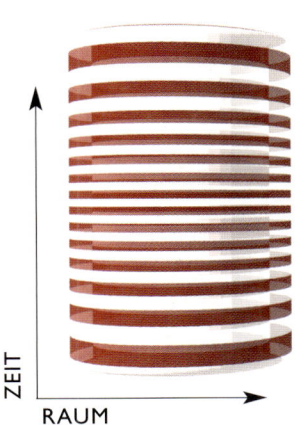

ZEIT

RAUM

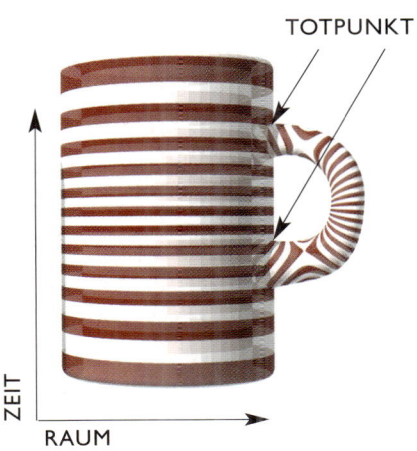

ZEIT

RAUM

mehr, sondern nurmehr Teil eines vierdimensionalen Kontinuums namens Raumzeit. In der speziellen Relativitätstheorie bewegen sich verschiedene Beobachter, die mit verschiedenen Geschwindigkeiten vorankommen, auf verschiedenen Bahnen durch die Raumzeit. Jeder Beobachter hat auf dem Weg, dem er folgt, sein eigenes Zeitmaß, so daß verschiedene Beobachter verschiedene Zeitintervalle zwischen Ereignissen messen (Abb. 4.6).

In der speziellen Relativitätstheorie gibt es also nicht nur eine einzige, absolute Zeit, mit der sich Ereignisse etikettieren lassen. Allerdings ist die Raumzeit der speziellen Relativitätstheorie immer noch flach. Das heißt insbesondere, in der speziellen Relativitätstheorie wächst die Zeit, die von einem Beobachter in freier Bewegung gemessen wird, stetig von minus unendlich in der unendlich fernen Vergangenheit bis plus unendlich in der unendlich fernen Zukunft an. Wir können das Zeitmaß jedes dieser Beobachter in der Schrödinger-Gleichung zur Entwicklung der Wellenfunktion verwenden. Daher haben wir in der speziellen Relativitätstheorie noch immer die Quantenversion des Determinismus.

Anders ist die Situation bei der allgemeinen Relativitätstheorie, in der die Raumzeit nicht flach, sondern gekrümmt ist, verzerrt durch die in ihr vorhandene Materie und Energie. In unserem Sonnensystem ist die Krümmung der Raumzeit so geringfügig, zumindest auf makroskopischer Skala, daß sie unserem gewöhnlichen Zeitbegriff nicht in die Quere kommt. Unter diesen Bedingungen könnten wir diese Zeit noch in der Schrödinger-Gleichung verwenden, um eine deterministische Entwicklung der Wellenfunktion zu erhalten. Doch sobald wir Raumzeitkrümmung zulassen, ergibt sich die Möglichkeit von Raumzeiten, in denen die Zeit nicht mehr für jeden Beob-

(Abb. 4.7)
DIE ZEIT STEHT STILL
Ein Zeitmaß hätte notwendigerweise dort Totpunkte, wo der Griff am Hauptzylinder ansetzt: Punkte, an denen die Zeit still stünde. An diesen Punkten nähme die Zeit in keiner Richtung zu. Daher könnte man mit der Schrödinger-Gleichung nicht vorhersagen, wie die Wellenfunktion in Zukunft aussähe.

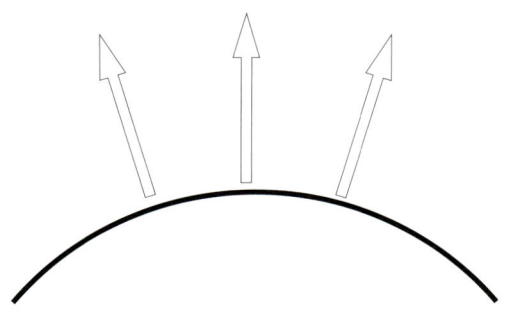

Licht, das einem Stern
entkommt

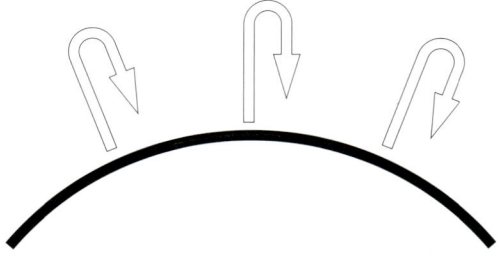

Licht, das von einem massereichen Stern eingefangen wird

(Abb. 4.9)

achter stetig anwächst, wie es bei einem vernünftigen Zeitmaß zu erwarten wäre. Nehmen wir beispielsweise an, die Raumzeit hätte die Form eines senkrechten Zylinders (Abb. 4.7, S. 117).

Die Höhe des Zylinders wäre ein Zeitmaß, das für jeden Beobachter zunähme und von minus unendlich bis plus unendlich verliefe. Nun stellen Sie sich aber statt dessen vor, die Raumzeit gliche einem Zylinder mit einem Henkel (einer Art »Wurmloch«), der von dem Zylinder abzweigt und sich dann wieder mit ihm vereinigt. Dann hätte jedes Zeitmaß notwendigerweise »Totpunkte«, wo der Henkel am Hauptzylinder ansetzt, Punkte, an denen die Zeit still stünde. An diesen Punkten würde die Zeit nicht mehr für jeden Beobachter anwachsen. In einer solchen Raumzeit könnten wir die Schrödinger-Gleichung nicht für eine deterministische Entwicklung der Wellenfunktion nutzen. Nehmen Sie sich vor Wurmlöchern in acht: Sie können nie wissen, was aus ihnen herauskommt.

Schwarze Löcher sind der Grund, warum wir glauben, daß die Zeit nicht für jeden Beobachter anwächst. Sie wurden erstmals 1783 diskutiert. John Michell, ein ehemaliger Cambridge-Professor, brachte das folgende Argument vor: Wenn man ein Objekt wie eine Kanonenkugel senkrecht nach oben abfeuert, wird sein Anstieg durch die Schwerkraft abgebremst, bis es schließlich seinen Aufstieg beendet und zurückfällt (Abb. 4.8). Überschreitet die anfängliche Aufwärtsgeschwindigkeit jedoch einen kritischen Wert, die sogenannte Fluchtgeschwindigkeit, reicht der Einfluß der Schwerkraft nicht mehr aus, um das Objekt zu stoppen, so daß es ins Unendliche entkommt.

SCHWARZES LOCH VOM SCHWARZSCHILD-TYP
1916 entdeckte der deutsche Astronom Karl Schwarz-schild eine Lösung für die Gleichungen von Einsteins allgemeiner Relativitätstheorie, die ein kugelförmiges Schwarzes Loch darstellt. Schwarzschilds Arbeit offenbarte eine erstaunliche Konsequenz der allgemeinen Relativitätstheorie. Wenn die Masse eines Sterns in einer hinreichend kleinen Region konzentriert ist, dann wird, wie Schwarzschild nachwies, das Gravitationsfeld an der Oberfläche des Sterns so stark, daß ihm noch nicht einmal Licht entkommen kann. Das ist das, was wir heute ein Schwarzes Loch nennen, eine Region der Raumzeit, die durch einen sogenannten Ereignishorizont abgegrenzt wird, und zwar so gründlich, daß aus ihrem Innern nichts, noch nicht einmal Licht, zu einem fernen Beobachter gelangen kann.
Lange Zeit begegneten die meisten Physiker, unter ihnen auch Einstein, der Idee, es könnte solch extreme Mate-

riekonfigurationen im realen Universum geben, mit großer Skepsis. Doch heute wissen wir, daß jeder hinreichend schwere und nichtrotierende Stern – egal, wie kompliziert seine Form und innere Struktur ist –, zu einem vollkommen kugelförmigen Schwarzen Loch vom Schwarzschild-Typ zusammenstürzen muß. Der Radius R des Ereignishorizonts hängt allein von der Masse des Schwarzen Lochs ab. Er ist gegeben durch die Formel

$$R = \frac{2GM}{c^2}$$

In dieser Formel steht c für die Lichtgeschwindigkeit, G ist die Gravitationskonstante, und M ist die Masse des Schwarzen Lochs. Ein Schwarzes Loch mit der gleichen Masse wie die Sonne hätte beispielsweise einen Radius von lediglich drei Kilometern!

Für die Erde beträgt die Fluchtgeschwindigkeit ungefähr elf Kilometer pro Sekunde und für die Sonne rund 620 Kilometer pro Sekunde.

Beide Fluchtgeschwindigkeiten sind viel höher als die realer Kanonenkugeln, jedoch klein im Vergleich zur Lichtgeschwindigkeit, die 300 000 Kilometer pro Sekunde beträgt. Damit kann das Licht der Erde oder Sonne ohne große Schwierigkeit entkommen. Michell vertrat jedoch die Auffassung, es könnte Sterne geben, die sehr viel mehr Masse besäßen als die Sonne und deren Fluchtgeschwindigkeiten größer seien als die Lichtgeschwindigkeit (Abb. 4.9). Wir könnten diese Sterne nicht sehen, weil alles Licht, das sie aussendeten, durch die Gravitation des Sterns zurückgezogen würde. Sie seien also Dunkle Sterne, wie Michell sie nannte – Schwarze Löcher, wie wir heute sagen.

Michells Idee der Dunklen Sterne fußte auf der Newtonschen Physik, in der die Zeit absolut war und unabhängig von allen Geschehnissen verstrich. Die Dunklen Sterne des klassischen Newtonschen Weltbildes können also unsere Fähigkeit, die Zukunft vorherzusagen, nicht beeinträchtigen. Ganz anders stellt sich die Situation in der allgemeinen Relativitätstheorie dar, in der massereiche Körper die Raumzeit krümmen.

1916, kurz nach der ersten Formulierung der Theorie, fand Karl Schwarzschild (der bald darauf an einer Krankheit starb, die er sich im Ersten Weltkrieg an der russischen Front zugezogen hatte) eine Lösung für die Feldgleichungen der allgemeinen Relativitätstheorie, die ein Schwarzes Loch darstellte. Was Schwarzschild da entdeckt hatte, wurde in seiner ganzen Be-

(Abb. 4.8)

(Abb. 4.10)
Der Quasar 3C273, die erste
quasistellare Radioquelle, die
entdeckt wurde, erzeugt eine extrem
große Energiemenge auf (kosmisch
gesehen) kleinstem Raum. Der
einzige Mechanismus, der eine
solche Leuchtkraft erklären könnte,
scheint Materie zu sein, die in ein
Schwarzes Loch stürzt.

JOHN WHEELER
John Archibald Wheeler wurde 1911 in Jacksonville,
Florida, geboren. 1933 promovierte er an der Johns
Hopkins University mit einer Arbeit über die Licht-
streuung durch Heliumatome. 1939 entwickelte er
zusammen mit dem dänischen Physiker Niels Bohr die
Theorie der Kernspaltung. Danach konzentrierte sich
Wheeler zusammen mit seinem Doktoranden Richard
Feynman auf die Elektrodynamik. Doch kurz nach dem
Eintritt der USA in den Zweiten Weltkrieg beteiligten
sich beide am Manhattan Project.
Unter dem Einfluß einer 1939 veröffentlichten Arbeit
von Robert Oppenheimer über den Gravitationskollaps
eines massereichen Sterns begann sich Wheeler Anfang
der fünfziger Jahre mit Einsteins allgemeiner Relativitäts-
theorie zu beschäftigen. Damals arbeiteten die meisten

Physiker auf dem Gebiet der Kernphysik und maßen der
allgemeinen Relativitätstheorie keine besondere
Bedeutung bei. Fast im Alleingang veränderte Wheeler
diese Situation – teils durch seine Forschung, teils durch
den ersten Kurs über Relativitätstheorie an der Princeton
University.
Sehr viel später, im Jahr 1969, prägte er den Begriff
Schwarzes Loch für diese extremen Gebilde, an deren
Realität damals noch kaum jemand glaubte. Angeregt
von Werner Israels Arbeit äußerte Wheeler die Hypothese,
Schwarze Löcher hätten keine Haare, womit gemeint ist,
daß sich jedes Schwarze Loch, das aus dem Kollaps eines
nichtrotierenden, massereichen Sterns hervorgegangen
ist, tatsächlich durch die Schwarzschild-Lösung
beschreiben läßt.

deutung erst viele Jahre später erkannt. Einstein selbst hat nie an Schwarze Löcher geglaubt, und diese Skepsis teilte fast die gesamte ganze alte Garde der Relativitätstheoretiker. Als ich vor vielen Jahren in Paris über meine Entdeckung berichtete, daß nach der Quantentheorie Schwarze Löcher nicht vollständig schwarz sind, war die Veranstaltung recht spärlich besucht, weil damals fast niemand in Paris an Schwarze Löcher glaubte. Außerdem fanden die Franzosen, der Name habe, übersetzt in ihre Sprache – *trou noir* –, zweifelhafte sexuelle Anklänge, weshalb sie ihn durch *astre occlu*, verschlossener oder verborgener Stern, ersetzten. Doch weder dieser noch andere Namensvorschläge nahmen das Bewußtsein der Öffentlichkeit so gefangen wie der englische Begriff *black hole*, der von John Archibald Wheeler geprägt wurde, einem amerikanischen Physiker, der viele moderne Arbeiten auf diesem Gebiet beeinflußt hat.

Die Entdeckung der Quasare im Jahr 1963 löste dann eine Flut von theoretischen Arbeiten über Schwarze Löcher aus und führte zu ernsthaften Versuchen, solche Objekte in unserem Weltall nachzuweisen (Abb. 4.10). Insgesamt ergab sich das folgende Bild. Betrachten wir die Geschichte eines Sterns mit zwanzigfacher Sonnenmasse. Solche Sterne bilden sich aus Gaswolken, zum Beispiel im Orionnebel (Abb. 4.11). Wenn sich Gaswolken unter der eigenen Schwerkraft zusammenziehen, erhitzt sich das Gas und wird schließlich heiß genug, um die Kernfusionsreaktionen in Gang zu setzen, die Wasserstoff in Helium verwandeln. Die durch diesen Prozeß erzeugte Wärme ruft einen Druck hervor, der der Gravitationskraft des Sterns entgegenwirkt und ihn an einer weiteren Kontraktion hindert. In diesem Zustand verharrt der Stern lange Zeit, verbrennt Wasserstoff und emittiert Licht ins All.

Das Gravitationsfeld des Sterns beeinflußt die Bahnen der Lichtstrahlen, die von ihm ausgehen. Man kann ein Diagramm zeichnen, in dem die Zeit auf der senkrechten und der Abstand vom Mittelpunkt des Sterns auf der waagerechten Achse aufgetragen wird (Abb. 4.12, S. 122). In diesem Diagramm entsprechen der Oberfläche des Sterns zwei senkrechte Linien, eine zu jeder Seite des Mittelpunkts. Nun legen wir fest, daß die Zeit in Sekunden und der Abstand in Lichtsekunden gemessen wird – eine Lichtsekunde ist die Strecke, die das Licht in einer Sekunde zurücklegt. Wenn wir diese Einheiten verwenden, ist die Lichtgeschwindigkeit 1, nämlich eine Lichtsekunde pro Sekunde. In unserem Diagramm entspricht daher der Bahn eines Lichtstrahls fernab vom Stern und seinem Gravitationsfeld eine Linie, die in einem Winkel von fünfundvierzig Grad zur Senkrechten verläuft. Doch in größerer Nähe zum Stern verändert die durch seine Masse hervorgerufene Krümmung der Raumzeit die Bahnen der Lichtstrahlen und veranlaßt sie, einen kleineren Winkel mit der Senkrechten zu bilden.

Massereiche Sterne verbrennen ihren Wasserstoff sehr viel rascher zu

(Abb. 4.11)
Sterne bilden sich in Wolken aus Gas und Staub wie dem Orionnebel.

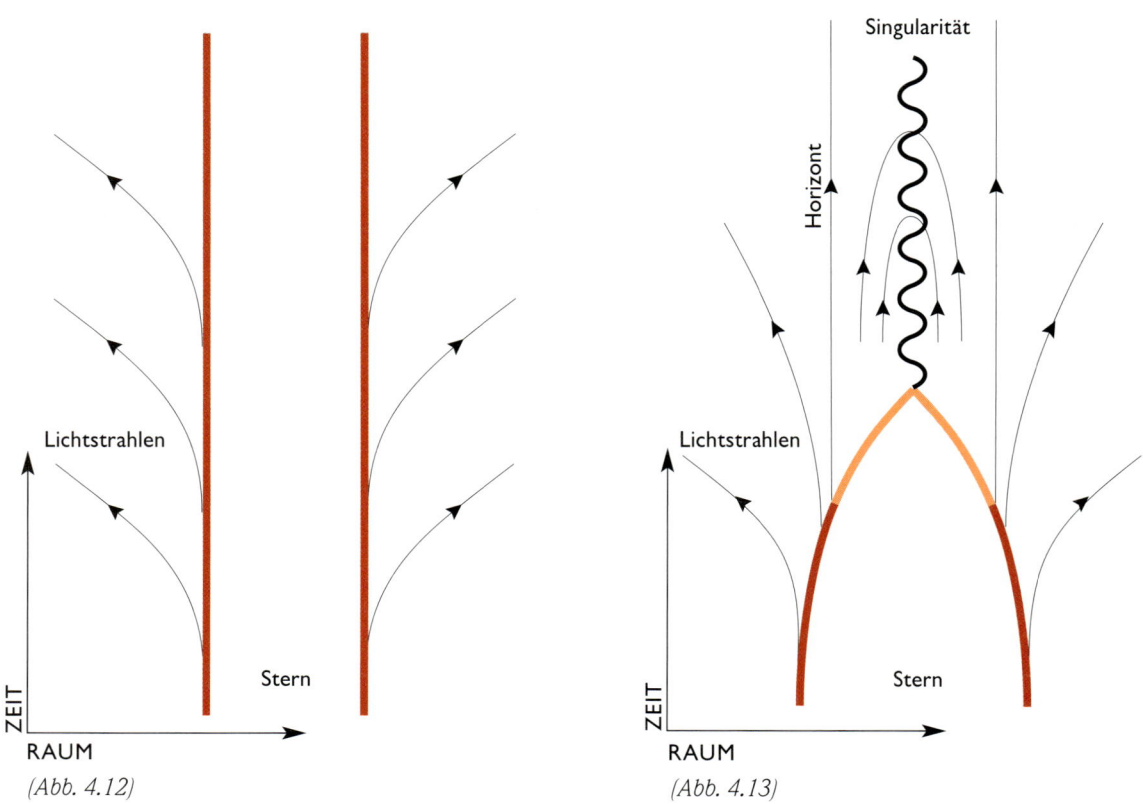

(Abb. 4.12)

(Abb. 4.13)

(Abb. 4.12) Die Raumzeit um einen stabilen Stern herum. Licht kann von der Oberfläche des Sterns (rote senk-rechte Linien) in die Weiten des Alls entkommen. Weit von dem Stern ent-fernt verlaufen die Lichtbahnen im Winkel von 45 Grad zur Senkrechten; näher an der Sternoberfläche zwingt die Raumzeitkrümmung die Licht-bahnen, steiler zu verlaufen.
(Abb. 4.13) Wenn der Stern kollabiert, wird die Raumzeitkrümmung so stark, daß sich Licht aus der Umgebung der Sternoberfläche nur immer weiter nach innen bewegen kann. Es bildet sich ein Schwarzes Loch.

Helium als unsere Sonne, so daß er ihnen schon in wenigen hundert Millio-nen Jahren ausgehen kann. Danach geraten solche Sterne in eine Krise. Zwar können sie ihr Helium zu schwereren Elementen wie Kohlenstoff und Sauer-stoff verbrennen, doch setzen sie letztendlich nicht soviel Energie frei wie vorher. Sie verlieren an Wärme und an jenem thermischen Druck, der ihrer eigenen Gravitation entgegenwirkt, und fangen daher an zu schrumpfen. Besitzen sie mehr als ungefähr die doppelte Sonnenmasse, so reicht der Druck unter keinen Umständen aus, um die Kontraktion zum Stillstand zu bringen. Sie kollabieren zur Größe null und zu unendlicher Dichte, so daß sie eine sogenannte Singularität bilden (Abb. 4.13). In unserem Zeit-Abstand-Diagramm verlaufen die Bahnen der Lichtstrahlen, die von der Sternober-fläche ausgehen, mit der Schrumpfung des Sterns in immer spitzeren und spitzeren Winkeln zur Senkrechten. Erreicht der Stern einen bestimmten kritischen Radius, ist die Bahn dieser Lichtstrahlen in unserem Diagramm

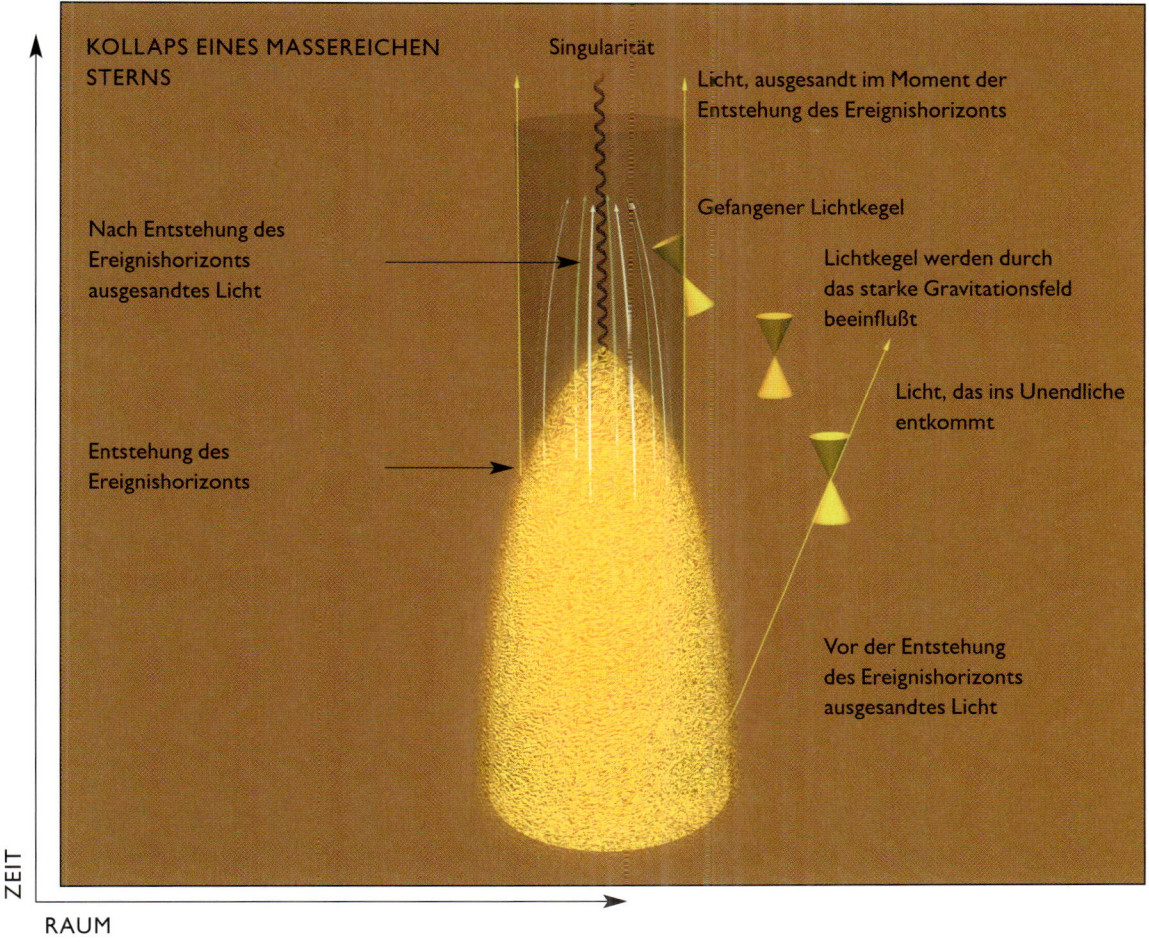

KOLLAPS EINES MASSEREICHEN STERNS

Singularität

Licht, ausgesandt im Moment der Entstehung des Ereignishorizonts

Gefangener Lichtkegel

Nach Entstehung des Ereignishorizonts ausgesandtes Licht

Lichtkegel werden durch das starke Gravitationsfeld beeinflußt

Licht, das ins Unendliche entkommt

Entstehung des Ereignishorizonts

Vor der Entstehung des Ereignishorizonts ausgesandtes Licht

ZEIT

RAUM

eine Senkrechte, was bedeutet, daß das Licht in einer gleichbleibenden Entfernung vom Mittelpunkt des Sterns verharrt und ihm nicht mehr entkommt. Diese kritische Lichtbahn bildet eine Fläche, die man Ereignishorizont nennt. Sie trennt die Region der Raumzeit, aus der Licht ins Unendliche entweichen kann, von der Region, aus der heraus dies nicht möglich ist. Alles Licht, das der Stern emittiert, nachdem er unter die Größe seines Ereignishorizonts geschrumpft ist, wird durch die Krümmung der Raumzeit nach innen gelenkt. Der Stern ist zu einem von Michells Dunklen Sternen geworden – zu einem Schwarzen Loch.

Wie können wir ein Schwarzes Loch entdecken, wenn ihm kein Licht entweichen kann? Die Antwort lautet, daß ein Schwarzes Loch noch immer die gleiche Gravitationsanziehung auf benachbarte Objekte ausübt wie der Körper vor seinem Kollaps. Wäre die Sonne ein Schwarzes Loch und wäre es ihr gelungen, eines zu werden, ohne an Masse zu verlieren, dann würde sie

Der Horizont, der Rand des Schwarzen Lochs, wird von Lichtstrahlen gebildet, die es gerade nicht mehr schaffen, dem Schwarzen Loch zu entkommen, sondern gezwungen werden, ewig auf derselben Raumfläche zu verharren.

123

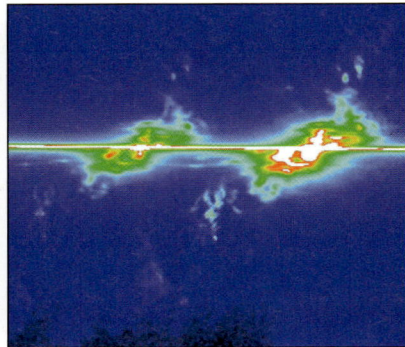

(Abb. 4.14)
*EIN SCHWARZES LOCH IM
ZENTRUM EINER GALAXIE
Links: Die Galaxie NGC 4151, aufgenommen mit der Wide-Field Planetary
Camera des Hubble-Weltraumteleskops. Mitte: Die horizontale Linie,
die durch das Bild geht, stammt von
dem Licht, welches das Schwarze
Loch im Zentrum von 4151 erzeugt.
Rechts: Bild, das die Geschwindigkeit
von Sauerstoffemissionen zeigt. Alle
Hinweise lassen darauf schließen,
daß NGC 4151 ein Schwarzes Loch
enthält, das rund hundert Millionen
mal mehr Masse besitzt als die
Sonne.*

(Abb. 4.15)

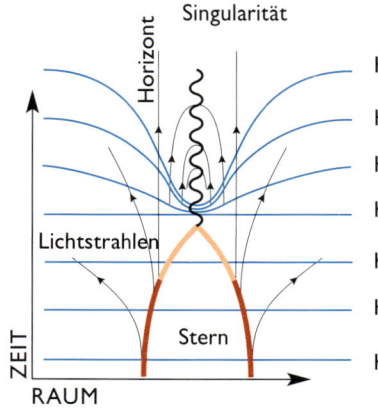

K, Linien konstanter Zeit

noch immer, in genau der gleichen Weise wie heute, von ihren Planeten umkreist werden.

Eine Methode, nach einem Schwarzen Loch zu suchen, besteht deshalb darin, nach Materie Ausschau zu halten, die ein offenbar kompaktes und massereiches, aber unsichtbares Objekt umkreist. Inzwischen sind eine ganze Reihe solcher Systeme beobachtet worden. Wohl am eindrucksvollsten sind die riesigen Schwarzen Löcher, die in den Zentren von Galaxien und Quasaren auftreten (Abb. 4.14).

Soweit wir die Eigenschaften von Schwarzen Löchern bisher erörtert haben, werfen sie keine großen Probleme in bezug auf den Determinismus auf. Zwar geht für einen Astronauten, der in ein Schwarzes Loch fällt und an die Singularität gelangt, die Zeit zu Ende. Doch in der allgemeinen Relativitätstheorie hat man die Möglichkeit, die Zeit mit verschiedenen Geschwindigkeiten an verschiedenen Orten zu messen. Man könnte den Lauf der Uhr des Astronauten bei Annäherung an die Singularität so weit beschleunigen, daß sie trotzdem ein unendliches Zeitintervall mäße. In dem Zeit-Abstand-Diagramm würden sich die Flächen der konstanten Werte dieser neuen Zeit alle im Mittelpunkt zusammendrängen, unterhalb des Punktes, an dem die Singularität aufgetreten ist. In der fast flachen Raumzeit fern vom Schwarzen Loch würde die neue Zeitkoordinate dagegen mit dem gewöhnlichen Zeitmaß übereinstimmen (Abb. 4.15).

Man könnte diese Zeit in der Schrödinger-Gleichung verwenden, um die Wellenfunktion zu späteren Zeitpunkten zu berechnen – vorausgesetzt, die Wellenfunktion ist einem ursprünglich bekannt gewesen. Damit bleibt der Determinismus unangetastet. Allerdings sei darauf hingewiesen, daß sich zu späteren Zeitpunkten ein Teil der Wellenfunktion im Schwarzen Loch befindet, wo er sich den Blicken eines äußeren Beobachters entzieht. Also kann ein Beobachter, der umsichtig genug ist, einen Sturz ins Schwarze Loch zu vermeiden, die Schrödinger-Gleichung nicht rückwärts entwickeln und die Wellenfunktion für frühere Zeitpunkte berechnen. Dazu müßte er den Teil der Wellenfunktion kennen, der nur einem Beobachter im Innern eines

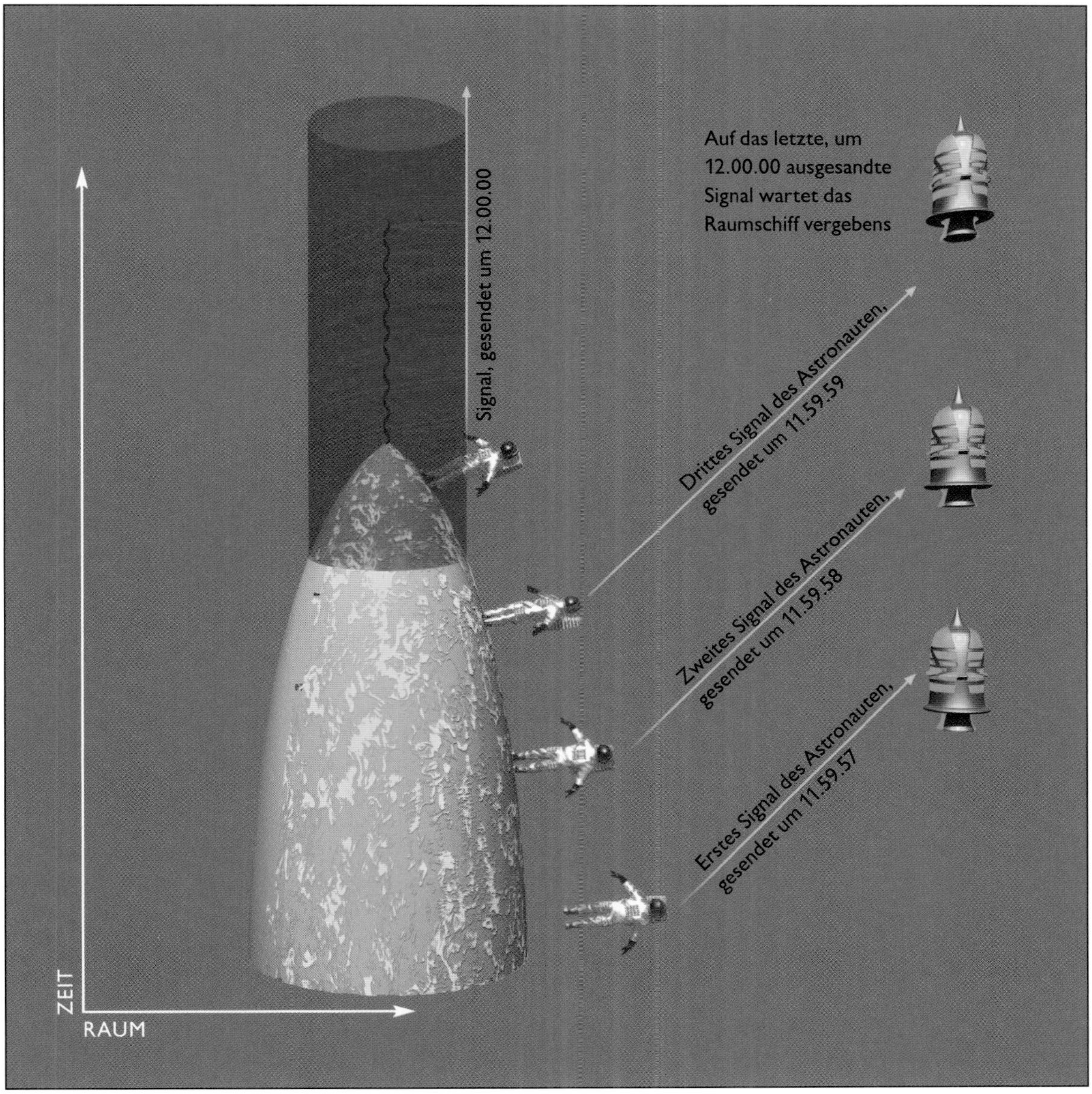

ZEIT

RAUM

Signal, gesendet um 12.00.00

Auf das letzte, um 12.00.00 ausgesandte Signal wartet das Raumschiff vergebens

Drittes Signal des Astronauten, gesendet um 11.59.59

Zweites Signal des Astronauten, gesendet um 11.59.58

Erstes Signal des Astronauten, gesendet um 11.59.57

Die Abbildung oben zeigt einen Astronauten, der um 11.59.57 Uhr auf einem kollabierenden Stern landet. Der Stern unterschreitet schrumpfend den kritischen Radius, so daß kein Signal mehr von ihm entweichen kann. Der Astronaut sendet in regelmäßigen Intervallen Signale von seiner Uhr an ein Raumschiff, das den Stern umkreist.

Wer den Stern aus einer gewissen Entfernung beobachtet, wird nicht sehen, wie seine Oberfläche hinter dem Ereignishorizont verschwindet und in das Schwarze Loch eintritt. Vielmehr wird der Stern den Eindruck hervorrufen, gerade noch außerhalb des kritischen Radius zu schweben, und eine Uhr auf seiner Oberfläche wird sich scheinbar verlangsamen und zum Stillstand kommen.

125

Das Keine-Haare-Theorem
(»Glatzensatz«)

DIE TEMPERATUR EINES
SCHWARZEN LOCHS
Ein Schwarzes Loch emittiert
Strahlung, als wäre es ein heißer
Körper mit einer Temperatur T,
die nur von seiner Masse abhängt.
Genauer, die Temperatur ist durch
die folgende Formel gegeben:

$$T = \frac{\hbar c^3}{8\pi\, k\, GM}$$

In dieser Formel steht das Symbol c
für die Lichtgeschwindigkeit,
ℏ für die Plancksche Konstante,
G für Newtons Gravitationskon-
stante und k für die Boltzmannsche
Konstante.
M schließlich bezeichnet die Masse
des Schwarzen Lochs, woraus folgt,
daß die Temperatur um so höher
ist, je leichter das Schwarze Loch
wird. Dieser Formel können wir
entnehmen, daß die Temperatur
eines Schwarzen Lochs von weni-
gen Sonnenmassen nur etwa ein
millionstel Grad über dem abso-
luten Nullpunkt liegt.

Schwarzen Lochs zugänglich ist. Dieser Teil enthält die Information über alles, was jemals ins Schwarze Loch gefallen ist. Von außen ist diese Information dem Schwarzen Loch nicht anzusehen – sein Erscheinungsbild hängt nur von seiner Masse und seiner Rotationsgeschwindigkeit ab, nicht aber von der Beschaffenheit des Körpers, aus dessen Kollaps es entstanden ist. John Wheeler nannte dieses Resultat »Ein Schwarzes Loch hat keine Haare«. Für die Franzosen war das natürlich eine Bestätigung ihres Argwohns.

Die Schwierigkeit mit dem Determinismus ergab sich, als ich entdeckte, daß Schwarze Löcher nicht vollkommen schwarz sind. Wie ich in Kapitel 2 gezeigt habe, folgt aus der Quantentheorie, daß Felder selbst im Vakuum nicht genau gleich null sein können. Wären sie das, hätten sie sowohl einen exakten Wert oder eine exakte Position von null als auch eine exakte Änderungsrate oder Geschwindigkeit, ebenfalls von null. Das wäre ein Verstoß gegen die Unschärferelation, nach der Position und Geschwindigkeit nicht beide wohldefiniert sein können. Statt dessen müssen alle Felder ein gewisses Maß an Vakuumfluktuationen aufweisen (genauso wie das Pendel in Kapitel 2 Nullpunktschwingungen ausführte). Vakuumfluktuationen lassen sich auf mehrere Arten interpretieren, die auf den ersten Blick verschieden erscheinen mögen, tatsächlich aber mathematisch äquivalent sind. Aus positivistischer Sicht steht es uns frei, die Deutung heranzuziehen, die sich beim anstehenden Problem als nützlichste erweist. Im vorliegenden Fall ist es hilfreich, wenn wir uns die Vakuumfluktuationen als Paare virtueller Teilchen vorstellen, die an einem Punkt der Raumzeit gemeinsam erscheinen, sich auseinanderbewegen, wieder zusammenkommen und sich gegenseitig vernichten. »Virtuell« heißt, daß diese Teilchen nicht direkt beobachtet werden können. Auswirkungen lassen sich aber *indirekt* messen, und zwar in bemerkenswerter Übereinstimmung der Meßergebnisse mit den theoretischen Vorhersagen (Abb. 4.16).

In der Nähe eines Schwarzen Lochs kann ein Partner des Teilchenpaars ins Schwarze Loch fallen und es dem anderen Teilchen ermöglichen, ins Unendliche zu entweichen (Abb. 4.17). Für einen Beobachter, der weit vom Schwarzen Loch entfernt ist, scheint das entweichende Teilchen vom Schwarzen Loch emittiert worden zu sein – als sende das Schwarze Loch Strahlung aus. Das Spektrum dieser Strahlung eines Schwarzen Lochs entspricht genau unserer Erwartung von einem heißen Körper mit einer Temperatur, die dem Gravitationsfeld am Horizont – dem Rand – des Schwarzen Lochs proportional ist. Daraus ergibt sich, daß die Temperatur eines Schwarzen Lochs von seiner Größe abhängt.

Ein Schwarzes Loch von einigen Sonnenmassen hätte eine Temperatur von ungefähr einem Millionstel Grad über dem absoluten Nullpunkt, und ein größeres Schwarzes Loch hätte sogar eine noch niedrigere Temperatur. Daher würde jede Quantenstrahlung solcher Schwarzen Löcher von der 2,7-Grad-

(Abb. 4.17)
Oben: In der Nähe eines Schwarzen Lochs treten virtuelle Teilchen auf und vernichten sich wieder gegenseitig. Gelegentlich stürzt ein Partner des Paars in das Schwarze Loch, während seinem Zwilling die Flucht ins Freie gelingt. Von außen betrachtet scheint es, als emittiere das Schwarze Loch die entweichenden Teilchen.

(Abb. 4.16)
Links: Im leeren Raum treten Teilchenpaare auf und vernichten sich nach kurzer Existenz wieder.

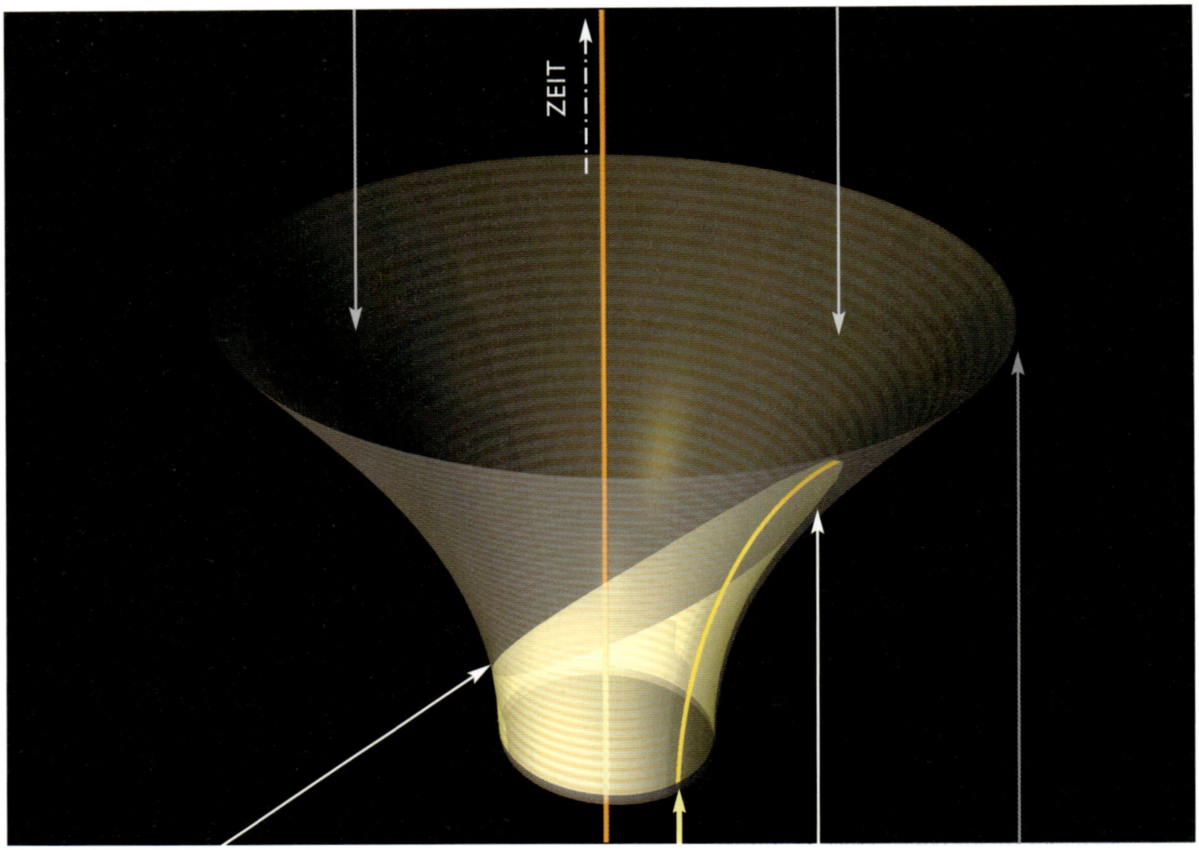

Ereignisse, die der Beobachter niemals sehen wird

ZEIT

| Ereignishorizont des Beobachters | Geschichte des Beobachters | Ereignishorizont des Beobachters | Fläche konstanter Zeit |

(Abb. 4.18)
Die de-Sitter-Lösung der Feldglei-
chungen der allgemeinen Relativitäts-
theorie entspricht einem Universum,
das inflationär expandiert. In dem
Diagramm ist die Zeit senkrecht und
die Größe des Universums waage-
recht abgebildet. Die räumlichen
Entfernungen wachsen so rasch an,
daß uns das Licht ferner Galaxien nie
erreicht. Dadurch entsteht, ähnlich
wie bei einem Schwarzen Loch, ein
Ereignishorizont, der uns von jener
Region abgrenzt, die wir nicht
beobachten können.

Strahlung des Urknalls vollkommen überlagert werden – jener kosmischen Hintergrundstrahlung, von der in Kapitel 2 die Rede war. Die Strahlung von viel kleineren und heißeren Schwarzen Löchern ließe sich zwar entdecken, aber von ihnen scheint es nicht viele zu geben. Das ist schade, denn würde man eines entdecken, bekäme ich einen Nobelpreis. Allerdings gibt es indirekte, aus Beobachtungen abgeleitete Hinweise auf diese Art von Strahlung, und diese Hinweise entstammen dem frühen Universum. Wie in Kapitel 3 beschrieben, nehmen wir an, das Universum habe zu einem sehr frühen Zeitpunkt in seiner Geschichte eine inflationäre Phase durchlaufen, in der es mit unablässig anwachsender Geschwindigkeit expandiert ist. Durch das Ausmaß der Expansion in dieser Phase hätten sich einige Objekte so weit von uns entfernt, daß ihr Licht uns nie erreichen könnte; das Universum wäre zu stark und zu rasch expandiert, während sich dieses Licht auf uns zu bewegt hätte. Dann gäbe es für uns im Universum einen Horizont, der wie der Horizont eines Schwarzen Lochs wäre, das heißt, er würde die Region,

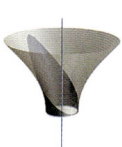

aus der Licht uns erreichen kann, von der Region trennen, aus der kein Licht zu uns gelangen kann (Abb. 4.18).

Sehr ähnliche Argumente wie diejenigen, die ich oben für den Fall Schwarzer Löcher angeführt habe, zeigen, daß es dort dann auch eine Wärmestrahlung geben müßte, wie sie vom Horizont eines Schwarzen Lochs ausgeht. Aufgrund von Erfahrungswerten erwarten wir bei der Wärmestrahlung ein charakteristisches Spektrum von Dichtefluktuationen. In diesem Fall wären die Dichtefluktuationen mit dem Universum expandiert. Sobald ihre Längenskala die Größe des Ereignishorizonts überschritten hätte, wären sie erstarrt, so daß wir sie heute als kleine Schwankungen in der Temperatur der aus dem frühen Universum stammenden Hintergrundstrahlung beobachten müßten. Die tatsächlichen Messungen solcher Schwankungen stimmen mit den Vorhersagen thermischer Fluktuationen bemerkenswert genau überein.

Auch wenn die Hinweise auf die Strahlung Schwarzer Löcher etwas indirekt sind, gilt es doch unter allen Fachleuten, die sich mit dem Problem befaßt haben, als erwiesen, daß ihre Existenz für die Konsistenz unserer anderen empirisch überprüften Theorien zwingend erforderlich ist. Diese Einschätzung ist von weitreichender Bedeutung für die Frage des Determinismus. Die Strahlung entzieht dem Schwarzen Loch Energie, daher verliert es an Masse und wird kleiner. Dies wiederum hat zur Folge, daß seine Temperatur steigt und seine Strahlungsleistung anwächst. Das Schwarze Loch schrumpft unablässig bis zur Masse null. Was dann passiert, können wir nicht berechnen, doch nach allem, was wir wissen, müßte das Schwarze Loch dann ganz verschwinden. Was geschieht aber dann mit dem Teil der Wellenfunktion, der sich im Schwarzen Loch befindet, und der in ihr enthaltenen Information über alle ins Schwarze Loch gestürzten Dinge? Spontan mag uns als erstes die Vermutung in den Sinn kommen, die Wellenfunktion und die Information, die sie trägt, käme wieder zum Vorschein, wenn das Schwarze Loch ganz verschwunden wäre. Doch Information kann nicht völlig kostenlos übermittelt werden, was jedem von uns spätestens dann klar wird, wenn er seine Telefonrechnung bekommt.

Information braucht Energie, um übertragen zu werden, und in den Endstadien eines Schwarzen Lochs ist nur noch sehr wenig Energie übrig. Wie kommt sie also aus ihm heraus? Der einzige denkbare Ausweg wäre, daß die Information das Schwarze Loch kontinuierlich mit der Strahlung verläßt und nicht wartet, bis es in sein Endstadium getreten ist. Doch denken wir an unser virtuelles Teilchenpaar, bei dem das eine ins Schwarze Loch fällt und das andere entkommt, so erscheint es nicht plausibel, daß das entweichende Teilchen in irgendeiner Beziehung zu den Dingen steht, die in das Schwarze Loch hineingefallen sind, das heißt,

(Abb. 4.19)
Die positive Energie, die durch die Wärmestrahlung vom Ereignishorizont davongetragen wird, verringert die Masse des Schwarzen Lochs. Während es an Masse verliert, steigen seine Temperatur und damit auch seine Strahlungsrate immer rascher an. Wir wissen nicht, was geschieht, wenn seine Masse außerordentlich klein wird, doch die wahrscheinlichste Konsequenz wäre, daß das Schwarze Loch vollständig verschwände.

Information über sie davonträgt. Die einzig mögliche Antwort scheint also zu lauten: Die Information in dem Teil der Wellenfunktion, der sich im Schwarzen Loch befindet, geht verloren (Abb. 4.19).

Ein solcher Verlust hätte große Bedeutung für den Determinismus. Selbst wenn uns die Wellenfunktion nach Verschwinden des Schwarzen Lochs bekannt wäre, könnte man sie mit der Schrödinger-Gleichung nicht so weit rückwärts entwickeln, daß wir wüßten, wie sie vor der Bildung des Schwarzen Lochs ausgesehen hat. Die Ursache wäre jenes Stück der Wellenfunktion, das im Schwarzen Loch verlorengegangen wäre. Wir glauben, wir könnten in der Vergangenheit lesen wie in einem offenen Buch. Doch wenn Information in Schwarzen Löchern verlorenginge, wäre das nicht der Fall. Dann hätte alles mögliche passiert sein können, und wir wären nicht in der Lage, es zu rekonstruieren.

Im allgemeinen sind Menschen wie Astrologen und ihre Klientel mehr an einer Vorhersage der Zukunft interessiert als an einer Rekonstruktion der Vergangenheit. Auf den ersten Blick scheint es, als hindere uns der Verlust eines Teils der Wellenfunktion in den Tiefen des Schwarzen Lochs nicht daran, die Wellenfunktion außerhalb des Schwarzen Lochs vorherzusagen.

Doch das Gegenteil ist der Fall: Dieser Verlust schränkt unsere Vorhersagemöglichkeiten extrem ein, wie ein Gedankenexperiment zeigt, das Einstein, Boris Podolsky und Nathan Rosen in den dreißiger Jahren des 20. Jahrhunderts vorgeschlagen haben.

Stellen wir uns vor, ein radioaktives Atom zerfällt und emittiert zwei Teilchen in entgegengesetzte Richtung und mit entgegengesetztem Spin. Ein Beobachter, der nur ein Teilchen betrachtet, kann nicht wissen, ob sein Spin nach oben oder unten gerichtet ist. Doch wenn ein Beobachter mißt, daß der Spin des einen Teilchens nach oben gerichtet ist, dann kann er mit Gewißheit vorhersagen, daß der des anderen nach unten gerichtet ist und umgekehrt (Abb. 4.20). Nach Einsteins Auffassung bewies dieses Gedankenexperiment die Lächerlichkeit der Quantentheorie: Das andere Teilchen könnte sich auf der anderen Seite der Milchstraße befinden, und doch wüßte man sofort, wie sein Spin wäre. Die meisten anderen Wissenschaftler sind allerdings der Meinung, Einstein selbst sei das Problem gewesen und nicht die Quantentheorie. Das Einstein-Podolsky-Rosen-Gedankenexperiment beweist nicht, daß man Information rascher als das Licht übertragen kann. Das wäre in der Tat lächerlich. Niemand kann *bestimmen*, daß bei seinem eige-

(Abb. 4.20)
In dem Gedankenexperiment von Einstein, Podolsky und Rosen kennt der Beobachter, der den Spin der Teilchen mißt, automatisch auch den Spin des zweiten Teilchens.

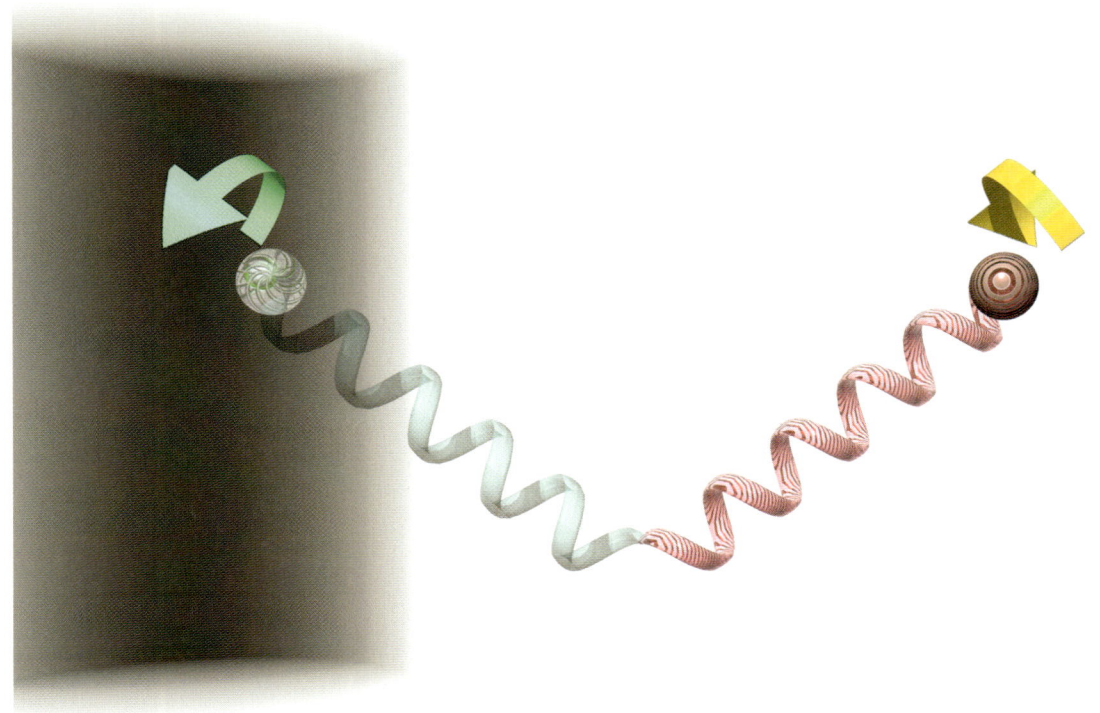

(Abb. 4.21)
Ein virtuelles Teilchenpaar hat eine Wellenfunktion, die vorhersagt, daß die beiden Teilchen entgegengesetzte Spins haben. Doch wenn ein Teilchen in das Schwarze Loch fällt, läßt sich der Spin des verbleibenden Teilchens nicht mehr mit Gewißheit vorhersagen.

nen Teilchen ein Spin nach oben gemessen wird, und somit kann auch niemand beeinflussen, welchen Spin das Teilchen des fernen Beobachters besitzt (etwa, um ihm auf diese Weise eine Nachricht zu übermitteln).

Tatsächlich zeigt dieses Gedankenexperiment genau, was mit der Strahlung Schwarzer Löcher geschieht. Das virtuelle Teilchenpaar hat eine Wellenfunktion, die vorhersagt, daß die beiden Partner mit Sicherheit entgegengesetzte Spins haben (Abb. 4.21). Wir würden gern den Spin und die Wellenfunktion des entweichenden Teilchens vorhersagen, wozu wir in der Lage wären, wenn wir das Teilchen beobachten könnten, das hineingefallen ist. Doch dieses Teilchen befindet sich jetzt im Schwarzen Loch, wo sich sein Spin und seine Wellenfunktion nicht mehr messen lassen.

Infolgedessen können wir den Spin und die Wellenfunktion des entweichenden Teilchens nicht genau vorhersagen. Für Spin und Wellenfunktion gibt es verschiedene Möglichkeiten – jede mit eigenen Wahrscheinlichkeiten –, nicht nur eine einzige. Offenbar wird unsere Fähigkeit, die Zukunft zu prognostizieren, noch weiter eingeschränkt. Laplaces klassischer Determi-

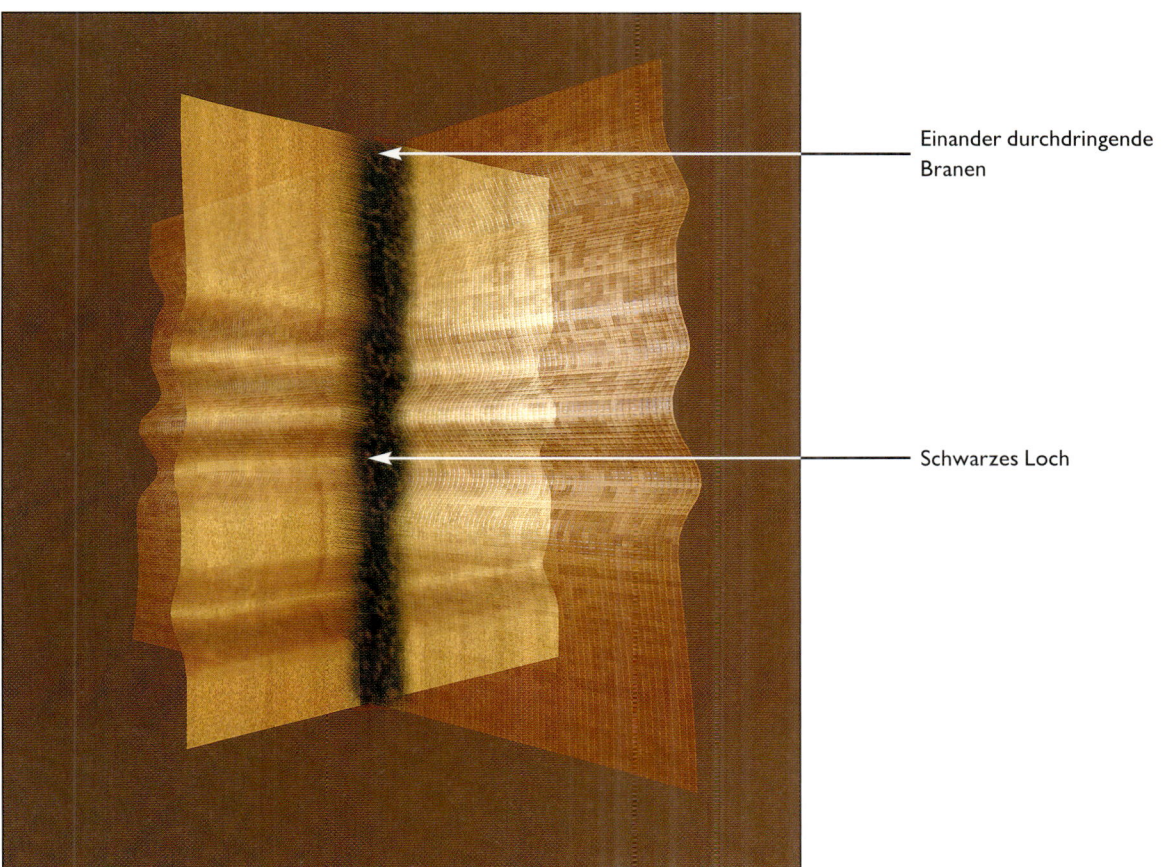

Einander durchdringende
Branen

Schwarzes Loch

nismus – sowohl die Positionen als auch die Geschwindigkeiten von Teilchen lassen sich vorhersagen – mußte modifiziert werden, als die Unschärferelation zeigte, daß sich nicht beides zugleich genau messen läßt. Man könnte allerdings immer noch die Wellenfunktion messen und mit Hilfe der Schrödinger-Gleichung vorhersagen, wie sie in Zukunft aussähe. Das würde es uns ermöglichen, mit Gewißheit eine Kombination aus Position und Geschwindigkeit vorherzusagen – also die Hälfte dessen, was man nach Laplaces Auffassung vorhersagen kann. Wir können mit Gewißheit vorhersagen, daß die Teilchen entgegengesetzte Spins haben, doch wenn ein Teilchen in das Schwarze Loch fällt, ist keine zuverlässige Vorhersage über das verbleibende Teilchen möglich. Folglich gibt es keine Messung außerhalb des Schwarzen Lochs, die sich mit Bestimmtheit vorhersagen läßt: Unsere Fähigkeit, eindeutige Vorhersagen zu machen, ist auf null reduziert. Also ist die Astrologie vielleicht gar nicht so viel schlechter geeignet, die Zukunft zu prophezeien, als die Naturgesetze.

Vielen Physikern mißfiel diese Einschränkung des Determinismus, und sie

(Abb. 4.22)
Schwarze Löcher kann man sich als Schnittstellen von p-Branen in den zusätzlichen Dimensionen der Raumzeit vorstellen. Informationen über die inneren Zustände von Schwarzen Löchern würden als Wellen auf den p-Branen gespeichert werden.

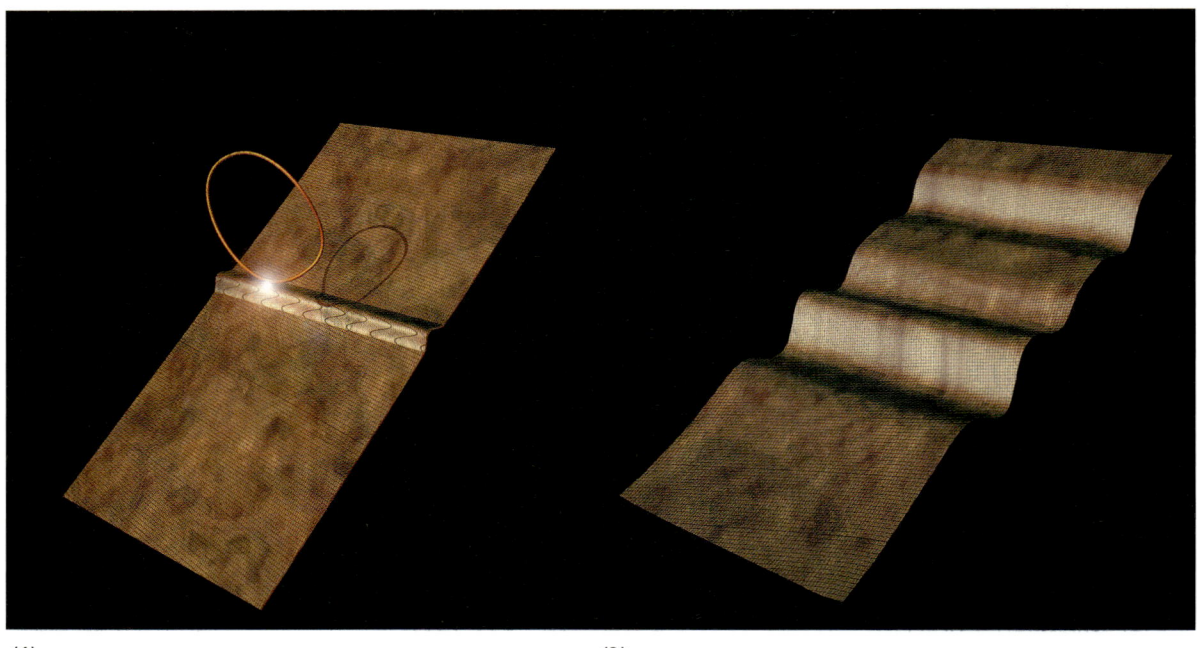

(1)   (2)

(Abb. 4.23)
Ein Teilchen, das in ein Schwarzes Loch fällt, läßt sich als eine geschlossene Stringschleife denken, die auf eine p-Bran trifft (1). Sie ruft Wellen in der p-Bran hervor (2). Wellen können zusammentreffen und bewirken, daß ein Teil der p-Bran als geschlossener String abbricht (3). Das wäre ein von einem Schwarzen Loch emittiertes Teilchen.

vertraten deshalb die Auffassung, die Information über das, was sich im Innern eines Schwarzen Lochs befinde, könne irgendwie aus ihm hinausgelangen. Jahrelang war es nur eine fromme Hoffnung, daß man irgendeine Lösung zur Rettung dieser Information finden werde. Doch 1996 erzielten Andrew Strominger und Cumrun Vafa einen wichtigen Fortschritt. Sie gingen von der Annahme aus, ein Schwarzes Loch sei aus einer Anzahl von p-Branen zusammengesetzt.

Erinnern wir uns, daß man sich p-Branen unter anderem als verschiedendimensionale Analoga von Flächen vorstellen kann, die sich durch die drei Dimensionen des Raums und durch sieben zusätzliche, unserer Wahrnehmung entzogene Dimensionen bewegen (Abb. 4.22, S. 133). Teile dieser Flächen können Schwingungen vollführen, und diese Schwingungen können Wellen anregen, die sich in der Fläche fortpflanzen. Für bestimmte Fälle kann man zeigen, daß die möglichen Wellenanregungen auf den p-Branen gerade diejenige Informationsmenge kodieren können, die man für ein Schwarzes Loch erwarten würde. Wenn Teilchen auf die p-Branen treffen, erregen sie auf ihnen zusätzliche Wellen. Entsprechend gilt: Wenn sich Wellen auf den Branen in verschiedene Richtungen bewegen und an einem Punkt zusammentreffen, können sie einen Gipfel erzeugen, der so hoch ist, daß ein Stück der Bran abbricht und als Teilchen emittiert wird. Branen können wie Schwarze Löcher Teilchen absorbieren und emittieren (Abb. 4.23).

Man kann das p-Branen-Modell als »effektive Theorie« ansehen; das heißt,

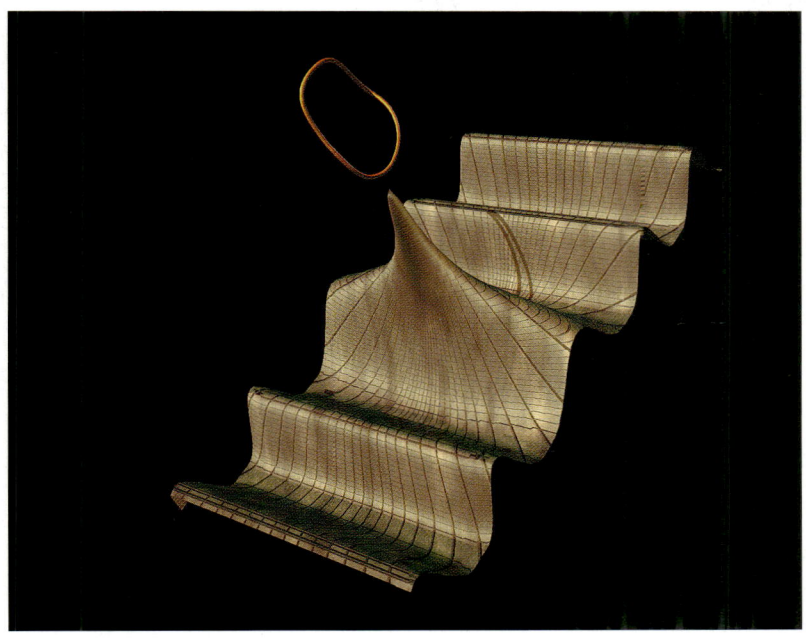

(3)

man muß nicht unbedingt glauben, daß sich tatsächlich kleine Membranen durch eine flache Raumzeit bewegen, um anzunehmen, Schwarze Löcher könnten sich so verhalten, als bestünden sie aus solchen Membranen. Das ist wie mit dem Wasser: Es besteht aus Milliarden und Abermilliarden H_2O-Molekülen, die in komplizierten Wechselwirkungen stehen. Doch eine homogene Flüssigkeit ist ein sehr gutes effektives Modell. Das mathematische Modell von Schwarzen Löchern, die aus p-Branen bestehen, liefert Ergebnisse, die dem oben gezeichneten Bild des virtuellen Teilchenpaars ähneln. Aus positivistischer Sicht ist es daher ein ebenso gutes Modell, zumindest für bestimmte Klassen von Schwarzen Löchern. Für diese Klassen sagt das p-Branen-Modell genau die gleiche Emissionsrate vorher, zu der wir auch gelangen, wenn wir das Modell des virtuellen Teilchenpaars zugrunde legen. Es gibt allerdings einen wichtigen Unterschied: Im p-Branen-Modell wird die Information über das, was in das Schwarze Loch fällt, in der Wellenfunktion für die Wellen auf den p-Branen gespeichert. Die p-Branen werden als Flächen in der *flachen* Raumzeit angesehen. Aus diesem Grund fließt die Zeit gleichmäßig vorwärts, die Bahnen der Lichtstrahlen werden nicht gekrümmt, und die Information in den Wellen geht nicht verloren. Statt dessen wird die Information irgendwann wieder in der Strahlung der p-Branen aus dem Schwarzen Loch austreten.

Nach dem p-Branen-Modell können wir also mit Hilfe der Schrödinger-Gleichung berechnen, wie die Wellenfunktion zu späteren Zeitpunkten be-

schaffen sein wird. Nichts geht verloren, und die Zeit schreitet gleichmäßig voran. Es ergibt sich ein vollständiger Determinismus im quantentheoretischen Sinne.

Welche dieser Interpretationen trifft also zu? Geht ein Teil der Wellenfunktion in den Tiefen Schwarzer Löcher verloren, oder kommt alle Information wieder heraus, wie das p-Branen-Modell nahelegt? Das ist heute eine der wichtigsten Fragen in der theoretischen Physik. Viele Fachleute sind der Meinung, die jüngere Forschung zeige, daß die Information nicht verlorengehe. Die Welt sei zuverlässig und vorhersagbar, und nichts Unerwartetes könne eintreten. Aber das ist nicht so ganz eindeutig. Wenn wir Einsteins allgemeine Relativitätstheorie ernst nehmen, müssen wir die Möglichkeit in Betracht ziehen, daß sich die Raumzeit unter Umständen so stark verzerren kann, daß in ihren Falten Information verlorengeht. Als das Raumschiff *Enterprise* durch ein Wurmloch flog, geschah etwas Unerwartetes. Ich weiß es, denn ich war an Bord und habe mit Newton, Einstein und Data gepokert. Dabei erlebte ich eine große Überraschung. Schauen Sie, wer da plötzlich auf meinen Knien erschien.

DIE VERGANGENHEIT SCHÜTZEN

Sind Zeitreisen möglich?
Könnte eine fortgeschrittene Zivilisation in die Vergangenheit
reisen und sie verändern?

Whereas Stephen W. Hawking (having lost a previous bet on this subject by not demanding genericity) still firmly believes that naked singularities are an anathema and should be prohibited by the laws of classical physics,

And whereas John Preskill and Kip Thorne (having won the previous bet) still regard naked singularities as quantum gravitational objects that might exist, unclothed by horizons, for all the Universe to see,

Therefore Hawking offers, and Preskill/Thorne accept, a wager that

When any form of classical matter or field that is incapable of becoming singular in flat spacetime is coupled to general relativity via the classical Einstein equations, then

A dynamical evolution from generic initial conditions (i.e., from an open set of initial data) can never produce a naked singularity (a past-incomplete null geodesic from $\mathcal{I}_+$).

The loser will reward the winner with clothing to cover the winner's nakedness. The clothing is to be embroidered with a suitable, truly concessionary message.

Stephen W. Hawking   John P. Preskill & Kip S. Thorne

Pasadena, California, 5 February 1997

Stephen W. Hawking ist (nachdem er eine frühere Wette zu diesem Thema verloren hat, weil er es unterließ, untypische Spezialfälle auszuschließen) noch immer der felsenfesten Überzeugung, daß nackte Singularitäten ein Anathema sind und von den Gesetzen der klassischen Physik in Acht und Bann getan werden müßten.

Hingegen betrachten John Preskill und Kip Thorne (nachdem sie die frühere Wette gewonnen haben) nackte Singularitäten noch immer als Objekte der Quantengravitation, die es für jeden sichtbar, weil von keinem Horizont verhüllt, im Universum geben könnte.

Daher bietet Hawking – und akzeptieren Preskill/Thorne – die folgende Wette: Wenn klassische Materie oder ein klassisches Feld von irgendeiner Form, die nicht fähig ist,

in flacher Raumzeit singulär zu werden, mit der allgemeinen Relativitätstheorie durch die klassischen Einstein-Gleichungen gekoppelt wird, dann kann eine dynamische Entwicklung aus allgemeinen Anfangsbedingungen (das heißt, aus einer offenen Menge von Anfangsdaten) niemals eine nackte Singulariät hervorbringen (eine vergangenheitsunvollständige Nullgeodäte von $\mathcal{I}_+$).

Der Verlierer hat dem Gewinner Kleidung zu stellen, um dessen Nacktheit zu verhüllen. Die Kleidung ist mit einer geeigneten, die Niederlage aufrichtig bekennenden Mitteilung zu besticken.

Stephen W. Hawking   John P. Preskill & Kip S. Thorne
Pasadena, Kalifornien, 5. Februar 1997

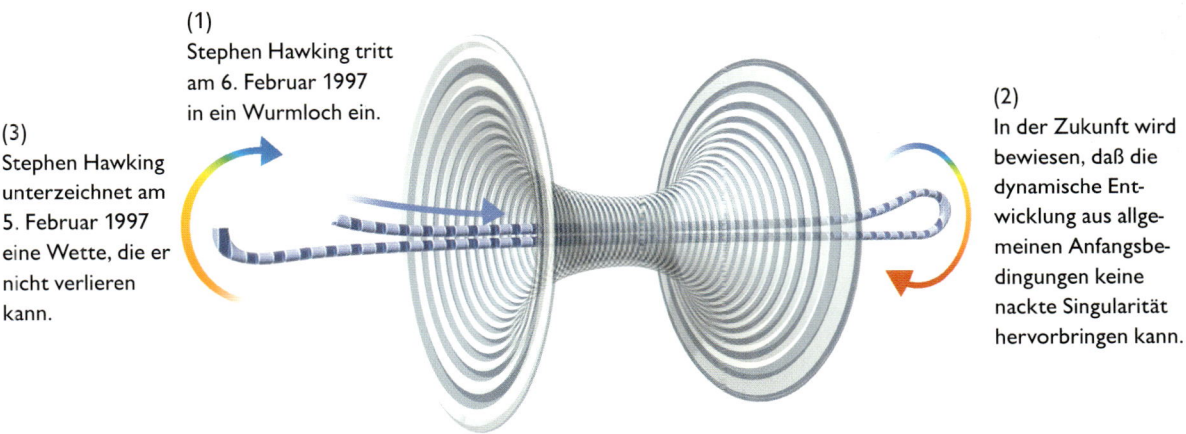

(1)
Stephen Hawking tritt
am 6. Februar 1997
in ein Wurmloch ein.

(3)
Stephen Hawking
unterzeichnet am
5. Februar 1997
eine Wette, die er
nicht verlieren
kann.

(2)
In der Zukunft wird
bewiesen, daß die
dynamische Ent-
wicklung aus allge-
meinen Anfangsbe-
dingungen keine
nackte Singularität
hervorbringen kann.

Mein Freund und Kollege Kip Thorne, mit dem ich schon eine ganze
Reihe von Wetten abgeschlossen habe (links), denkt nicht daran, den
ausgetretenen Pfaden der Physik zu folgen, nur weil es alle anderen tun. Das
gab ihm den Mut, als erster ernsthafter Wissenschaftler Zeitreisen als
praktische Möglichkeit in Erwägung zu ziehen.

Es ist eine heikle Angelegenheit, offen über Zeitreisen zu spekulieren.
Entweder riskiert man den Vorwurf, öffentliche Gelder für lächerliche Pro-
jekte zu verschwenden, oder die Forderung, seine Forschung militärischer
Geheimhaltung zu unterwerfen. Wie sollten wir uns gegen einen Feind
schützen, der eine Zeitmaschine besitzt? Er könnte den Gang der Geschichte
verändern und die Welt beherrschen. Nur wenige Forscher besitzen die
Kühnheit, sich mit Dingen zu beschäftigen, die so massiv gegen die politi-
sche Korrektheit der Physikerzunft verstoßen. Und wenn sie es tun, dann
reden sie nicht direkt von »Zeitreisen«, sondern benutzen Fachbegriffe, um
ihr Treiben zu tarnen.

Die Grundlage für alle modernen Erörterungen der Zeitreise ist Einsteins
Relativitätstheorie. Wie wir in früheren Kapiteln gesehen haben, verleihen

Kip Thorne

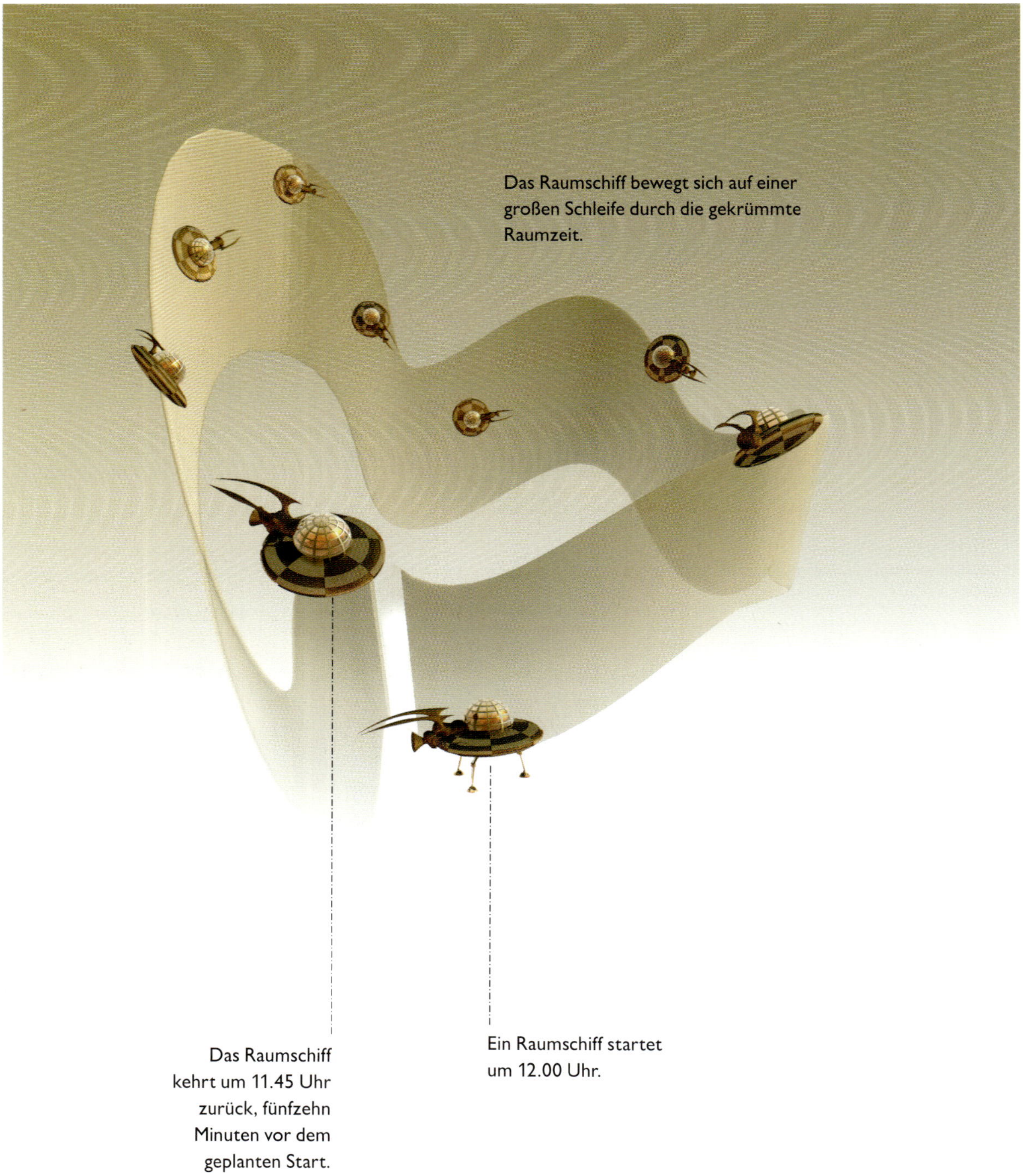

Das Raumschiff bewegt sich auf einer großen Schleife durch die gekrümmte Raumzeit.

Das Raumschiff kehrt um 11.45 Uhr zurück, fünfzehn Minuten vor dem geplanten Start.

Ein Raumschiff startet um 12.00 Uhr.

(Abb. 5.1)

Einsteins Gleichungen Raum und Zeit dynamische Qualität, denn sie beschreiben, wie die im Universum enthaltene Materie und Energie Raum und Zeit krümmen und verzerren. Nach der allgemeinen Relativitätstheorie schreitet die persönliche Zeit eines Beobachters, die er mit seiner eigenen Uhr mißt, zwar genauso unablässig voran wie in der Newtonschen Theorie oder in der flachen Raumzeit der speziellen Relativitätstheorie, doch kann nun die Raumzeit so gekrümmt sein, daß Sie, wenn Sie mit einem Raumschiff davonfliegen, zurückkommen können, bevor Sie zu Ihrer Reise aufgebrochen sind (Abb. 5.1).

Eine Möglichkeit, derartige Situationen herbeizuführen, könnten Wurmlöcher sein, jene hypothetischen, in Kapitel 4 erwähnten Raumzeitröhren, die verschiedene Regionen von Zeit und Raum verbinden. Ein Raumschiff, das in das eine Ende eines solchen Wurmlochs gelenkt wird, würde sich beim Austritt am anderen Ende an einem völlig anderen Ort im All befinden – und wäre vielleicht sogar in der Zeit gereist (Abb. 5.2, S. 144/145).

Wurmlöcher wären, wenn sie denn existieren, die Lösung für das Problem der Einsteinschen Geschwindigkeitsbegrenzung im All: Es würde mehrere zehntausend Jahre dauern, um unsere Milchstraße mit einem Raumschiff zu durchqueren, das langsamer als das Licht vorankommt, wie es die Relativitätstheorie verlangt. Mit Hilfe eines günstig gelegenen Wurmlochs könnten Sie sich jedoch zur anderen Seite der Milchstraße begeben und rechtzeitig zum Abendessen zurück sein. Es läßt sich sogar zeigen, daß Sie mit Hilfe eines solchen Wurmlochs zurückkehren könnten, bevor Sie überhaupt aufgebrochen wären. Nun könnten Sie auf den Gedanken verfallen, in solch

einem Fall müßte es Ihnen, der Sie in die Vergangenheit zurückgekehrt sind, beispielsweise möglich sein, die Rakete, mit der Sie ja zu diesem Zeitpunkt noch gar nicht zu Ihrer Zeitreise aufgebrochen sind, auf ihrer Startrampe in die Luft zu jagen, um so Ihren eigenen Start zu verhindern. Das ist eine Variante des Großvaterparadoxons: Was geschieht, wenn Sie in der Zeit zurückgehen und Ihren Großvater umbringen, bevor er Ihren Vater gezeugt hat (Abb. 5.3, S. 146)?

Natürlich ist das nur dann ein Paradoxon, falls Sie glauben, Sie wären vollkommen frei in Ihrem Tun, wenn Sie in der Zeit zurückkreisten. Ich werde mich in diesem Buch nicht auf eine philosophische Erörterung der Willensfreiheit einlassen, sondern mich auf die Frage beschränken, ob sich die Raumzeit laut unseren physikalischen Gesetzen so krümmen kann, daß ein makroskopischer Körper wie ein Raumschiff in seine eigene Vergangenheit zurückkehren könnte. Nach Einsteins Theorie muß sich ein Raumschiff zwangsläufig mit weniger als der lokalen Lichtgeschwindigkeit bewegen – es kann niemals schneller sein als Licht, das sich neben dem Raumschiff in

FLACHES WURMLOCH

Sie betreten das Wurmloch um 12.00 Uhr

Sie verlassen das Wurmloch um 12.00 Uhr

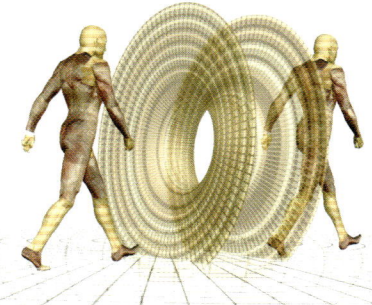

(Abb. 5.2) ZWEITE VARIATION ÜBER DAS ZWILLINGSPROBLEM

(1)
Wenn es ein Wurmloch gäbe, dessen Enden intern nahe beieinander lägen, könnten Sie das Wurmloch gleichzeitig betreten und verlassen.

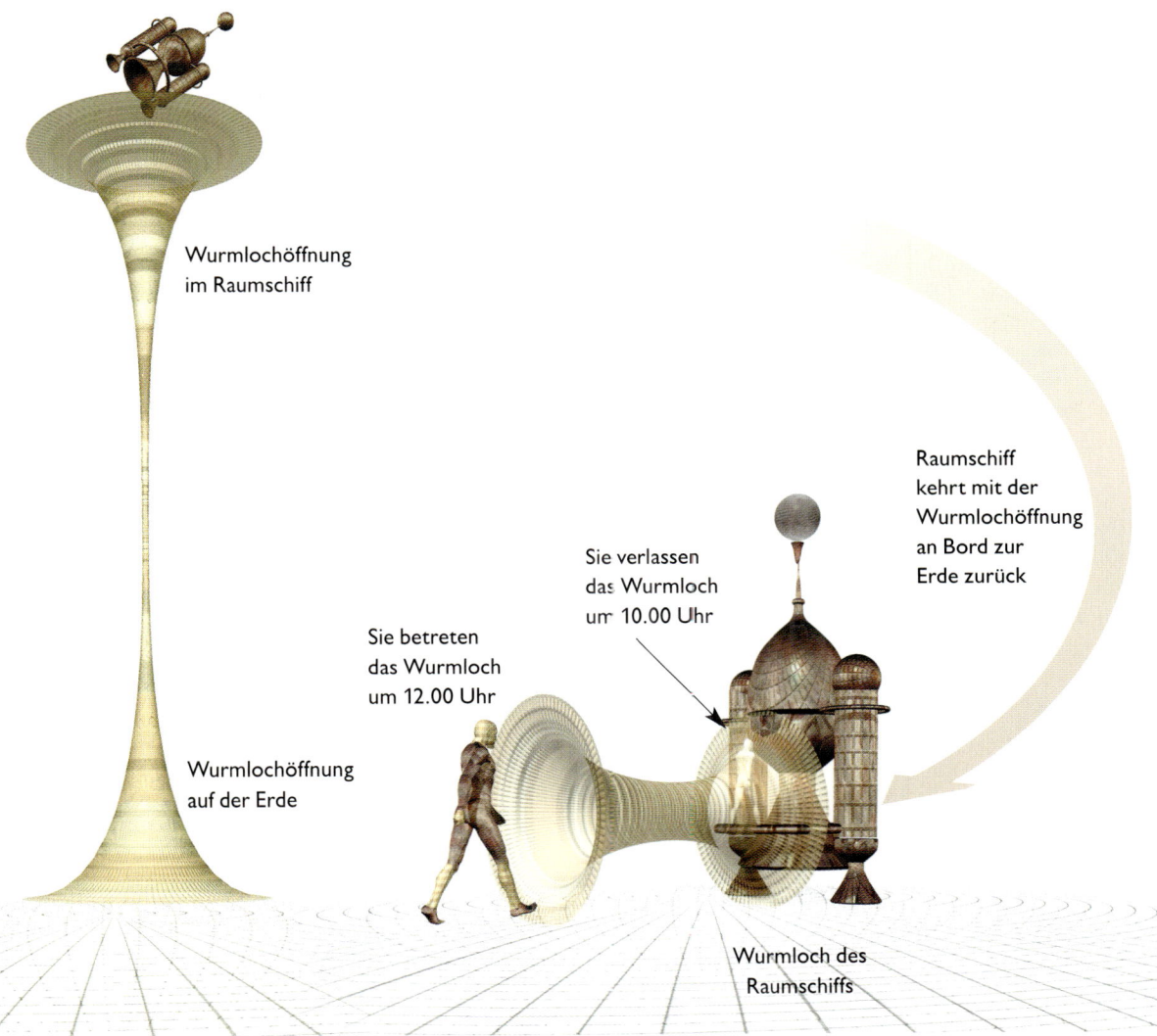

Wurmlochöffnung
im Raumschiff

Wurmlochöffnung
auf der Erde

Sie betreten
das Wurmloch
um 12.00 Uhr

Sie verlassen
das Wurmloch
um 10.00 Uhr

Raumschiff
kehrt mit der
Wurmlochöffnung
an Bord zur
Erde zurück

Wurmloch des
Raumschiffs

(2)

Es ist vorstellbar, daß man ein Ende des Wurmlochs auf eine lange Reise an Bord eines Raumschiffs mitnimmt, während das andere Ende auf der Erde bleibt.

(3)

Dem Zwillingsproblem gemäß ist bei der Rückkehr des Raumschiffs für die Wurmlochöffnung an Bord weniger Zeit verstrichen als für die Öffnung, die auf der Erde verblieben ist. Wenn Sie also die Öffnung auf der Erde betreten, könnten Sie aus der im Raumschiff befindlichen Wurmlochöffnung zu einem früheren Zeitpunkt herauskommen.

KOSMISCHE STRINGS
Kosmische Strings sind lange, schwere Objekte mit winzigem Querschnitt, die möglicherweise in den Frühstadien des Universums entstanden sind. Nachdem sie sich gebildet hatten, wurden sie durch die Expansion des Universums noch weiter gedehnt, so daß sich heute ein einziger kosmischer String über die ganze Länge unseres beobachtbaren Universums erstrecken könnte.

Die Existenz kosmischer Strings wird durch moderne Teilchentheorien nahegelegt, die vorhersagen, daß sich die Materie in den heißen Frühstadien des Universums in einer symmetrischen Phase befand, etwa wie flüssiges Wasser: Dessen Symmetrie besteht darin, daß es an jedem Punkt aus jeder Richtung betrachtet gleich aussieht, im Gegensatz zu Eiskristallen, die von Ort zu Ort unterschiedliche Strukturen besitzen.

Als das Universum abkühlte, konnte die Symmetrie der Frühphase, so die Theorie, in fernen Regionen auf unterschiedliche Weise gebrochen werden. Folglich konnte die kosmische Materie in diesen Regionen verschiedene Grundzustände annehmen. Kosmische Strings sind Materiekonfigurationen an den Grenzen zwischen diesen Regionen. Insofern war ihre Bildung eine unvermeidliche Konsequenz der Tatsache, daß sich verschiedene Regionen nicht auf ein und denselben Grundzustand einigen konnten.

(Abb. 5.3)
Kann sich eine Pistolenkugel, die durch ein Wurmloch in eine frühere Zeit abgefeuert wird, auf den Schützen auswirken?

derselben Richtung fortbewegt. Eine solche Bahn durch die Raumzeit heißt »zeitartig«. Damit können wir die Frage nach Zeitreisen in Fachbegriffe fassen: Läßt die Raumzeit geschlossene zeitartige Kurven zu – das heißt, Kurven, die wieder und wieder zu ihrem Ausgangspunkt in der Raumzeit zurückkehren? Solche Bahnen werde ich im folgenden als »Zeitschleifen« bezeichnen.

Es gibt drei Ebenen, auf denen wir nach einer Antwort auf diese Frage suchen können. Die erste ist Einsteins allgemeine Relativitätstheorie, in der eine eindeutige Geschichte des Universums ohne irgendwelche Unbestimmtheit vorausgesetzt wird. Aus dieser klassischen Theorie ergibt sich ein ziemlich vollständiges Bild. Doch wie wir gesehen haben, kann diese Theorie nicht ganz richtig sein, weil wir beobachten, daß die Materie der Unschärferelation und Quantenfluktuationen unterworfen ist.

Also können wir die Frage nach Zeitreisen auf einer zweiten Ebene stellen, der einer sogenannten semiklassischen Theorie. In diesem Fall gehen wir davon aus, daß sich Materie gemäß der Quantentheorie verhält, unbestimmt und mit Quantenfluktuationen, daß aber die Raumzeit eindeutig und klassisch ist. Hier ist das Bild, das uns die heutige Physik liefert, weniger vollständig, aber wir haben immerhin eine gewisse Vorstellung, wie wir vorzugehen haben.

Schließlich wäre da noch die Quantentheorie der Gravitation, wie auch immer sie aussehen mag. Gemäß dieser Theorie, nach der nicht nur die Mate-

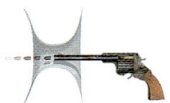

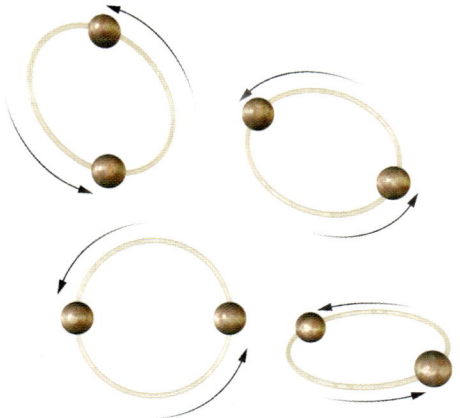

(Abb. 5.4)
Läßt die Raumzeit zeitartige Kurven zu,
die geschlossen sind, das heißt,
immer und immer wieder zu ihrem
Ausgangspunkt zurückkehren?

rie, sondern auch Zeit und Raum unbestimmt sind und fluktuieren, wäre noch nicht einmal klar, wie die Frage nach der Möglichkeit oder Unmöglichkeit von Zeitreisen zu stellen ist. Vielleicht sollten wir am besten fragen, wie Menschen in Regionen, wo die Raumzeit nahezu klassisch und frei von Unbestimmtheit ist, ihre Messungen interpretieren würden. Wären sie der Meinung, daß in Regionen starker Gravitation und großer Quantenfluktuationen Zeitreisen stattgefunden hätten?

Beginnen wir mit der klassischen Theorie: Die flache Raumzeit der speziellen Relativitätstheorie (Relativität ohne Gravitation) läßt keine Zeitreisen zu. Dasselbe gilt für die ersten gekrümmten Raumzeiten, mit denen sich die Physiker nach Einsteins Veröffentlichung seiner allgemeinen Relativitätstheorie beschäftigten. Daher war es ein großer Schock für Einstein, als Kurt Gödel – anderweitig bekannt durch seinen Unvollständigkeitssatz (siehe Kasten rechts) – 1949 eine Lösung der Einstein-Gleichungen fand, die einer Raumzeit voll rotierender Materie entsprach, in der Zeitschleifen durch jeden Punkt führen (Abb. 5.4).

In der Gödelschen Lösung war die kosmologische Konstante von null verschieden. Es ist nicht genau bekannt, ob dies in der Natur zutrifft oder nicht, doch später fand man auch Zeitschleifenlösungen ohne kosmologische Konstante. Ein besonders interessanter Fall ist eine Lösung, in der sich zwei kosmische Strings mit hoher Geschwindigkeit aneinander vorbeibewegen.

Kosmische Strings sollte man nicht mit den Strings der Stringtheorie verwechseln, obwohl es durchaus eine Beziehung zwischen ihnen gibt. Es handelt sich um Objekte mit Länge, aber nur einem winzigen Querschnitt. Ihr Vorkommen wird von einigen teilchenphysikalischen Theorien vorhergesagt. Die Raumzeit außerhalb eines einzelnen kosmischen String ist flach. Doch es ist eine flache Raumzeit, aus der ein keilförmiges Stück ausgeschnitten ist, wobei sich das spitze Ende des Keils am String befindet. Das ist wie bei einem Kegel: Nehmen Sie eine große Kreisfläche aus Papier, und schneiden Sie ein Segment in Form eines Tortenstücks aus, einen Kegel mit der Spitze im Kreismittelpunkt. Legen Sie dann das ausgeschnittene Stück fort, und kleben Sie die Kanten des verbleibenden Stücks zusammen, so daß Sie einen Kegel erhalten. Er stellt die Raumzeit dar, in der der kosmische String vorhanden ist (Abb. 5.5).

Da die Kegeloberfläche dasselbe flache Blatt Papier ist, mit dem Sie begonnen haben (minus dem Keil), können Sie es, vom Scheitelpunkt abgesehen, immer noch »flach« nennen. Daß es am Scheitelpunkt eine Krümmung gibt, können Sie daran erkennen, daß ein Kreis um den Scheitelpunkt einen geringeren Umfang hat als ein Kreis, der im gleichen Abstand vom Mittelpunkt auf dem ursprünglichen runden Blatt Papier gezogen würde. Mit anderen Worten, infolge des fehlenden Segments ist ein Kreis um den Scheitelpunkt kürzer als ein Kreis von gleichem Radius im flachen Raum (Abb. 5.6).

Gleiches gilt für einen kosmischen String: Der Keil, der aus der flachen Raumzeit entfernt wird, verkürzt Kreise um den String, wirkt sich aber nicht auf die Zeit und die Entfernungen entlang des String aus. Daraus folgt, daß die Raumzeit um einen einzelnen kosmischen String keine Zeitschleifen enthält, es ist in ihr also nicht möglich, in die Vergangenheit zu reisen. Doch wenn ein zweiter kosmischer String vorhanden ist, der sich relativ zum ersten bewegt, ist die Zeitrichtung dieses zweiten String eine Kombination aus der Zeitrichtung und den Raumrichtungen des ersten. Das heißt, der Keil, der für den zweiten String ausgeschnitten wird, verkürzt aus der Sicht von jemandem, der sich mit dem ersten String bewegt, sowohl Entfernungen im Raum als auch die Zeitintervalle (Abb. 5.7). Bewegen sich die kosmischen Strings relativ zueinander fast mit Lichtgeschwindigkeit, dann kann die Zeitersparnis bei einer Reise um beide Strings herum so groß sein, daß man zurückkehrt, bevor man aufgebrochen ist. Mit anderen Worten, es gibt Zeitschleifen, denen man folgen kann, um in die Vergangenheit zu reisen.

Die Raumzeit kosmischer Strings enthält Materie, die eine positive Energiedichte aufweist und deren Eigenschaften mit den uns bekannten physikalischen Gesetzen konsistent sind. Doch die Krümmung, die die Zeitschleifen erzeugt, erstreckt sich unendlich weit in den Raum hinein und unendlich weit in die Vergangenheit zurück. In diesen Raumzeiten waren die Möglich-

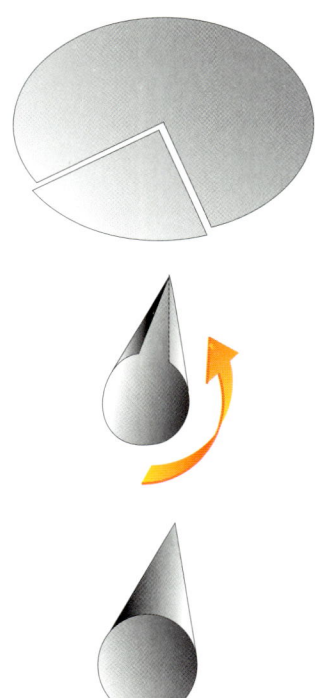

(Abb. 5.5)

(Abb. 5.6)

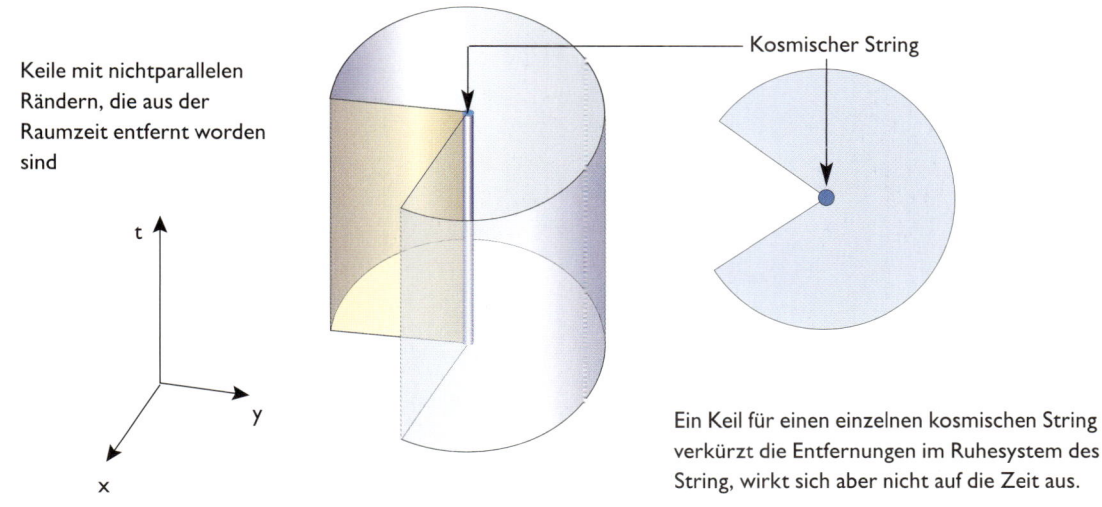

Keile mit nichtparallelen Rändern, die aus der Raumzeit entfernt worden sind

Kosmischer String

Ein Keil für einen einzelnen kosmischen String verkürzt die Entfernungen im Ruhesystem des String, wirkt sich aber nicht auf die Zeit aus.

(Abb. 5.7)

Ein zweiter Keil, der zur Konstruktion eines anderen bewegten kosmischen String ausgeschnitten wird, verkürzt die Entfernungen sowohl des Raumes als auch der Zeit im Ruhesystem des ersten kosmischen String.

KAPITEL 5

ENDLICH ERZEUGTER ZEITREISEHORIZONT

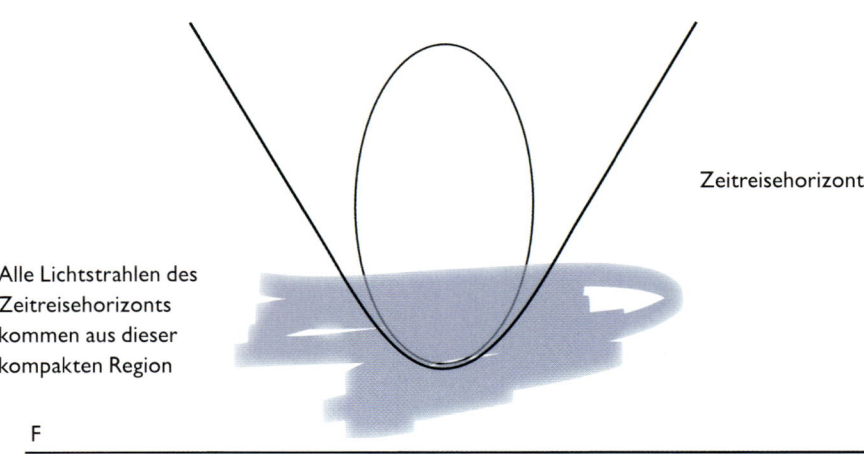

Zeitreisehorizont

Alle Lichtstrahlen des
Zeitreisehorizonts
kommen aus dieser
kompakten Region

F

(Abb. 5.8)
Selbst die fortgeschrittenste Zivilisation könnte die Raumzeit lediglich in einem endlichen Gebiet krümmen. Der Zeitreisehorizont, der Rand derjenigen Raumzeitregion, in der es möglich ist, in die eigene Vergangenheit zu reisen, wird durch Lichtstrahlen gebildet, die in einer endlichen Region ihren Anfang nehmen.

keiten zum Zeitreisen von vornherein eingebaut. Wir haben keinen Grund anzunehmen, daß unser eigenes Universum diese spezielle Art von Krümmung aufweist, und wir haben keine verläßlichen Beweise für Besucher aus der Zukunft. (Unberücksichtigt lasse ich hier die Verschwörungstheorie, nach der uns Ufos aus der Zukunft besuchen und staatliche Stellen davon wissen, aber es vertuschen. Schließlich haben sich die Behörden nicht gerade als Meister solcher Täuschungsmanöver erwiesen.) Ich gehe deshalb davon aus, daß es keine Zeitschleifen in der fernen Vergangenheit gab oder, genauer, in der Vergangenheit einer Fläche F durch die Raumzeit. Die Frage lautet dann: Könnte eine fortgeschrittene Zivilisation eine Zeitmaschine bauen? Das heißt, könnte sie die Raumzeit in der Zukunft von F so verändern (im Diagramm: die Region über der Fläche F), daß Zeitschleifen in einer endlichen Region aufträten? Ich beschränke mich hier auf den Fall einer endlichen Region, weil die Zivilisation, egal, wie fortgeschritten sie wäre, wohl nur einen endlichen Teil des Universums unter Kontrolle haben könnte.

In der Wissenschaft liegt der Schlüssel zur Lösung eines Problems oft in seiner richtigen Formulierung. Dafür ist unser Fall ein gutes Beispiel. Um klarzustellen, was mit einer endlichen Zeitmaschine gemeint ist, habe ich auf frühere Arbeiten von mir zurückgegriffen. Zeitreisen sind möglich in einer Region der Raumzeit, in der es Zeitschleifen gibt, Bahnen, auf denen Objekte, die sich langsamer als das Licht bewegen, dank entsprechender Raumzeitkrümmung zum Ort und in die Zeit zurückkehren können, von

denen sie aufgebrochen sind. Da ich von der Annahme ausgegangen bin, daß es in der fernen Vergangenheit keine Zeitschleifen gegeben hat, muß etwas existieren, was ich »Zeitreisehorizont« nennen möchte, eine Grenze, die die Region der Zeitschleifen von der Region ohne Zeitschleifen trennt (Abb. 5.8).

Zeitreisehorizonte haben Ähnlichkeit mit den Horizonten Schwarzer Löcher. Während der Horizont eines Schwarzen Lochs von Lichtstrahlen gebildet wird, die es gerade noch vermeiden können, ins Schwarze Loch zu fallen, wird ein Zeitreisehorizont durch Lichtstrahlen definiert, die, einer Zeitschleife folgend, fast mit sich selbst zusammentreffen. Einer Zeitmaschine entspricht, was ich als »endlich erzeugten Horizont« bezeichne. Dieser Horizont besteht aus Lichtstrahlen, die alle aus einer begrenzten, endlich ausgedehnten Region kommen. Mit anderen Worten, sie kommen nicht aus dem Unendlichen oder aus einer Singularität, sondern entstehen in einer endlichen Region, jener Art von Region, von der wir wissen wollen, ob unsere erfundene fortgeschrittene Zivilisation sie herstellen kann.

Unsere endliche Zeitmaschine in dieser Weise über einen Horizont zu definieren hat den Vorteil, daß wir die mathematischen Techniken verwenden können, die Roger Penrose und ich entwickelt haben, um Singularitäten und Schwarze Löcher zu untersuchen. Sogar ohne Rückgriff auf die Einstein-Gleichungen kann ich zeigen, daß ein endlich erzeugter Horizont im allgemeinen mindestens einen Lichtstrahl enthält, der tatsächlich mit sich selbst zusammentrifft – einen Lichtstrahl, der wieder und wieder zum selben Raumzeitpunkt zurückkehrt. Jedesmal, wenn das Licht diesen Punkt passiert, ist seine Blauverschiebung größer als beim letzten Mal, so daß die Bilder blauer und blauer werden. Die Wellenkämme rücken immer dichter zusammen, und das Licht durchläuft die Schleife in immer kürzeren Intervallen seiner Zeit. Tatsächlich hätte ein solches Lichtteilchen, gemessen mit seinem eigenen Zeitmaß, nur eine endliche Geschichte. Von Teilchen, deren Bahn an einer Raumzeitsingularität endet, kennen wir so etwas bereits; hier tritt dieses Phänomen auf, obwohl das Teilchen, fern aller Singularitäten, in einer endlichen Region immer und immer wieder umläuft.

Die Frage lautet also:
Könnte eine fortgeschrittene
Zivilisation eine Zeitmaschine
bauen?

Es mag nichts Besorgniserregendes sein, wenn ein Lichtteilchen seine Geschichte in endlicher Zeit vollendete, aber ich kann beweisen, daß dasselbe Schicksal auch Objekte ereilen wird, die sich langsamer als das Licht bewegen. Das könnten die Geschichten von Beobachtern sein, die vor dem Horizont in einer endlichen Region gefangen wären und immer rascher und rascher kreisten, bis sie nach endlicher Zeit Lichtgeschwindigkeit erreicht hätten. Wenn Sie also von einer schönen Außerirdischen in einer Fliegenden Untertasse zu einer Zeitreise eingeladen werden, überlegen Sie sich gut, was Sie tun. Sie könnten in eine dieser vertrackten Wiederholungsgeschichten von nur endlicher Dauer fallen (Abb. 5.9).

Diese Ergebnisse hängen nur von der Art und Weise ab, wie die Raumzeit sich krümmen müßte, damit sie in einer endlichen Region Zeitschleifen enthielte. Einsteins Gleichungen, die uns sagen, daß mit jeder Raumzeitkrümmung eine entsprechende Materieverteilung einhergehen muß, hatten wir dabei außer acht gelassen, doch wir können jetzt fragen, welche Art von Materie eine fortgeschrittene Zivilisation denn verwenden müßte, um die Raumzeit so zu krümmen, daß eine Zeitmaschine von endlicher Größe entstünde. Kann die verwendete Materie überall eine positive Energiedichte haben, wie in der oben beschriebenen Raumzeit kosmischer Strings? Wohlgemerkt: Meine Bedingung, daß die Zeitschleifen in einer endlichen Region auftreten, erfüllt die Raumzeit der bewegten kosmischen Strings nicht. Aber vielleicht liegt das ja nur daran, daß die kosmischen Strings unendlich lang sind. Man könnte auf die Idee kommen, es ließe sich möglicherweise eine endliche Zeitmaschine bauen, indem man endliche Schleifen aus kosmischen Strings verwendet und damit seine Zeitmaschine und trotzdem noch überall eine positive Energiedichte hat. Es tut mir leid, daß ich Leute wie Kip enttäuschen muß, die gern in die Vergangenheit reisen möchten, aber dieses Vorhaben läßt sich nicht so in die Tat umsetzen, daß die Energiedichte überall positiv ist. Ich kann beweisen, daß man zum Bau einer endlichen Zeitmaschine negative Energie braucht.

In der klassischen Theorie ist die Energiedichte immer positiv, daher können wir auf dieser Ebene Zeitmaschinen von endlicher Größe ausschließen. Anders ist die Situation jedoch in der semiklassischen Theorie, in der wir davon ausgehen, daß sich die Materie gemäß der Quantentheorie verhält, die Raumzeit aber wohldefiniert und klassisch ist. Wie wir gesehen haben, bedeutet die Unschärferelation der Quantentheorie, daß Felder sogar im scheinbar leeren Raum ständigen Fluktuationen unterworfen sind und eine unendliche Energiedichte besitzen. Folglich müssen wir einen unendlichen Wert abziehen, um die endliche Energiedichte zu erhalten, die wir im Universum beobachten. Diese Subtraktion kann, zumindest lokal, zu negativer Energiedichte führen. Selbst im flachen Raum könnten wir Quantenzustände finden, in denen die Energiedichte lokal negativ wird, obwohl die

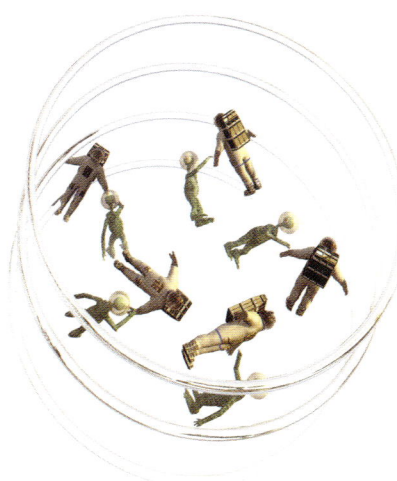

(Abb. 5.9)
Die Gefahr von Zeitreisen

(Abb. 5.11, gegenüber)
Die Vorhersage, Schwarze Löcher strahlten und verlören Masse, bedeutet, daß infolge von Quanteneffekten negative Energie durch den Ereignishorizont in das Schwarze Loch fließt. Das Schwarze Loch kann nur an Größe verlieren, wenn die Energiedichte am Horizont negativ ist – das Vorzeichen, das erforderlich ist, um eine Zeitmaschine zu bauen.

(Abb. 5.11)

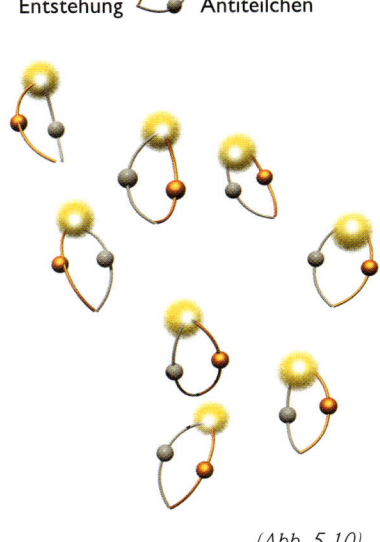

Teilchen Vernichtung
Entstehung Antiteilchen

(Abb. 5.10)

Gesamtenergie positiv ist. Nun können wir uns fragen, ob diese negativen Werte die Raumzeit tatsächlich veranlassen, sich in der Weise zu krümmen, daß der Bau einer endlichen Zeitmaschine möglich wird. Das ist allem Anschein nach der Fall. Wie ich in Kapitel 4 ausgeführt habe, bedeuten Quantenfluktuationen, daß sogar der scheinbar leere Raum voller virtueller Teilchenpaare ist, voller Teilchen, die zusammen erscheinen, sich auseinanderbewegen, wieder zusammenkommen und sich vernichten (Abb. 5.10). Ein Partner des virtuellen Teilchenpaars besitzt positive Energie und der andere negative Energie. Wenn ein Schwarzes Loch in der Nähe ist, kann das Teilchen mit negativer Energie hineinfallen, während das positive ins Unendliche entweicht und als Strahlung erscheint, die positive Energie aus dem Schwarzen Loch davonträgt. Die Teilchen mit negativer Energie, die hineinfallen, bewirken, daß das Schwarze Loch Masse verliert und langsam verdunstet, was seinen Ereignishorizont zum Schrumpfen bringt (Abb. 5.11).

Gewöhnliche Materie mit positiver Energiedichte hat einen anziehenden Gravitationseffekt und wölbt die Raumzeit so, daß Lichtstrahlen aufeinander zu gelenkt werden, genauso wie die große Kugel auf dem Gummituch in

*Mein Enkel
William Mackenzie Smith*

Kapitel 2 dafür sorgte, daß die Bahnen der kleinen Kugeln immer auf die große Kugel zu gebogen wurden, niemals von ihr fort.

Daraus würde folgen, daß die Fläche des Ereignishorizontes eines Schwarzen Lochs mit der Zeit anwachsen müßte und nicht schrumpfen könnte. Der Horizont eines Schwarzen Lochs kann nur schrumpfen, wenn die Energiedichte am Horizont negativ ist und die Raumzeit so krümmt, daß die Lichtstrahlen auseinanderlaufen. Das wurde mir zum ersten Mal klar, als ich kurz nach der Geburt meiner Tochter zu Bett ging. Ich werde nicht verraten, wie lange das her ist, aber ich habe inzwischen einen Enkel.

Das »Verdunsten« von Schwarzen Löchern zeigt, daß auf der Quantenebene die Energiedichte gelegentlich negativ sein und die Raumzeit in die Richtung krümmen kann, die erforderlich wäre, um eine Zeitmaschine zu bauen. Es wäre also denkbar, daß eine sehr fortgeschrittene Zivilisation eine negative Energiedichte erzeugen könnte, die ausreichen würde, um eine Zeitmaschine für makroskopische Objekte wie Raumschiffe zu bauen. Allerdings gibt es einen wichtigen Unterschied zwischen dem Horizont eines Schwarzen Lochs und dem einer Zeitmaschine. Der Horizont eines Schwarzen Lochs wird von Lichtstrahlen gebildet, die sich beliebig fortbewegen, während der Horizont einer Zeitmaschine geschlossene Lichtstrahlen enthält, die immer wieder auf den gleichen Bahnen umlaufen. Ein virtuelles Teilchen, das sich auf einer solchen geschlossenen Bahn bewegte, brächte seine Grundzustandsenergie wieder und wieder an denselben Punkt zurück. Deshalb müßte die Energiedichte am Horizont – an der Grenze der Zeitmaschine, der Region, in der man in die Vergangenheit reisen könnte – unendlich sein. Dies wird durch eingehende Berechnungen einiger Hintergründe bestätigt, die einfach genug für exakte Berechnungen sind. Eine unendliche Energiedichte am Horizont aber würde bedeuten, daß eine Person oder eine Raumsonde, die versuchte, ihn zu durchqueren, um in die Zeitmaschine zu gelangen, von einem Strahlenblitz vernichtet würde (Abb. 5.12). Die Zukunft sieht also schwarz aus für Zeitreisen – oder sollten wir lieber sagen: blendend weiß?

Die Energiedichte von Materie hängt von dem Zustand ab, in dem sie sich befindet, daher wäre eine fortgeschrittene Zivilisation vielleicht in der Lage, an der Grenze der Zeitmaschine für eine endliche Energiedichte zu sorgen, indem sie die in einer geschlossenen Schleife ständig umlaufenden virtuellen Teilchen »einfrieren« oder entfernen würde. Es ist jedoch unklar, ob eine solche Zeitmaschine stabil wäre: Die kleinste Störung, zum Beispiel ein Mensch, der den Horizont durchquerte, um in die Zeitmaschine einzutreten, könnte das Kreisen virtueller Teilchen und damit einen vernichtenden Strahlenblitz auslösen. Man sollte den Physikern Gelegenheit geben, diese Frage zu erörtern, ohne sie höhnisch auszulachen. Selbst wenn sich herausstellen sollte, daß Zeitreisen unmöglich sind, wäre es wichtig zu wissen, warum das so ist.

Um die Frage endgültig zu beantworten, müssen wir nicht nur die Quantenfluktuationen von Materiefeldern, sondern auch die der Raumzeit selbst berücksichtigen. Es ließe sich erwarten, daß daraus eine gewisse Verschwommenheit in den Bahnen von Lichtstrahlen und im gesamten Konzept der Zeitordnung erwächst. Tatsächlich könnte man die Strahlung Schwarzer Löcher so verstehen, daß Teilchen aus dem Schwarzen Loch entkommen, weil sein Horizont aufgrund von Quantenfluktuationen der Raumzeit gar nicht genau definiert ist. Nun haben wir aber keine vollständige Theorie der Quantengravitation und können deshalb über die Auswirkungen von Raumzeitfluktuationen kaum etwas sagen, sondern nur hoffen, daß uns Feynmans »Summe über alle Geschichten«, wie ich sie in Kapitel 3 dargestellt habe, einige Hinweise liefert.

Jede Geschichte ist in unserem Fall eine gekrümmte Raumzeit, die Materiefelder enthält. Da wir dabei die Summe über *alle* möglichen Geschichten berechnen müssen, nicht nur über diejenigen, die Einstein-Gleichungen erfüllen, muß die Summe auch Raumzeiten einschließen, deren Krümmung für Reisen in die Vergangenheit ausreicht (Abb. 5.13, S. 156). Damit stellt sich die Frage, warum dann eigentlich nicht überall Zeitreisen stattfinden. Die Antwort lautet: Sie finden überall statt, allerdings auf mikroskopischer Ebene, so daß wir sie nicht bemerken. Wenn wir Feynmans Methode der

(Abb. 5.12)
Vielleicht würde man durch einen Strahlenblitz ausgelöscht werden, wenn man den Zeitreisehorizont durchquerte.

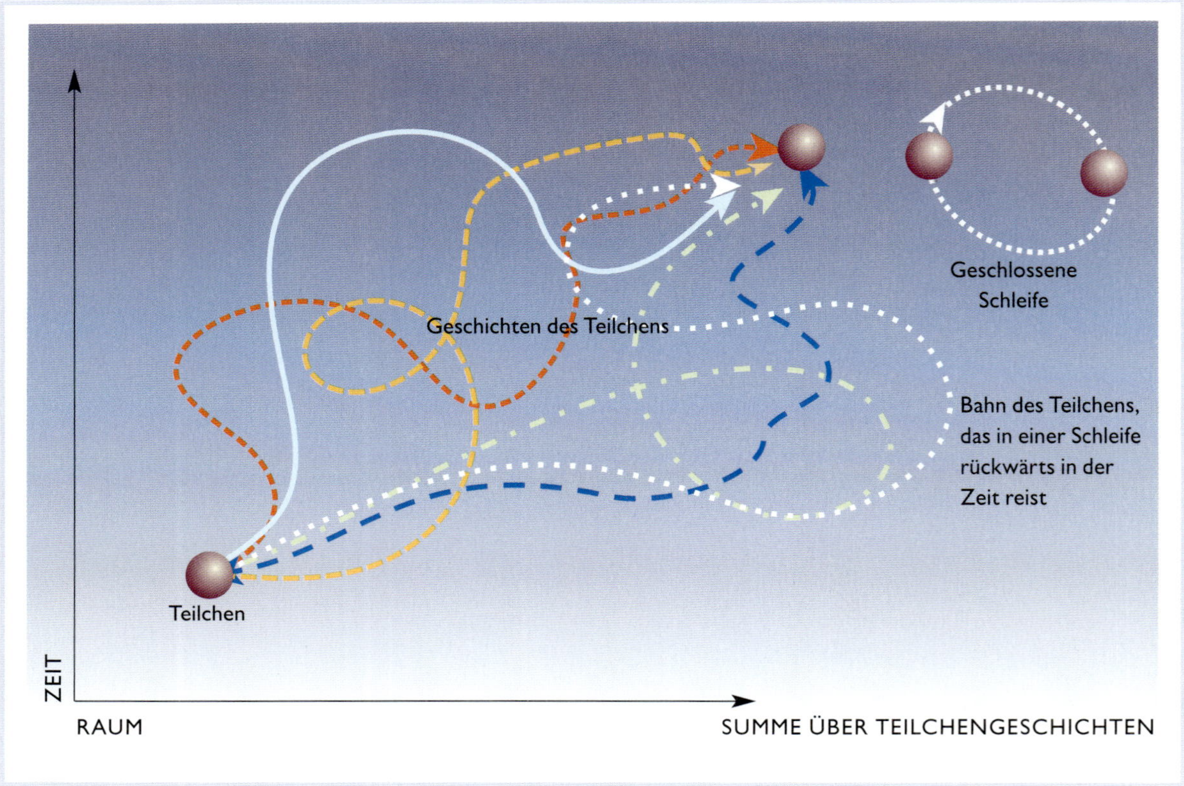

Geschichten des Teilchens

Geschlossene
Schleife

Bahn des Teilchens,
das in einer Schleife
rückwärts in der
Zeit reist

Teilchen

ZEIT

RAUM

SUMME ÜBER TEILCHENGESCHICHTEN

(Abb. 5.13)
Die Feynmansche »Summe über Geschichten« muß auch Geschichten einschließen, in denen Teilchen in der Zeit zurückkreisen, und sogar solche Geschichten, die geschlossene Schleifen in Zeit und Raum sind.

Summe über Geschichten auf ein Teilchen anwenden, müssen wir auch die Geschichten berücksichtigen, in denen sich das Teilchen schneller als das Licht und sogar rückwärts in der Zeit bewegt. Vor allem gibt es Geschichten, in denen das Teilchen in einer geschlossenen Schleife der Zeit und des Raums immer und immer wieder umläuft. Es wäre wie in dem Film *Und täglich grüßt das Murmeltier*, in dem ein Fernsehjournalist immer erneut denselben Tag erlebt (Abb. 5.14).

Man kann Teilchen mit Schleifen-Geschichten nicht direkt mittels eines Teilchendetektors beobachten, doch ihre indirekten Effekte sind in zahlreichen Experimenten gemessen worden. Ein solcher Effekt ist eine kleine Verschiebung der Frequenz des Lichts, das von Wasserstoffatomen emittiert wird. Ursache dieser Verschiebung sind Elektronen, die sich in geschlossenen Schleifen bewegen. Ein anderer ist eine geringfügige Kraft zwischen parallelen Metallplatten, die dadurch hervorgerufen wird, daß dort im Verhältnis zur Region draußen weniger Geschichten mit geschlossenen Schleifen hineinpassen – eine andere äquivalente Interpretation des Casimir-Effekts. Damit ist die Existenz von Schleifen-Geschichten experimentell bestätigt (Abb. 5.15).

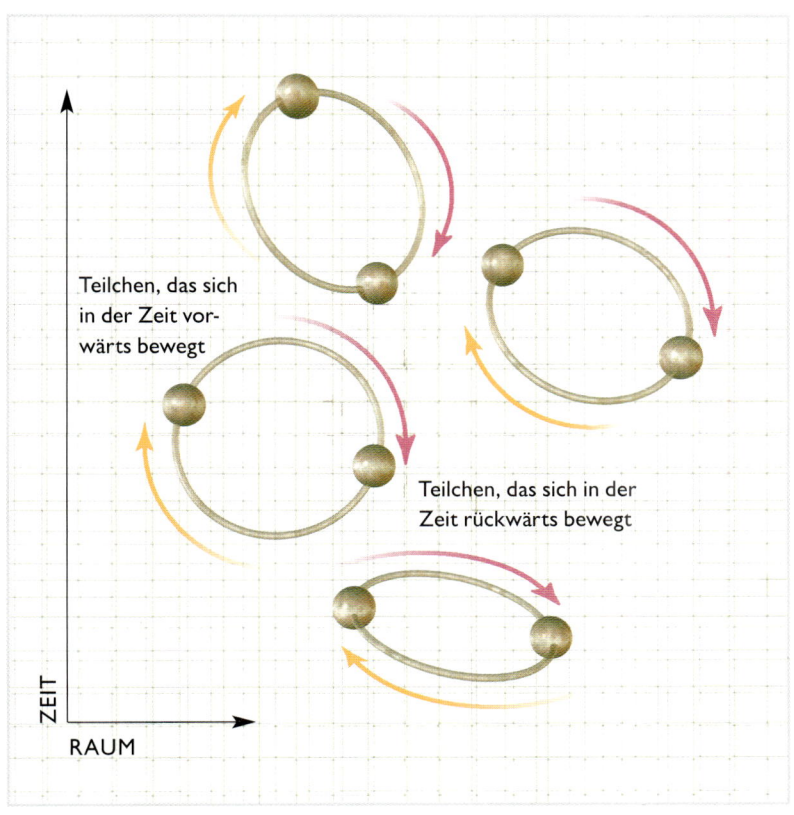

(Abb. 5.14)

Man könnte darüber streiten, ob Teilchen mit Schleifen-Geschichten etwas mit der Raumzeitkrümmung zu tun haben, weil sie auch vor einem unbewegten Hintergrund wie einer flachen Raumzeit vorkommen. Doch in den letzten Jahren haben wir festgestellt, daß physikalische Phänomene häufig duale Beschreibungen von gleicher Gültigkeit besitzen. Es ist egal, ob wir sagen, ein Teilchen bewege sich in einer geschlossenen Schleife vor einem unbewegten Hintergrund, oder aber, das Teilchen bleibe unbewegt, während Raum und Zeit in seiner Umgebung fluktuierten. Das hängt einfach davon ab, ob Sie zunächst die Summe über die Teilchenwege berechnen und dann die Summe über gekrümmte Raumzeiten oder umgekehrt.

Offenbar erlaubt die Quantentheorie also Zeitreisen auf mikroskopischer Skala. Doch die eignen sich kaum für Science-fiction-Geschichten, wo jemand beispielsweise in die Vergangenheit reist und seinen Großvater umbringt. Die Frage lautet also: Kann die Wahrscheinlichkeit in der Summe über Geschichten bei Raumzeiten mit makroskopischen Zeitschleifen Maxima aufweisen?

Wir können diese Frage untersuchen, indem wir die Summe über Geschichten von Materiefeldern in einer Reihe von Hintergrund-Raumzeiten

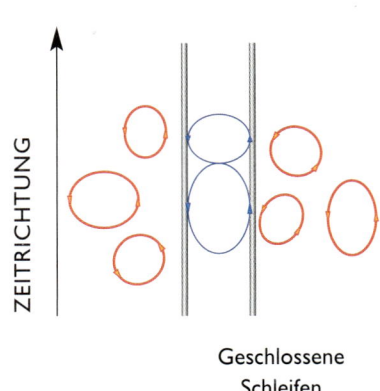

Geschlossene
Schleifen

(Abb. 5.15)

157

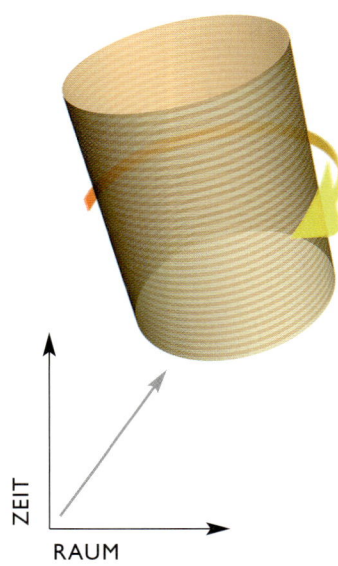

(Abb. 5.16)
*Das Einstein-Universum ist wie
ein Zylinder: Es ist endlich im
Raum und konstant in der Zeit.
Dank seiner endlichen Größe kann
es überall mit weniger als der
Lichtgeschwindigkeit rotieren.*

CHRONOLOGIE-
SCHUTZTHESE

*Die physikalischen Gesetze
wirken so zusammen, daß
Zeitreisen makroskopischer
Objekte in die Vergangenheit
verhindert werden.*

betrachten, von denen jede bessere Bedingungen für die Bildung von Zeit-schleifen bietet als die vorige. Man kann erwarten, daß etwas Dramatisches geschieht, wenn erstmals Zeitschleifen auftreten. Das hat sich tatsächlich an einem einfachen Beispiel gezeigt, das ich zusammen mit meinem Dokto-randen Michael Cassidy untersucht habe.

Die Hintergrund-Raumzeiten, die wir untersucht haben, sind eng ver-wandt mit dem sogenannten Einstein-Universum, der Raumzeit, die Einstein vorgeschlagen hat, als er, wie in Kapitel 1 geschildert, noch der Meinung war, das Universum sei zeitlich unveränderlich, insbesondere weder in Expansion noch in Kontraktion begriffen. Im Einstein-Universum verläuft die Zeit von der unendlich fernen Vergangenheit in die unendlich ferne Zukunft. Doch die Raumdimensionen sind nur von endlicher Ausdehnung und in sich geschlossen, ähnlich wie die Erdoberfläche in sich geschlossen ist, allerdings mit einer zusätzlichen Raumdimension. Man kann sich diese Raumzeit als Zylinder vorstellen, dessen Längsachse der Zeitdimension und dessen Quer-schnitt den drei Raumdimensionen entspricht (Abb. 5.16).

Das Einstein-Universum stellt nicht das Universum dar, in dem wir leben, weil es nicht expandiert. Trotzdem kann man es für die Erörterung von Zeitreisen sehr gut als Hintergrund verwenden, weil es so einfach ist, daß sich die Summe über Geschichten explizit ausrechnen läßt. Wenden wir uns einen Moment lang von den Zeitreisen ab und betrachten statt dessen die Materie in einem Einstein-Universum, das um eine Achse rotiert. Wenn Sie sich auf der Achse befinden, bleiben Sie stets auf demselben Raumpunkt, so als stünden Sie im Mittelpunkt eines Kinderkarussells. Doch wenn Sie sich nicht auf der Achse befinden, bewegen Sie sich durch den Raum, während Sie sich um die Achse drehen. Je größer die Entfernung zur Achse ist, desto rascher bewegen Sie sich (Abb. 5.17). Wäre das Universum räumlich unend-lich, dann müßten Punkte, die weit genug von der Achse entfernt wären, schneller als das Licht rotieren. Doch da das Einstein-Universum in den Raumrichtungen endlich ist, gibt es eine kritische Rotationsgeschwindigkeit, unterhalb derer kein Teil des Universums schneller als das Licht rotiert.

Betrachten wir nun die Summe über Teilchengeschichten in einem rotierenden Einstein-Universum. Bei langsamer Rotation gibt es viele ver-schiedene Bahnen, die ein Teilchen, dem eine gegebene Energiemenge zur Verfügung steht, einschlagen kann. Daher ergibt die Summe über alle Teil-chengeschichten bei diesem Hintergrund eine große Amplitude. In der Summe über alle gekrümmten Raumzeitgeschichten ist die Wahrschein-lichkeit für diese spezielle Raumzeit recht hoch – das heißt, sie gehört zu den wahrscheinlicheren Geschichten. Doch wenn sich die Rotationsgeschwin-digkeit des Einstein-Universums dem kritischen Wert annähert, so daß seine äußeren Ränder Lichtgeschwindigkeit erreichen, gibt es nur noch eine Teil-chenbahn auf diesem Rand, die klassisch zulässig ist, diejenige nämlich, die

ROTATION IM FLACHEN RAUM

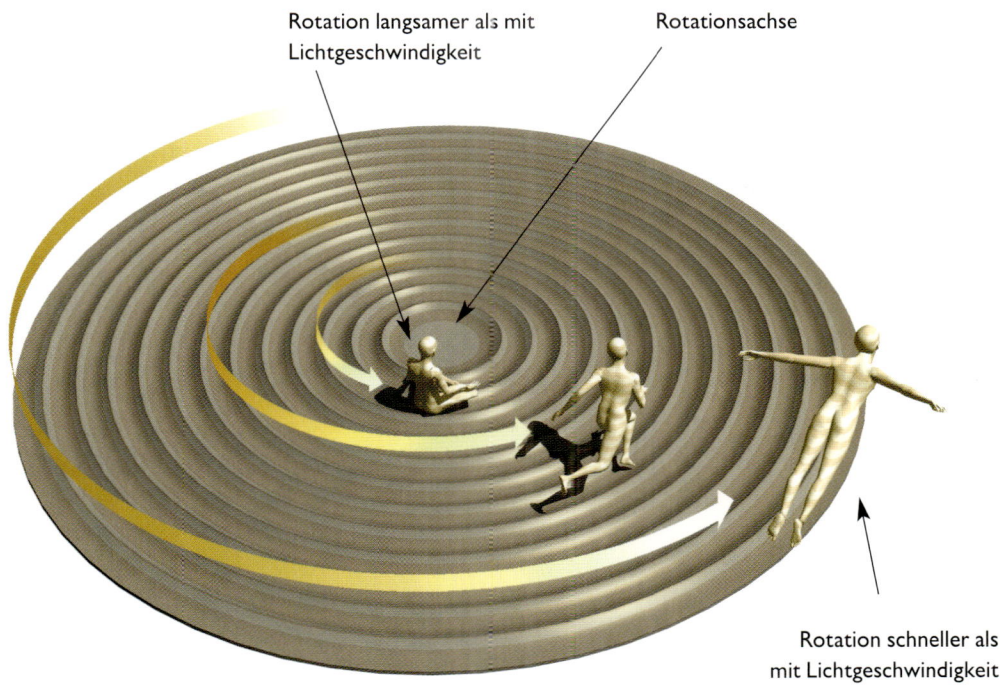

Rotation langsamer als mit Lichtgeschwindigkeit

Rotationsachse

Rotation schneller als mit Lichtgeschwindigkeit

einer Bewegung mit Lichtgeschwindigkeit entspricht. Das heißt, die Summe über Teilchengeschichten ist klein. Damit ist die Wahrscheinlichkeit dieser Hintergründe gering in der Summe über alle gekrümmten Raumzeitgeschichten. Mit anderen Worten, sie sind am unwahrscheinlichsten.

Was haben rotierende Einstein-Universen mit Zeitreisen und Zeitschleifen zu tun? Die Antwort lautet, sie sind mathematisch äquivalent mit anderen Hintergründen, die Zeitschleifen erlauben. Diese anderen Hintergründe sind Universen, die sich in zwei Raumrichtungen ausdehnen. In die dritte Raumrichtung expandieren die Universen nicht, denn sie ist periodisch, das heißt, wenn Sie eine gewisse Entfernung in dieser Richtung zurücklegen, kommen Sie wieder dort an, wo Sie aufgebrochen sind. Doch die periodische Raumrichtung dieser Universen hat noch eine weitere, sehr ungewöhnliche Eigenschaft: Jedesmal, wenn Sie einen Umlauf in der dritten Raumrichtung absolvieren, erhöht sich Ihre Geschwindigkeit in der ersten oder zweiten Richtung (Abb. 5.18, S. 160).

(Abb. 5.17)
Im flachen Raum werden sich Regionen eines in starrer Rotation befindlichen Körpers fern von der Achse schneller als das Licht bewegen.

HINTERGRUND MIT GESCHLOSSENEN ZEITARTIGEN KURVEN

Universum expandiert
in diese Richtung

Universum expandiert
nicht in diese Richtung

Gleichzusetzen, bis auf
eine Beschleunigung in
vertikaler Richtung

(Abb. 5.18)

Ist die Erhöhung der Geschwindigkeit gering, so gibt es keine Zeitschleifen. Betrachten wir jedoch eine Folge von Hintergründen mit steigenden Geschwindigkeitszuwächsen. Von einer bestimmten Zuwachsrate an, die wir die kritische Zuwachsrate nennen, treten Zeitschleifen auf. Es überrascht nicht sonderlich, daß dieser kritische Geschwindigkeitszuwachs der kritischen Rotationsgeschwindigkeit der Einstein-Universen entspricht.

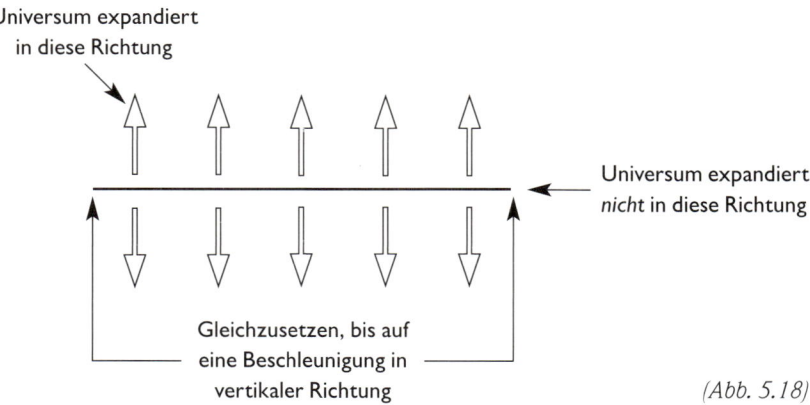

Da Berechnungen der Summe über Geschichten für diese Hintergründe mathematisch äquivalent sind, ergibt sich der Schluß, daß die Wahrscheinlichkeit dieser Hintergründe gegen null geht, wenn sie sich der Krümmung nähern, die für die Existenz von Zeitschleifen erforderlich ist. Mit anderen Worten, die Wahrscheinlichkeit, eine hinreichende Krümmung für eine Zeitmaschine zu haben, ist null. Das spricht für die Chronologieschutzvermutung, von der am Ende von Kapitel 2 die Rede war: Die Gesetze der Physik wirken so zusammen, daß Zeitreisen makroskopischer Objekte in die Vergangenheit verhindert werden.

Zwar erlaubt die Summe über Geschichten Zeitschleifen, doch ihre Wahrscheinlichkeiten sind außerordentlich gering. Ausgehend von den oben erwähnten Dualitätsargumenten halte

ich die Wahrscheinlichkeit, daß Kip Thorne in die Vergangenheit reisen und seinen Großvater umbringen kann, für kleiner als eins zu zehn mit einer Billion Billionen Billionen Billionen Billionen Nullen dahinter.

Das ist eine ziemlich geringe Wahrscheinlichkeit, aber wenn Sie sich das Bild von Kip genau ansehen, erkennen Sie an den Rändern vielleicht eine leichte Verschwommenheit. Die entspricht der geringen Wahrscheinlichkeit, daß irgendein Schuft aus der Zukunft in der Zeit zurückgereist ist und Kips Großvater umgebracht hat, so daß Kip in Wirklichkeit gar nicht vorhanden ist.

Als Spieler, die wir sind, würden Kip und ich darauf natürlich gern einen Einsatz riskieren. Leider können wir diesmal nicht miteinander wetten, weil wir auf der gleichen Seite stehen. Und mit jemand anders würde ich nicht wetten. Er könnte aus der Zukunft kommen und wissen, daß es Zeitreisen gibt.

Womöglich fragen Sie sich, ob dieses Kapitel nicht zum großen staatlichen Vertuschungsmanöver in Sachen Zeitreisen gehört. Vielleicht haben Sie recht.

Die Wahrscheinlichkeit, daß Kip in die Vergangenheit reisen und seinen Großvater umbringen könnte, ist $10^{-10^{00}}$
In Worten: geringer als eine 1, geteilt durch eine 10 mit einer Billion Billionen Billionen Billionen Billionen Nullen dahinter.

UNSERE ZUKUNFT:
STAR TREK ODER NICHT?

*Wie sich biologisches und elektronisches Leben
in immer schnellerem Tempo zu wachsender Komplexität entfaltet*

(Abb 6.1)

BEVÖLKERUNGSWACHSTUM

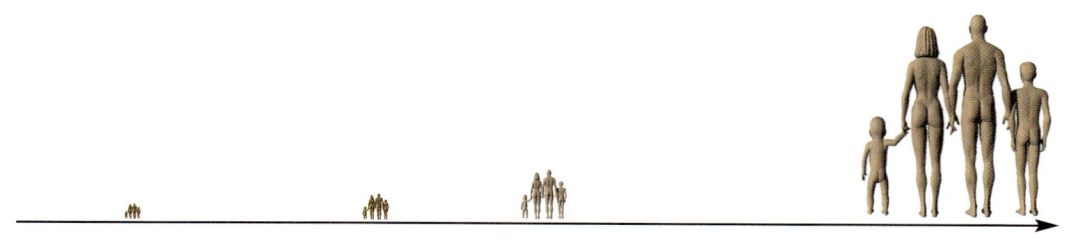

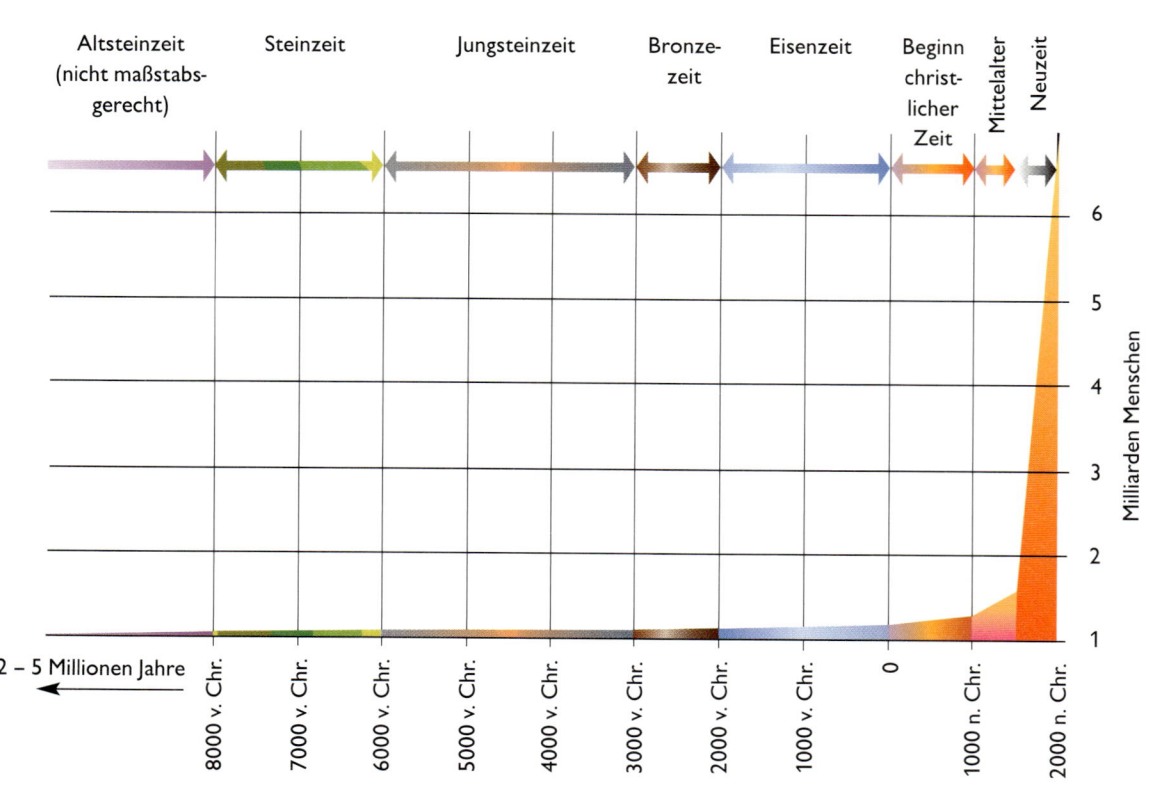

Newton, Einstein, Commander Data und ich bei einem Pokerspiel in einer Szene aus Star Trek.

S tar Trek verdankt seine Beliebtheit dem Umstand, daß es eine so sichere und tröstliche Zukunftsvision liefert. Ich bin selbst ein wenig ein *Star-Trek*-Fan, daher war ich leicht zu überreden, an einer Episode teilzunehmen, in der ich mit Newton, Einstein und Commander Data pokerte. Ich habe ihnen allen das Geld aus der Tasche gezogen, doch leider kam Alarmstufe Rot, so daß ich meinen Gewinn nicht einstreichen konnte.

Star Trek zeigt eine Gesellschaft, die hinsichtlich Wissenschaft, Technik und sozialer Organisation der unseren weit voraus ist. (Letzteres ist sicher nicht besonders schwer.) In der Zeit zwischen dem Hier und Jetzt und jener fernen Zukunft müssen große Umwälzungen stattgefunden haben, begleitet von entsprechenden Spannungen und Unruhen. Doch zu der Zeit, da *Star Trek* spielt, wird ein Zustand von Wissenschaft, Technik und gesellschaftlicher Organisation vorausgesetzt, der nahezu vollkommen ist.

Ich möchte dieses Bild in Frage stellen, weil ich meine Zweifel habe, ob wir jemals einen endgültigen Steady State – einen stationären Zustand – in unserer wissenschaftlichen und technischen Entwicklung erreichen werden. In keiner Phase während der rund zehntausend Jahre seit der letzten Eiszeit hat sich die Menschheit in einem Zustand konstanten Wissens und unveränderter Technik befunden. Es hat einige Rückschritte gegeben, etwa das Mittelalter nach dem Niedergang des Römischen Reiches, doch die Weltbevölkerung, die einen Maßstab abgibt für unsere technische Fähigkeit, uns am Leben zu erhalten und zu ernähren, zeigt eine stetig ansteigende Kurve, der nur der Schwarze Tod ein paar Dellen zufügen konnte (Abb. 6.1).

In den letzten zweihundert Jahren ist das Bevölkerungswachstum expo-

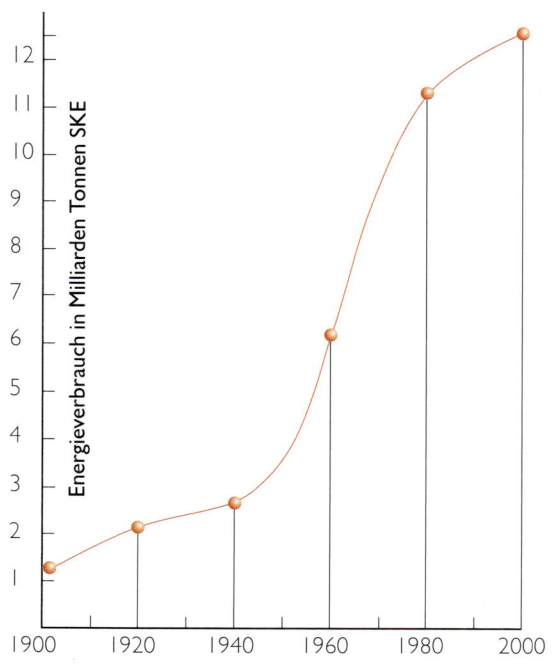

Weltweiter Stromverbrauch

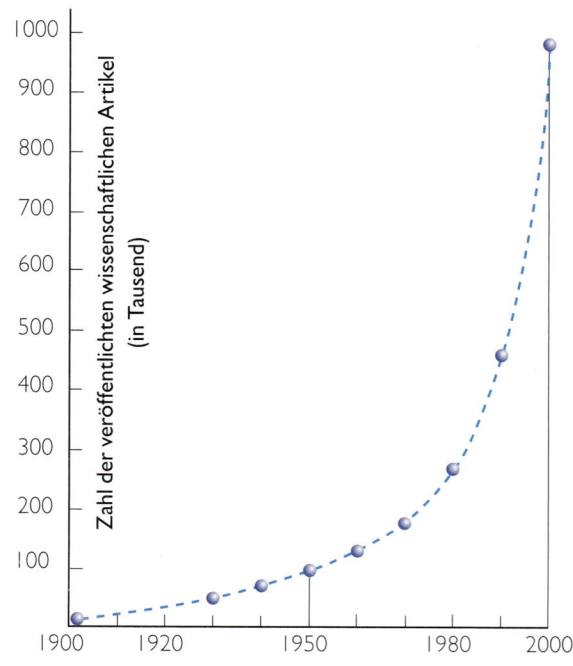

Weltweite Veröffentlichung wissenschaftlicher Artikel

(Abb. 6.2)
Links: Der weltweite Energiegesamt-
verbrauch in Milliarden Tonnen SKE
(Steinkohleneinheit), wobei 1 Tonne
SKE = 8,13 MW/h ist.

Rechts: Die Zahl der jährlich veröffent-
lichten wissenschaftlichen Artikel.
1900: 9000 Artikel,
1950: 90 000 Artikel,
2000: 900 000 Artikel.

nentiell geworden, das heißt, Jahr für Jahr nimmt die Weltbevölkerung um den gleichen Prozentsatz zu. Gegenwärtig liegt die jährliche Wachstumsrate bei 1,9 Prozent. Das klingt vielleicht nicht sehr dramatisch, bedeutet aber, daß sich die Weltbevölkerung alle vierzig Jahre verdoppelt.

Weitere Maßstäbe für die technische Entwicklung in jüngerer Zeit sind der Stromverbrauch und die Zahl der wissenschaftlichen Fachartikel (Abb. 6.2). Auch sie zeigen ein exponentielles Wachstum mit einer Verdopplung in weniger als vierzig Jahren. Nichts deutet darauf hin, daß die wissenschaftliche und technische Entwicklung sich in naher Zukunft verlangsamen und zum Stillstand kommen wird – gewiß nicht zur Zeit von *Star Trek*, das in einer nicht gar so fernen Zukunft spielen soll. Allerdings kann sich das gegenwärtige exponentielle Wachstum im nächsten Jahrtausend nicht ungebremst fortsetzen, würde doch sonst, wie das Bild auf Seite 167 zeigt, die Weltbevölkerung im Jahr 2600 Schulter an Schulter stehen und der Stromverbrauch die Erde zum Glühen bringen.

Würde man ständig alle Bücher, die neu veröffentlicht werden, hintereinanderlegen, müßten Sie neben der so entstehenden Schlange mit fast hundertfünfzig Stundenkilometern herfahren, um mit ihrem Ende Schritt zu

Im Jahr 2600 würde die Weltbevölkerung Schulter an Schulter stehen und der Stromverbrauch die Erde zum Glühen bringen.

halten. Natürlich würden im Jahre 2600 neue künstlerische und wissenschaftliche Arbeiten in elektronischer Form erscheinen und nicht mehr auf Papier. Dennoch, setzte sich das exponentielle Wachstum unvermindert fort, würden auf meinem Teilgebiet der theoretischen Physik zehn Artikel pro Sekunde erscheinen, und niemand hätte mehr die Zeit, sie alle zu lesen.

Offensichtlich also kann es mit dem gegenwärtigen exponentiellen Wachstum nicht unendlich weitergehen. Aber was wird geschehen? Eine Möglichkeit wäre, daß wir uns durch irgendeine Katastrophe, etwa einen Atomkrieg, vollkommen auslöschen. Es gibt einen traurigen Witz, dem zufolge Außerirdische bisher nur deshalb keinen Kontakt mit uns aufgenommen haben, weil Zivilisationen, die unser Entwicklungsstadium erreicht haben, instabil werden und sich selbst zerstören. Doch ich bin ein unverbesserlicher Optimist. Ich glaube nicht daran, daß die Menschheit es so weit gebracht haben soll, nur um sich dann ausgerechnet in einem Moment auszulöschen, wo es richtig interessant wird.

Die *Star-Trek*-Vision der Zukunft – daß wir ein fortgeschrittenes, aber im wesentlichen statisches Entwicklungsniveau erreichen – könnte sich allerdings in Hinblick auf unser Wissen über die Gesetze bewahrheiten, die das

KAPITEL 6

(Abb. 6.3)
Das Handlungsgerüst von Star Trek *beruht darauf, daß die* Enterprise *in der Lage ist, sich mit Warp-Antrieb sehr viel rascher als das Licht fortzubewegen. Doch wenn die Chronologieschutzthese richtig ist, müssen wir die Milchstraße mit raketenbetriebenen Raumschiffen erforschen, die langsamer als das Licht vorankommen.*

Universum bestimmen. Wie ich im nächsten Kapitel ausführen werde, gibt es möglicherweise eine endgültige Theorie, die wir in nicht allzu ferner Zukunft entdecken könnten. Von dieser endgültigen Theorie wird es abhängen, ob sich der *Star-Trek*-Traum vom Warp-Antrieb verwirklichen läßt. Nach heutigem Wissensstand müssen wir die Milchstraße mit hohem Zeitaufwand und mühsam erkunden, indem wir Raumschiffe verwenden, die langsamer als das Licht vorankommen, aber da wir noch keine vollständige vereinheitlichte Theorie haben, können wir den Warp-Antrieb auch nicht vollständig ausschließen (Abb. 6.3).

Andererseits kennen wir bereits die physikalischen Gesetze, die für so gut wie alle Situationen gelten, ausgenommen die allerextremsten: die Gesetze,

168

denen die Mannschaft der *Enterprise* – wenn auch nicht das Raumschiff selbst – unterworfen ist. Und trotzdem hat es nicht den Anschein, als würden wir in dem Gebrauch, den wir von diesen Gesetzen machen, oder in der Komplexität der Systeme, die wir mit ihnen erzeugen können, jemals einen stationären Zustand erreichen. Mit dieser Komplexität werde ich mich auf den restlichen Seiten dieses Kapitels befassen.

Das bei weitem komplexeste System, das wir kennen, ist unser Körper. Das Leben scheint in den Urmeeren entstanden zu sein, die die Erde vor vier Milliarden Jahren bedeckten. Wie das geschehen ist, wissen wir nicht. Vielleicht haben sich einfach durch Zufallskollisionen zwischen Atomen Makromoleküle gebildet, die sich selbst reproduzieren konnten und sich zu komplizierteren Strukturen zusammengefügt haben. Was wir wissen, ist, daß sich vor dreieinhalb Milliarden Jahren das äußerst komplexe DNS-Molekül gebildet hat.

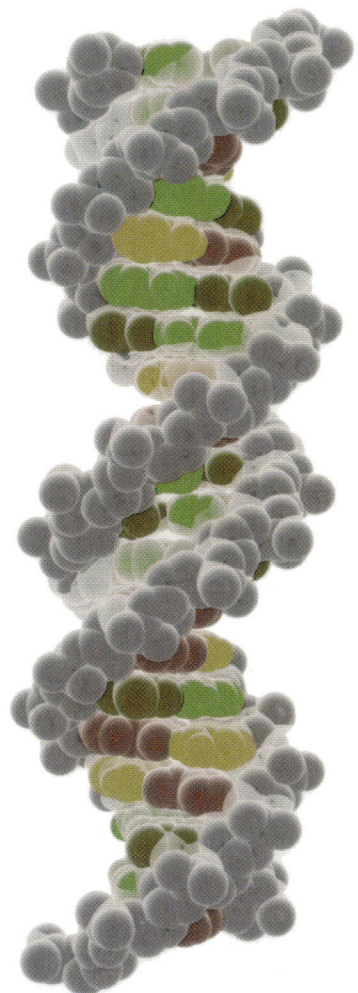

Die DNS ist die Grundlage für alles Leben auf der Erde. Ihre Struktur ist eine Doppelhelix, die aussieht wie eine Wendeltreppe und 1953 von Francis Crick und James Watson im Cavendish-Laboratorium der Universität Cambridge entdeckt wurde. Die beiden Stränge der Doppelhelix sind durch Basenpaare verbunden, die den Stufen einer Wendeltreppe ähneln. Vier Basen sind an ihrem Aufbau beteiligt: Cytosin, Guanin, Thymin und Adenin. Die Reihenfolge, in der die verschiedenen Basen im Verlauf der Wendeltreppe auftreten, trägt die genetische Information, die es dem DNS-Molekül ermöglicht, einen Organismus aufzubauen und sich zu reproduzieren. Wenn die DNS Kopien ihrer selbst anfertigt, treten gelegentlich Fehler in der Reihenfolge der Basenpaare entlang der Wendeltreppe auf. In den meisten Fällen ist die solchermaßen veränderte DNS nicht oder nur in verringertem Maße fähig, sich zu reproduzieren, was zur Folge hat, daß derartige genetische Fehler oder Mutationen, wie sie heißen, aussterben. Doch in einigen wenigen Fällen erhöht die Mutation die Aussichten der DNS, zu überleben und sich zu reproduzieren. Solche Veränderungen im genetischen Code werden begünstigt. Auf diese Weise entwickelt sich der Informationsgehalt in der Sequenz der Basenpaare allmählich zu immer größerer Komplexität (Abb. 6.4, S. 170).

Da die biologische Evolution im Prinzip eine Zufallswanderung durch den Raum aller genetischen Möglichkeiten ist, vollzieht sie sich sehr langsam. Die Komplexität oder die Zahl der Informationsbits, die in der DNS kodiert sind, entspricht ungefähr der Zahl der Basenpaare im Molekül. In den ersten rund zwei Milliarden Jahren dürfte die Zuwachsrate der Komplexität etwa ein Informationsbit pro hundert Jahren betragen haben. Die Zuwachsrate der DNS-Komplexität stieg allmählich auf rund ein Bit pro Jahr an, ein Standard, der während der letzten Jahrmillionen galt. Doch dann, vor etwa sechs- bis achttausend Jahren, vollzog sich ein neuer, wichtiger Schritt: Die Schrift-

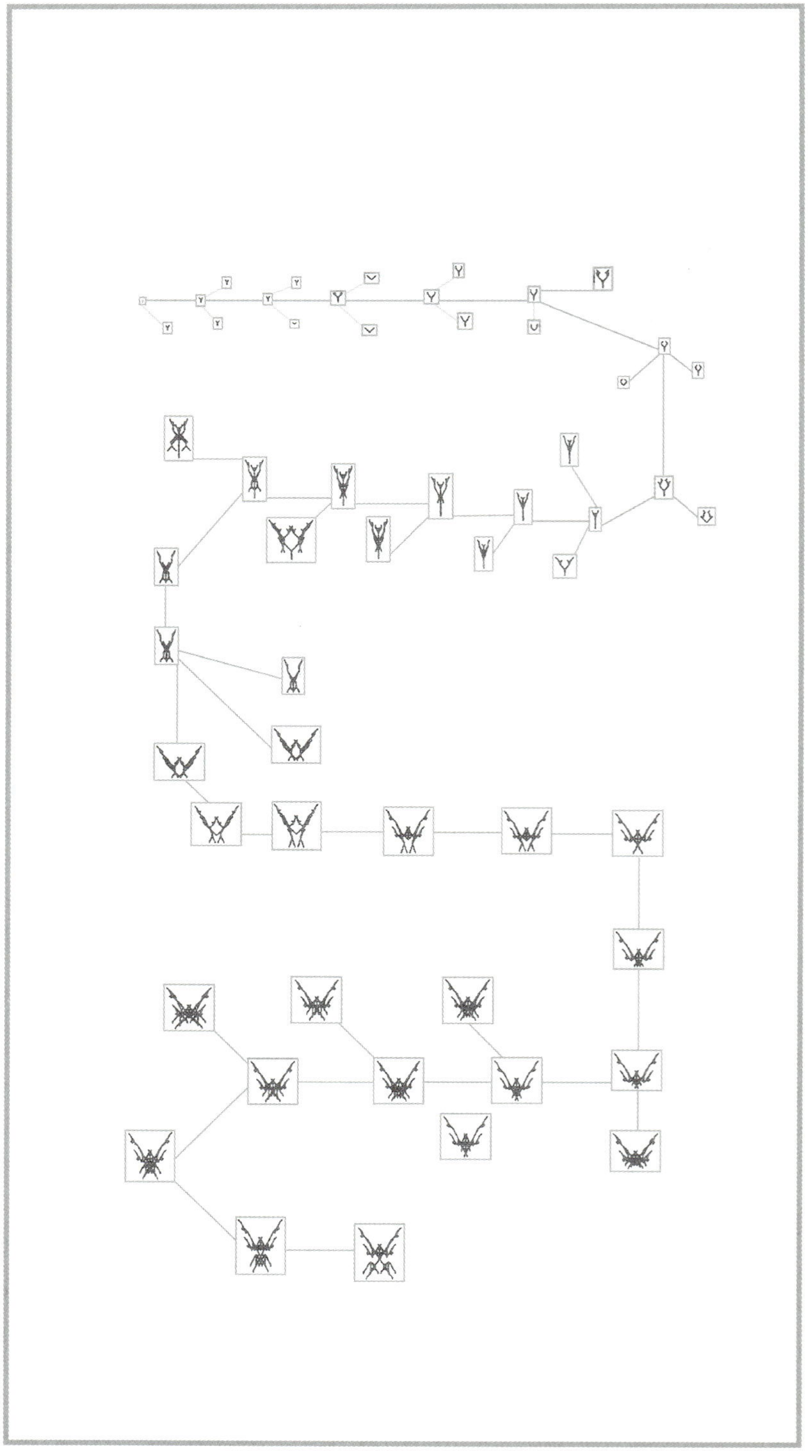

(Abb. 6.4)

FORTSCHREITENDE EVOLUTION
Rechts sehen Sie computergenerierte
Biomorphe, die sich in einem Programm des Biologen Richard Dawkins
entwickelt haben.

Das Überleben bestimmter Stamm-
linien hing von einfachen Merkmalen
ab – etwa »interessant«, »anders« oder
»insektenartig«.

Von einem einzigen Bildpunkt ausgehend, entwickelten sich die frühen
Zufallsgenerationen in einem Prozeß,
der der natürlichen Selektion ähnelte.
Dawkins züchtete eine insektenartige
Form bereits im Laufe der bemerkenswert kleinen Zahl von 29 Generationen (mit einer Reihe evolutionärer
Sackgassen).

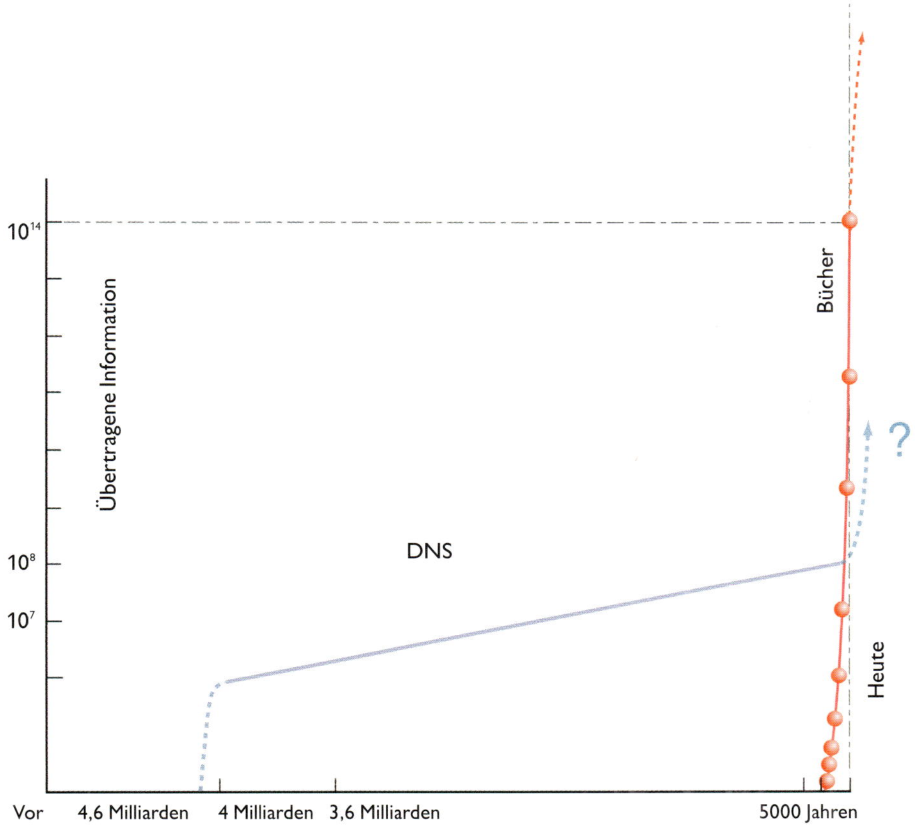

Übertragene Information

10¹⁴

Bücher

DNS

10⁸

10⁷

Heute

Vor 4,6 Milliarden 4 Milliarden 3,6 Milliarden 5000 Jahren

Die Entwicklung von Komplexität seit der Entstehung der Erde (nicht maßstabsgerecht).

sprache entwickelte sich. Von nun an konnten Informationen von einer Generation an die nächste weitergegeben werden, ohne daß man warten mußte, bis der überaus langsame Prozeß von Zufallsmutationen und natürlicher Selektion sie in die DNS-Sequenz kodierte. Das Maß an Komplexität stieg enorm an. Ein einziger Schmachtschinken könnte die Informationen enthalten, die den DNS-Unterschied zwischen Affen und Menschen ausmachen, und eine dreißigbändige Enzyklopädie könnte die gesamte DNS-Sequenz des Menschen wiedergeben (Abb. 6.5).

Noch wichtiger ist, daß sich die Informationen in Büchern rasch aktualisieren lassen. Die Rate, mit der die menschliche DNS gegenwärtig von der biologischen Evolution aktualisiert wird, beträgt ungefähr ein Bit pro Jahr. Hingegen werden jedes Jahr zweihunderttausend neue Bücher publiziert, das heißt, es entstehen pro Sekunde über eine Millionen Bit neuer Information. Natürlich ist der größte Teil dieser Information Müll, doch selbst wenn im Schnitt nur jedes millionste Bit von Nutzen ist, vollzieht sich dieser Prozeß immer noch hunderttausendmal so schnell wie die biologische Evolution.

Die gesamte menschliche DNS-Sequenz in 30 Bänden

(Abb. 6.5)

171

Die Züchtung von Embryonen außerhalb des menschlichen Körpers
wird größere Gehirne und damit höhere Intelligenzleistungen ermöglichen.

Diese Datenübertragung durch externe, nichtbiologische Mittel hat dazu geführt, daß die Menschheit die Welt beherrscht und die menschliche Bevölkerung exponentiell anwächst. Doch jetzt stehen wir an der Schwelle eines neuen Zeitalters, in dem wir in der Lage sein werden, die Komplexität unserer inneren Datenbank, der DNS, zu erhöhen, ohne abwarten zu müssen, daß der langsame Prozeß der biologischen Evolution dafür sorgt. In den letzten zehntausend Jahren hat es keine bedeutende Veränderung in der menschlichen DNS gegeben, doch in den nächsten tausend werden wir sie wahrscheinlich vollkommen umgestalten können. Natürlich werden viele Menschen verlangen, daß man gentechnische Eingriffe am Menschen verbietet, aber es ist zweifelhaft, ob wir es werden verhindern können. Gentechnische Veränderung von Pflanzen und Tieren wird man aus wirtschaftlichen Gründen gestatten, und mit Sicherheit wird irgend jemand diese Methoden am Menschen erproben. Wenn wir keine totalitäre Weltordnung bekommen, wird irgend jemand irgendwo Menschen gentechnisch »veredeln«.

Natürlich wird die Veredelung einiger Menschen zu großen sozialen und politischen Problemen hinsichtlich der nichtveredelten Menschen führen. Ich habe nicht die Absicht, die gentechnische Veränderung des Menschen als eine erstrebenswerte Entwicklung zu preisen, sondern möchte nur feststellen, daß sie stattfinden wird, ob wir es wollen oder nicht. Deshalb überzeugen mich Science-fiction-Visionen wie *Star Trek* nicht, in denen die Menschen in einer vierhundert Jahre entfernten Zukunft praktisch unverändert sind. Ich denke, die Menschheit und ihre DNS werden sehr rasch sehr viel komplexer werden. Wir sollten uns klarmachen, daß die Wahrscheinlichkeit für eine solche Entwicklung spricht, und uns überlegen, wie wir mit ihr umgehen wollen.

In gewisser Hinsicht muß die Menschheit ihre geistigen und körperlichen Eigenschaften sogar verbessern, wenn sie mit der immer komplexer werdenden Welt fertig werden und neuen Herausforderungen wie der Raumfahrt gewachsen sein will. Auch das Bestreben, die Überlegenheit biologischer Systeme gegenüber den elektronischen zu bewahren, erfordert eine Steigerung der menschlichen Komplexität. Im Augenblick liegt der einzige Vorteil der Computer in ihrer Geschwindigkeit, aber sie lassen noch keinerlei Anzeichen von Intelligenz erkennen. Das ist keine Überraschung, denn unsere heutigen Rechner sind weniger komplex als das Gehirn eines Regenwurms, einer Spezies, die nicht gerade für ihre Geistesblitze bekannt ist.

Doch Computer gehorchen dem Mooreschen Gesetz: Ihre Geschwindigkeit und Komplexität verdoppeln sich alle achtzehn Monate (Abb. 6.6, S. 174). Auch das ist eine dieser exponentiellen Wachstumsraten, die ganz offensichtlich nicht endlos andauern können. Wahrscheinlich aber wird sie sich fortsetzen, bis Computer eine ähnliche Komplexität wie das menschliche Gehirn besitzen. Einige Menschen behaupten, Computer würden niemals in

Gegenwärtig wird die Rechenleistung unserer Computer von dem Gehirn eines schlichten Regenwurms übertroffen.

173

(Abb. 6.6)

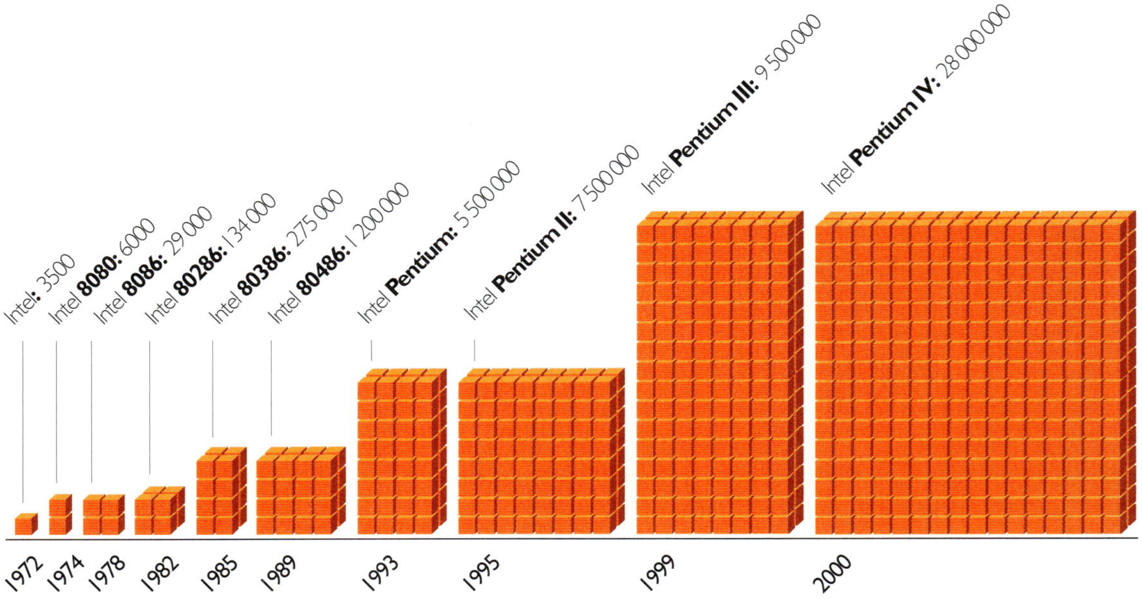

Intel: 3500
Intel **8080:** 6000
Intel **8086:** 29 000
Intel **80286:** 134 000
Intel **80386:** 275 000
Intel **80486:** 1 200 000
Intel **Pentium:** 5 500 000
Intel **Pentium II:** 7 500 000
Intel **Pentium III:** 9 500 000
Intel **Pentium IV:** 28 000 000

1972 1974 1978 1982 1985 1989 1993 1995 1999 2000

Das exponentielle Wachstum der
Rechenleistung von Produkten eines
CPU-Herstellers, von 1972 bis zu einer
vorsichtigen Schätzung für das Jahr
2007. Die Zahl hinter der Bezeichnung
des Chips gibt die Rechenoperationen
pro Sekunde an.

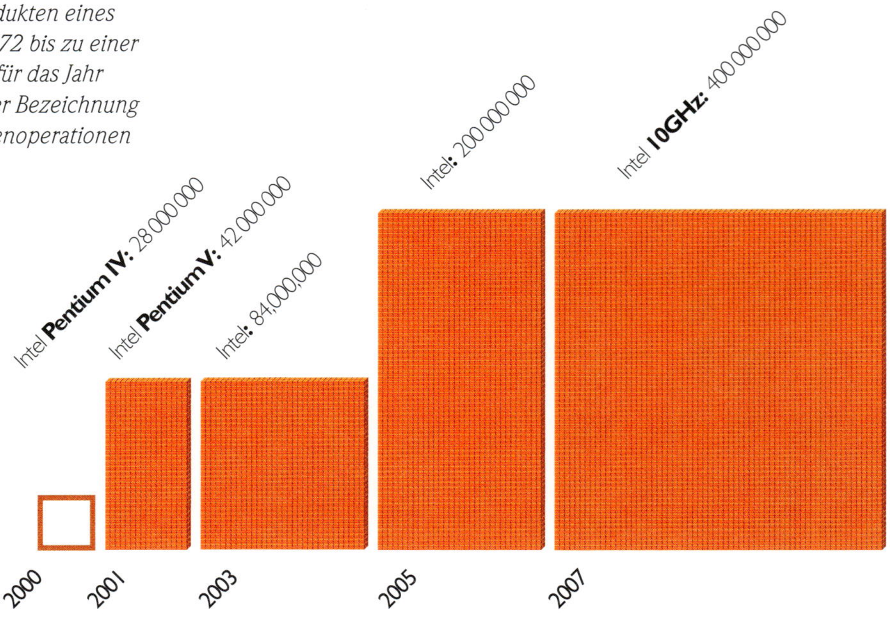

Intel **Pentium IV:** 28 000 000
Intel **Pentium V:** 42 000 000
Intel: 84 000 000
Intel: 200 000 000
Intel **10GHz:** 400 000 000

2000 2001 2003 2005 2007

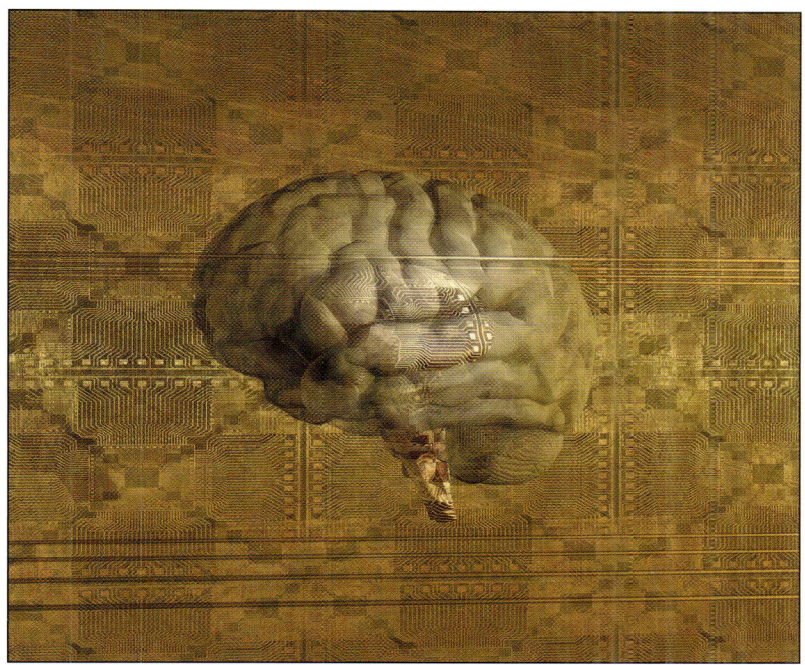

Neuronale Implantate werden für verbesserte Gedächtnisleistungen und die Speicherung kompletter Informationspakete sorgen, etwa das perfekte Erlernen einer Sprache oder des Inhalts dieses Buches in Minutenschnelle. Dergestalt veränderte Menschen werden kaum noch Ähnlichkeit mit uns haben.

der Lage sein, echte Intelligenz zu entwickeln, was auch immer das sein mag. Doch wenn komplizierte chemische Moleküle im Menschen so zusammenwirken können, daß sie diesen mit Intelligenz ausstatten, dann sehe ich nicht ein, was ebenso komplizierte elektronische Schaltkreise daran hindern sollte, Computer zu intelligentem Verhalten zu befähigen. Und sobald die Computer einmal intelligent sind, können sie wahrscheinlich Computer von noch größerer Komplexität und Intelligenz konstruieren.

Gibt es für diese Zunahme an biologischer und elektronischer Komplexität eine natürliche Grenze? Im biologischen Bereich war die Grenze der menschlichen Intelligenz bisher durch die Größe des Gehirns vorgegeben, das noch durch den Geburtskanal passen muß. Nachdem ich der Geburt meiner drei Kinder beigewohnt habe, weiß ich, wie schwer es ist, den Kopf herauszubekommen. Aber ich schätze, daß es uns im Laufe der nächsten hundert Jahre gelingen wird, Föten außerhalb des menschlichen Körpers wachsen zu lassen, so daß diese Einschränkung entfallen wird. Letztlich werden die Versuche, das menschliche Gehirn gentechnisch zu vergrößern, auf das Problem stoßen, daß die chemischen Botenstoffe des Körpers, die für unsere geistige Aktivität sorgen, relativ langsam sind. Das heißt, alle weiteren Komplexitätszuwächse des Gehirns würden auf Kosten der Geschwindigkeit gehen. Wir können schlagfertig oder sehr intelligent sein, aber nicht beides. Trotzdem denke ich, daß wir erheblich intelligenter werden können als die meisten Figuren in *Star Trek* — was ja auch nicht weiter schwierig ist.

EINE KURZE GESCHICHTE DES UNIVERSUMS

EREIGNISSE (nicht maßstabsgerecht)

0,00003 Milliarden Jahre.
Der Urknall und ein inflationäres Universum, das feurig und lichtundurchlässig ist.

Entkopplung von Materie und Energie. Das Universum wird transparent.

1 Milliarde Jahre. Materiehaufen bilden Protogalaxien, die schwere Kerne synthetisieren.

3 Milliarden Jahre. Galaxien, die vom Hubble-Weltraumteleskop bei seiner »Deep Field Exploration« aufgenommen wurden.

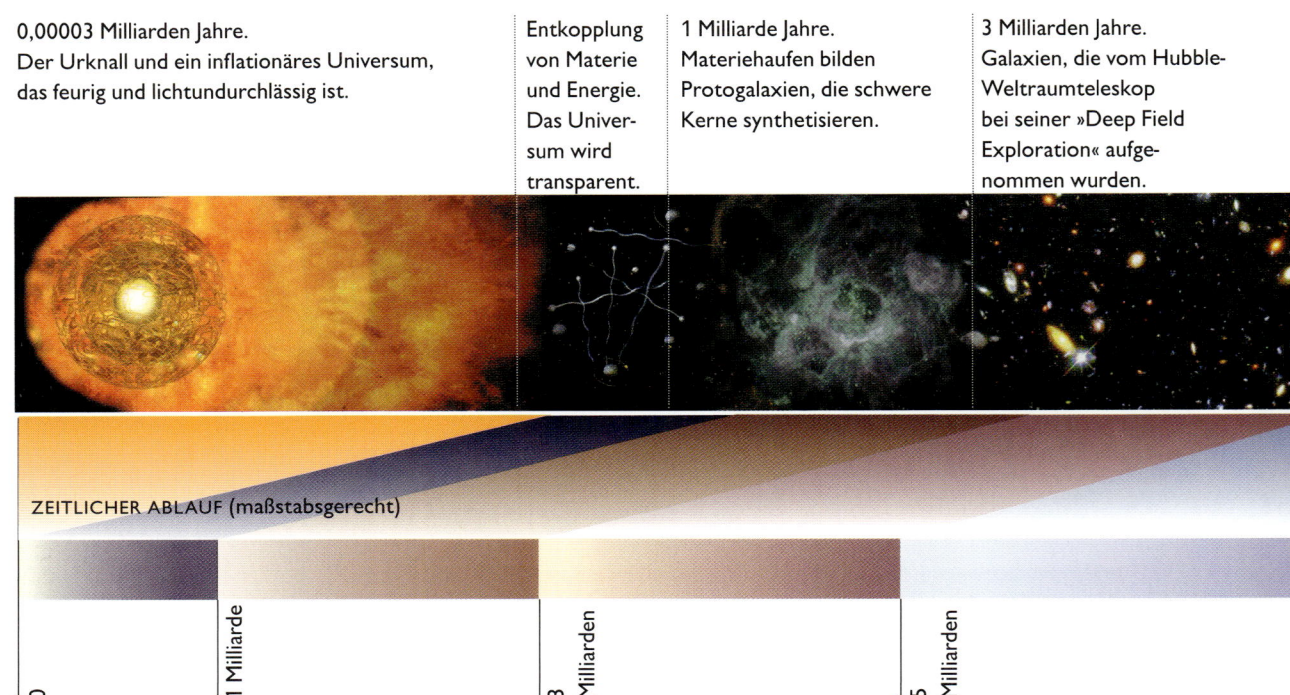

ZEITLICHER ABLAUF (maßstabsgerecht)

0   1 Milliarde   3 Milliarden   5 Milliarden

(Abb. 6.7)
Menschen gibt es erst seit einem winzigen Bruchteil der Geschichte des Universums. (Wäre dieses Schaubild maßstabsgerecht und gäbe man die Dauer menschlicher Existenz durch einen Balken von sieben Zentimeter Länge wieder, wäre die gesamte Geschichte des Universums mehr als einen Kilometer lang.) Jedes außerirdische Leben, dem wir begegnen würden, wäre wahrscheinlich weit primitiver oder weit fortgeschrittener als wir.

Auch bei elektronischen Schaltkreisen werden wir uns zwischen Komplexität und Geschwindigkeit entscheiden müssen. In diesem Falle sind die Signale jedoch elektrisch, das heißt, sie breiten sich mit Lichtgeschwindigkeit aus, die natürlich viel höher ist als die Geschwindigkeit der chemischen Übertragung von Information. Trotzdem erweist sich die Lichtgeschwindigkeit bereits heute als praktische Hürde für die Entwicklung schnellerer Computer. Noch kann man Abhilfe schaffen, indem man die Schaltkreise verkleinert, doch schließlich wird die atomare Struktur der Materie eine letzte Grenze setzen. Allerdings wird es noch eine Zeitlang dauern, bis wir an diese Barriere gelangen.

Eine andere Möglichkeit, die Komplexität elektronischer Schaltkreise bei gleichbleibender Geschwindigkeit zu erhöhen, ist die Nachahmung des menschlichen Gehirns. Das Gehirn hat nicht nur *eine* Zentraleinheit (CPU), die alle Befehle nacheinander verarbeitet. Vielmehr verfügt es über Millionen Prozessoren, die gleichzeitig zusammenarbeiten. Solche Systeme mit massiv-

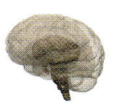

Es bilden sich neue Galaxien wie unsere eigene mit schwereren Kernen.

Entstehung unseres Sonnensystems mit Planeten und ihren Umlaufbahnen.

Vor 3,5 Milliarden Jahren erscheinen die ersten Lebensformen.

0,0005 Milliarden Jahre vor unserer Zeit: Auftreten der ersten Menschen.

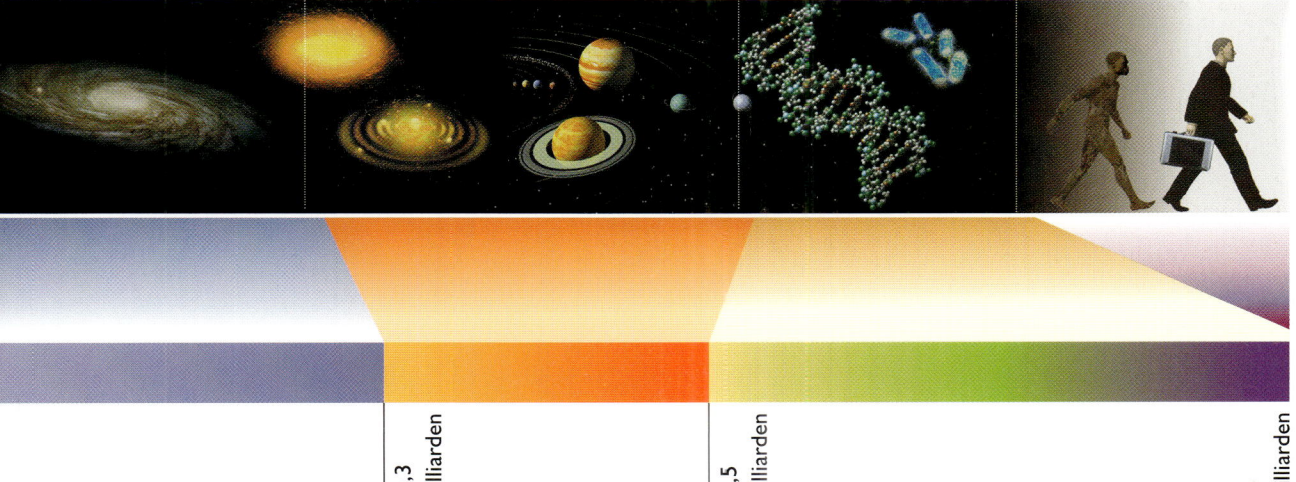

10,3 Milliarden

11,5 Milliarden

15 Milliarden

parallelen Rechenoperationen werden auch die Zukunft der elektronischen Intelligenz bestimmen.

Unter der Voraussetzung, daß wir uns in den nächsten hundert Jahren nicht selbst zerstören, werden wir zunächst zu den Planeten des Sonnensystems aufbrechen und dann zu den benachbarten Sternen. Aber es wird nicht sein wie in *Star Trek* oder *Babylon 5*, mit einer neuen Spezies von Fastmenschen in nahezu jedem Sternensystem. In ihrer gegenwärtigen Form gibt es die Menschheit erst seit zwei Millionen Jahren, während seit dem Urknall rund fünfzehn Milliarden Jahre vergangen sind (Abb. 6.7).

Selbst wenn sich also Leben in anderen Sternensystemen entwickelt haben sollte, ist die Wahrscheinlichkeit, daß wir es in einem menschenähnlichen Stadium antreffen, sehr gering. Die außerirdischen Lebensformen, auf die wir stoßen könnten, werden entweder sehr viel primitiver oder sehr viel fortgeschrittener sein. Sind die Außerirdischen fortgeschrittener, stellt sich

*DIE BIOLOGISCH-ELEKTRONISCHE
SCHNITTSTELLE*

*Schon in zwanzig Jahren könnte ein Tausend-
Dollar-Computer so komplex wie das menschliche Gehirn sein. Vielleicht werden Parallel-
prozessoren die Funktionen unseres Gehirns
nachahmen und dafür sorgen, daß sich
Computer intelligent und bewußt verhalten.*

*Neuronale Implantate könnten weitaus
schnellere Schnittstellen zwischen Gehirn und
Computern schaffen und auf diese Weise den
Abstand zwischen biologischer und elektronischer Intelligenz aufheben.*

*Bereits in naher Zukunft werden die meisten
geschäftlichen Transaktionen wahrscheinlich
zwischen Cyberpersönlichkeiten über das
Internet abgewickelt werden.*

*Schon in zehn Jahren werden sich viele von
uns für eine virtuelle Existenz im Netz sowie
für Cyberfreundschaften und Cyberbeziehungen
entscheiden.*

*Die Entschlüsselung des menschlichen
Genoms wird zweifellos große medizinische
Fortschritte mit sich bringen, uns aber auch in
die Lage versetzen, die Komplexität der
menschlichen DNS-Struktur im Laufe der
nächsten Jahrhunderte erheblich zu steigern.
Die Gentechnik könnte die menschliche
Evolution ersetzen, indem sie den Bauplan des
Menschen verändert, was völlig neue ethische
Fragen aufwerfen wird.*

*Raumfahrten über unser Sonnensystem hinaus
werden vermutlich nur mit gentechnisch
veränderten Menschen oder mit unbemannten,
computergesteuerten Raumsonden möglich
sein.*

die Frage, warum sie sich nicht über die Milchstraße verbreitet und die Erde besucht haben. Wären Außerirdische hier gewesen, hätten wir es bemerkt: Der Besuch hätte mehr Ähnlichkeit mit den Film *Independence Day* gehabt als mit *E.T.*

Wie also ist dieses Ausbleiben außerirdischer Besucher zu erklären? Es wäre denkbar, daß es im Weltall eine weit fortgeschrittene Lebensform gibt, die von unserer Existenz weiß, aber es vorzieht, uns in unseren primitiven Säften schmoren zu lassen. Allerdings ist es zweifelhaft, ob sie so viel Rücksicht gegenüber einer niederen Lebensform walten ließen: Kümmern sich die Menschen in der Regel darum, wie viele Insekten und Regenwürmer sie unter ihren Füßen zerquetschen? Eine vernünftigere Erklärung lautet, daß entweder die Entwicklung von Leben auf anderen Planeten oder die Entwicklung von Intelligenz in diesen Lebewesen eine sehr geringe Wahrscheinlichkeit besitzt. Da wir uns für intelligent halten — worüber sich streiten läßt —, neigen wir dazu, Intelligenz als eine unvermeidliche Konsequenz der Evolution anzusehen, eine Auffassung, die in Frage gestellt werden kann. Es steht keineswegs fest, daß Intelligenz einen großen Überlebenswert hat. Bakterien kommen sehr gut ohne Intelligenz zurecht und würden selbst dann überleben, wenn uns unsere sogenannte Intelligenz eines Tages dazu veranlassen sollte, uns in einem Atomkrieg auszulöschen. Wenn wir die Milchstraße erkunden, werden wir also vielleicht auf primitive Lebensformen stoßen, aber wahrscheinlich nicht auf Wesen wie uns.

Die Zukunft der Wissenschaft wird wenig Ähnlichkeit mit dem tröstlichen Bild haben, das *Star Trek* zeichnet: ein Universum, das von vielen humanoiden Rassen bevölkert wird, mit einer fortgeschrittenen, aber im wesentlichen statischen Wissenschaft und Technik. Ich denke vielmehr, daß wir auf uns allein gestellt sein und über eine rasch anwachsende biologische und elektronische Komplexität verfügen werden. Davon wird in den nächsten hundert Jahren noch nicht viel zu spüren sein — das ist der Zeitraum, über den sich in dieser Hinsicht halbwegs zuverlässige Vorhersagen machen lassen. Doch am Ende des nächsten Jahrtausends, wenn die Menschheit es denn erleben sollte, wird sich die reale Welt von *Star Trek* grundlegend unterscheiden.

Hat Intelligenz eine langfristige Überlebenschance?

SCHÖNE NEUE BRANWELT

Leben wir auf einer Bran,
oder sind wir einfach Hologramme?

Hier könnten
Drachen hausen

(Abb. 7.1)
Die M-Theorie ist wie ein Puzzle. Die
Teile am Rand sind verhältnismäßig leicht
zu erkennen und zusammenzufügen,
aber wir wissen nicht recht, was in der
Mitte geschieht, wo wir nicht näherungs-
weise annehmen können, der eine oder
andere Parameter des Modells sei klein.

Wie wird unsere Entdeckungsreise in Zukunft verlaufen? Werden wir Erfolg haben mit der Suche nach der Weltformel, nach einer vollständigen, vereinheitlichten Theorie, die die Grundlagen des Universums und all dessen, was in ihm enthalten ist, vollständig erklärt? Wie in Kapitel 2 erläutert, haben wir mit der M-Theorie möglicherweise schon die Theorie für Alles gefunden. Diese Theorie hat, zumindest soweit wir wissen, nicht nur eine einzige Formulierung. Vielmehr haben wir ein ganzes Netz auf den ersten Blick verschiedener Theorien entdeckt, die alle Näherungen der gleichen fundamentalen Theorie zu sein scheinen, jede nützlich für Berechnungen in unterschiedlichen Situationen, so wie Newtons Gravitationsgesetz eine Näherung der allgemeinen Relativitätstheorie Einsteins ist, brauchbar in Situationen mit schwachen Gravitationsfeldern. Die M-Theorie ist wie ein Puzzle: Am leichtesten lassen sich die Teile an den Rändern erkennen und zusammenfügen, also diejenigen Bereiche der M-Theorie, in denen bestimmte Parameter der Theorie klein sind. Wir haben jetzt eine ziemlich genaue Vorstellung von diesen Rändern, doch in der Mitte des M-Theorie-Puzzles klafft noch ein großes Loch. Wir wissen nicht, was dort vor sich geht (Abb. 7.1). Solange wir dieses Loch nicht gefüllt haben, dürfen wir wahrlich nicht behaupten, wir hätten die Weltformel entdeckt.

Was befindet sich im Zentrum der M-Theorie? Werden wir Drachen (oder ähnlich exotische Geschöpfe) entdecken, wie sie auf den weißen Flecken alter Karten abgebildet sind? In der Vergangenheit sind wir immer wieder auf unerwartete neue Phänomene gestoßen, sobald wir den Bereich unserer Beobachtungen auf kleinere Skalen ausgedehnt haben. Zu Beginn des 20. Jahrhunderts haben wir die Vorgänge in der Natur auf den Größenskalen der klassischen Physik verstanden, die von interstellaren Entfernungen bis zu rund einem hundertstel Millimeter reichen. Die klassische Physik ging von der Annahme aus, die Materie sei ein kontinuierliches Medium mit Eigenschaften wie Elastizität und Viskosität, doch dann häuften sich die Indizien, die darauf hindeuteten, daß Materie nicht homogen, sondern körnig ist, daß

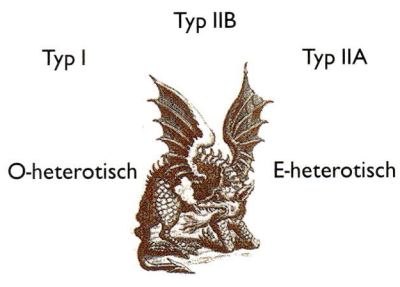

Typ IIB

Typ I   Typ IIA

O-heterotisch   E-heterotisch

Elfdimensionale Supergravitation

183

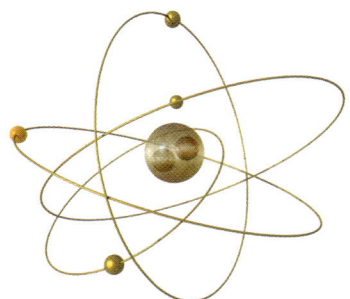

(Abb. 7.2)
Rechts: Das klassische unteilbare Atom.
Ganz rechts: Ein Atom mit Elektronen, die einen Kern aus Protonen und Neutronen umkreisen.

(Abb. 7.3)
Oben: Ein Proton besteht aus zwei up-Quarks, jedes mit einer elektrischen Ladung von plus zwei Drittel, und einem down-Quark mit einer Ladung von minus ein Drittel.
Unten: Ein Neutron besteht aus zwei down-Quarks, jedes mit einer Ladung von minus ein Drittel, und einem up-Quark, das eine Ladung von plus zwei Drittel besitzt.

sie aus winzigen diskreten Bausteinen, den Atomen, besteht. Das Wort »Atom« kommt aus dem Griechischen und bedeutet »unteilbar«, aber es stellte sich rasch heraus, daß auch die Atome nicht unteilbar sind, sondern aus Elektronen bestehen, die einen Kern aus Protonen und Neutronen umkreisen (Abb. 7.2).

Die atomphysikalische Forschung in den ersten dreißig Jahren des 20. Jahrhunderts erweiterte unser Verständnis bis hin zu Größenskalen von weniger als einem millionstel Millimeter. Dann entdeckten wir, daß Protonen und Neutronen aus noch kleineren Teilchen bestehen, den Quarks (Abb. 7.3).

Die jüngste Forschung in der Kern- und Hochenergiephysik hat uns zu Längenskalen vorstoßen lassen, die noch einmal um einen Faktor von einer Milliarde kleiner sind. Es mag vielleicht so aussehen, als könnten wir den Weg ins Innere der Natur endlos fortsetzen und Strukturen auf immer kleineren und kleineren Skalen entdecken. Doch diese Reihe hat genauso ein Ende wie die Reihe der russischen Matrjoschkas, die in immer kleineren Matrjoschkas enthalten sind (Abb. 7.4).

Irgendwann gelangen wir zu der kleinsten Puppe, die sich nicht mehr öffnen läßt. In der Physik heißt die kleinste Puppe Planck-Länge. Um zu noch kürzeren Abständen vorzudringen, müßte man einem Sondenteilchen so viel Energie zuführen, daß sich darum herum der Ereignishorizont eines winzigen Schwarzen Lochs ausbilden würde. Der Horizont wiederum entzöge die kleineren Abstände, die wir untersuchen wollten, unseren Blicken. Die fundamentale Planck-Länge in der M-Theorie kennen wir nicht genau, doch möglicherweise ist sie nicht größer als ein Millimeter geteilt durch

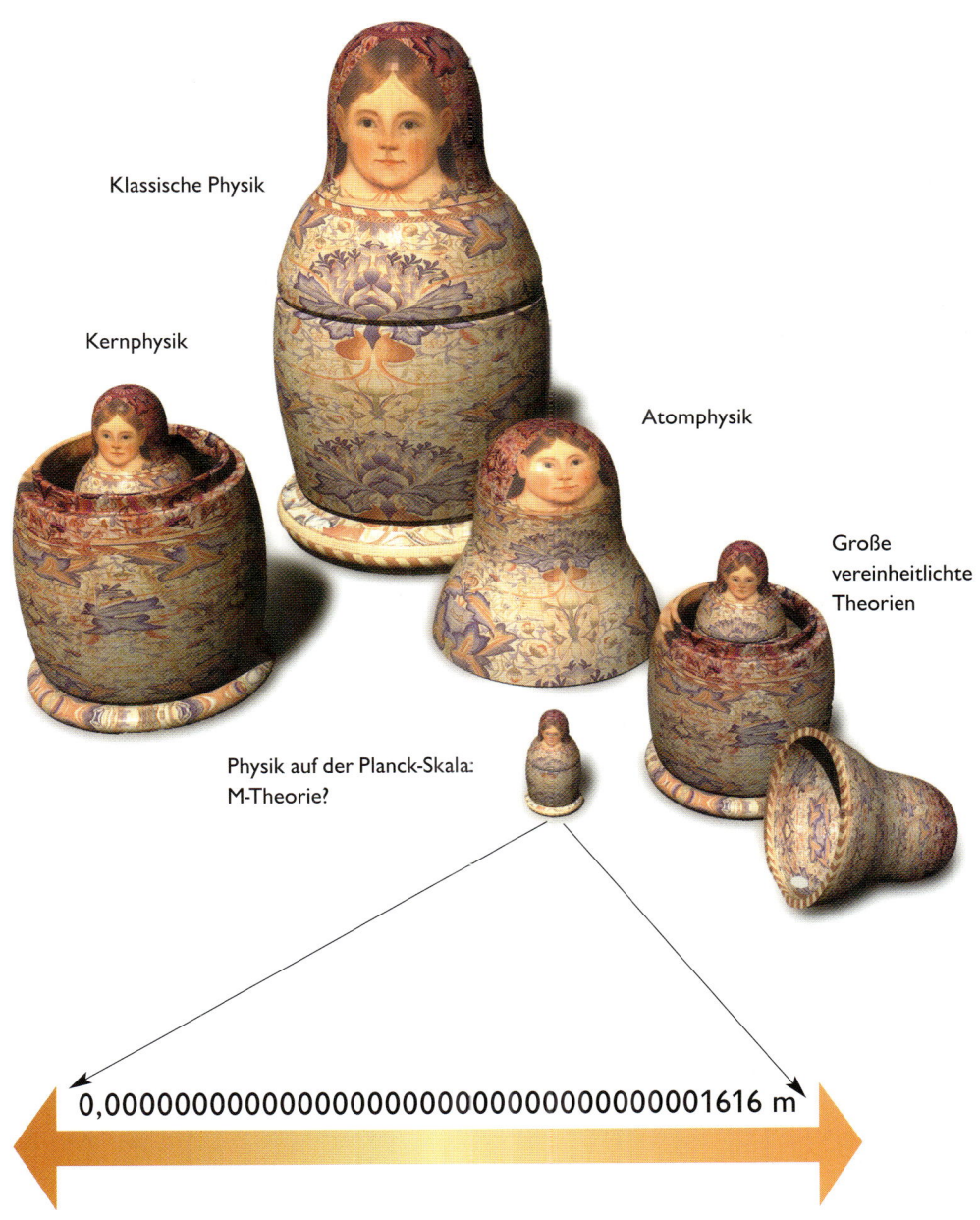

Klassische Physik

Kernphysik

Atomphysik

Große
vereinheitlichte
Theorien

Physik auf der Planck-Skala:
M-Theorie?

0,00000000000000000000000000000001616 m

(Abb. 7.4)   Jede Puppe steht für ein theoretisches Naturverständnis bis hinab zu einer bestimmten Längenskala. Jede enthält eine kleinere Puppe, das heißt, eine Theorie, die die Natur auf noch kleineren Skalen beschreibt. Aber es gibt eine kleinste fundamentale Länge in der Physik, die Planck-
Länge, eine Skala, auf der die Natur möglicherweise durch die M-Theorie beschrieben wird.

(Abb. 7.5)
Ein Beschleuniger, der erforderlich ist, um Aufschluß über so kleine Abstände wie die Planck-Länge zu geben, wäre größer als der Durchmesser des Sonnensystems.

hunderttausend Milliarden Milliarden Milliarden. Es ist nicht geplant, Teilchenbeschleuniger zu bauen, die so kleine Abstände erfassen könnten. Solche Beschleuniger müßten größer als das Sonnensystem sein und hätten im gegenwärtigen finanziellen Klima ziemlich schlechte Aussichten, bewilligt zu werden (Abb. 7.5).

Allerdings gibt es eine hochinteressante neue Entwicklung, die es möglich erscheinen läßt, daß wir zumindest einige Drachen der M-Theorie leichter (und kostengünstiger) entdecken könnten. Wie ich in den Kapiteln 2 und 3 ausgeführt habe, besitzt die Raumzeit im M-theoretischen Netz mathematischer Modelle zehn oder elf Dimensionen. Bis in jüngste Zeit dachte man, die sechs oder sieben zusätzlichen Dimensionen seien alle sehr eng zusammengerollt. Das Erscheinungsbild solcher Dimensionen wäre dem eines menschlichen Haars analog (Abb. 7.6): Wenn Sie ein Haar unter einem Vergrößerungsglas betrachten, können Sie erkennen, daß es auch eine gewisse Dicke besitzt, doch mit bloßem Auge sehen Sie nur seine Länge und keine weitere Dimension. Ähnlich könnte es sich mit der Raumzeit verhalten: Auf menschlicher, atom- oder sogar kernphysikalischer Größenskala könnte sie vierdimensional und fast flach erscheinen. Würden wir jedoch unter Verwendung

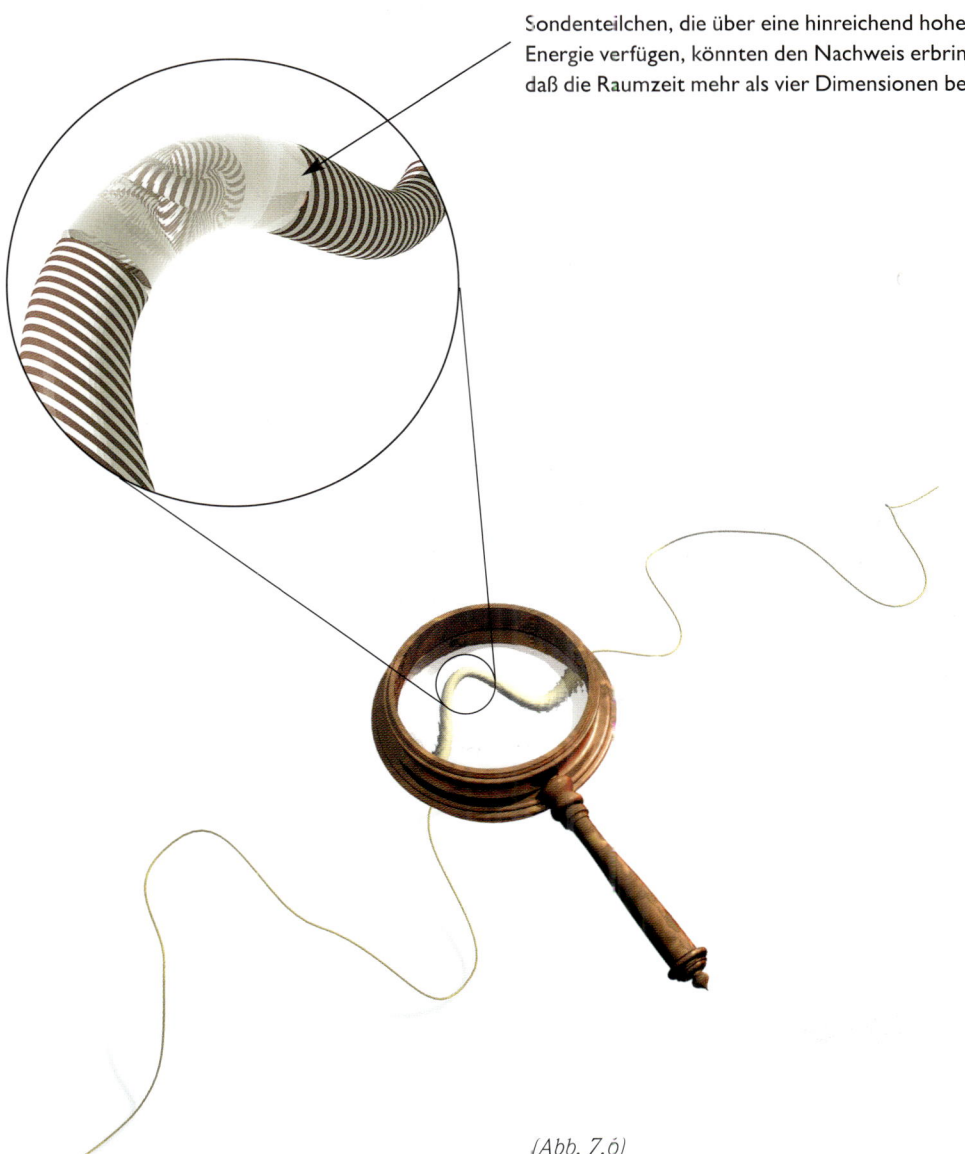

Sondenteilchen, die über eine hinreichend hohe
Energie verfügen, könnten den Nachweis erbringen,
daß die Raumzeit mehr als vier Dimensionen besitzt.

(Abb. 7.6)
Für das bloße Auge sieht ein Haar wie eine Linie aus.
Es scheint nur eine Dimension zu haben: die Länge.
Entsprechend könnte sich die Raumzeit, die uns
vierdimensional erscheint, als zehn- oder elfdimen-
sional erweisen, wenn sie mit sehr energiereichen
Teilchen erforscht wird.

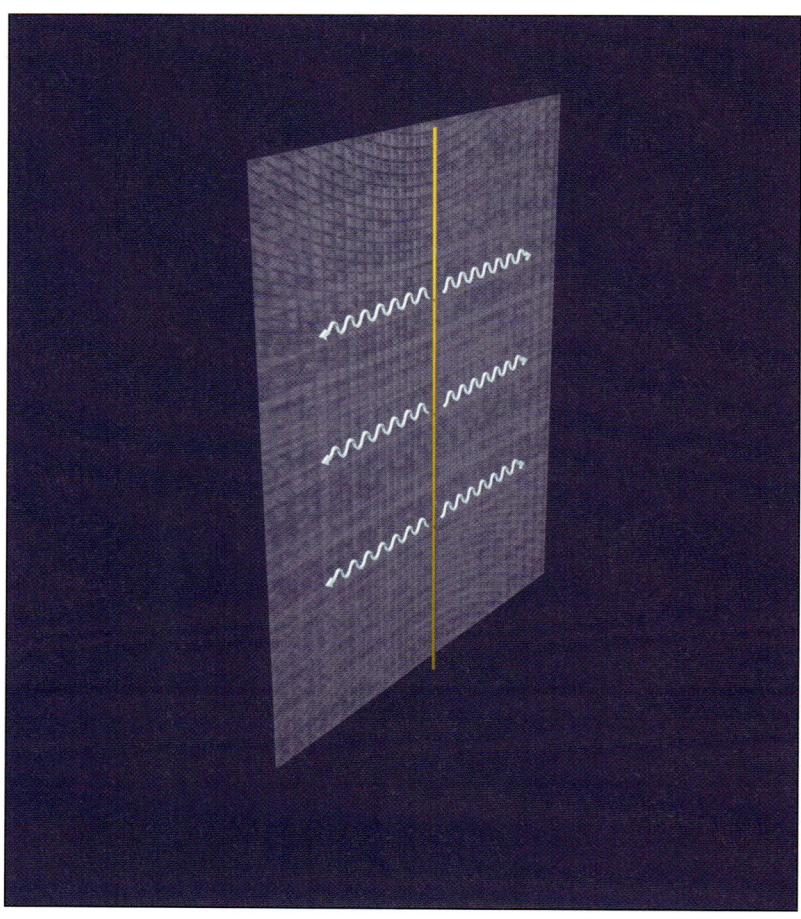

(Abb. 7.7)
BRANWELTEN
Die elektrischen Kräfte wären auf
die Bran beschränkt und nähmen in
dem Maße ab, das erforderlich wäre,
um Elektronen mit stabilen Orbits
um Atomkerne auszustatten.

außerordentlich energiereicher Teilchen sehr kurze Abstände untersuchen, müßte deutlich werden, daß die Raumzeit zehn- oder elfdimensional ist.

Wären alle zusätzlichen Dimensionen sehr klein, dann wäre es äußerst schwierig, sie auf diese Art nachzuweisen. Doch kürzlich wurde die Vermutung geäußert, eine der Zusatzdimensionen könnte vergleichsweise groß oder sogar unendlich ausgedehnt sein. Diese Idee hat (zumindest für einen Positivisten wie mich) den großen Vorteil, daß sie sich von der nächsten Generation der Teilchenbeschleuniger oder durch hochempfindliche kurzreichweitige Messungen der Gravitationskraft erfassen läßt. Derartige Beobachtungen könnten entweder zu dem Beweis führen, daß die These falsch ist, oder das Vorhandensein anderer Dimensionen experimentell bestätigen.

Große Zusatzdimensionen sind eine faszinierende neue Entwicklung bei unserer Suche nach dem endgültigen Modell oder der endgültigen Theorie. Sie würden darauf schließen lassen, daß wir auf einer vierdimensionalen Oberfläche oder Bran in einer höherdimensionalen Raumzeit leben.

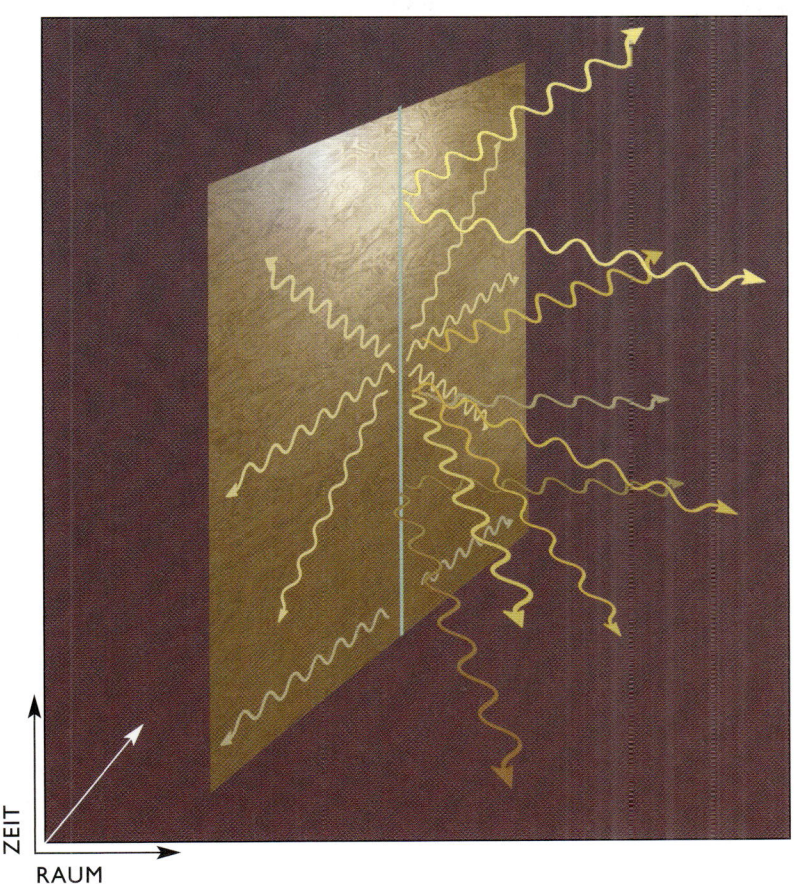

ZEIT

RAUM

(Abb. 7.8)
Die Gravitation würde nicht nur entlang der Bran wirken, sondern sich auch in die zusätzlichen Dimensionen ausbreiten und daher mit wachsender Entfernung rascher abnehmen als in vier Dimensionen.

Materie und nichtgravitative Kräfte wie die elektrische Kraft wären auf die Bran beschränkt. Daher würde sich alles, was nicht mit Gravitation zu tun hätte, verhalten, als befände es sich in einer vierdimensionalen Welt. Insbesondere die elektrische Kraft zwischen dem Kern und den Elektronen, die ihn umkreisen, nähme mit wachsender Entfernung in genau dem Maße ab, wie es erforderlich ist, damit die Elektronen nicht in den Kern fielen und die Atome stabil blieben (Abb. 7.7).

Das würde sich mit dem in Kapitel 3 beschriebenen anthropischen Prinzip decken, dem zufolge das Universum für intelligentes Leben geeignet sein muß. Wären die Atome nicht stabil, gäbe es uns nicht, die wir das Universum beobachten und fragen, warum es in vierdimensionaler Gestalt erscheint.

Auf der anderen Seite durchdränge die Gravitation als Auswirkung der Raumzeitkrümmung das gesamte Gebiet der höherdimensionalen Raumzeit, was bedeuten würde, daß die Gravitation sich anders verhielte als andere Kräfte, die wir kennen. Da sie sich auch in den Zusatzdimensionen ausbrei-

(a)

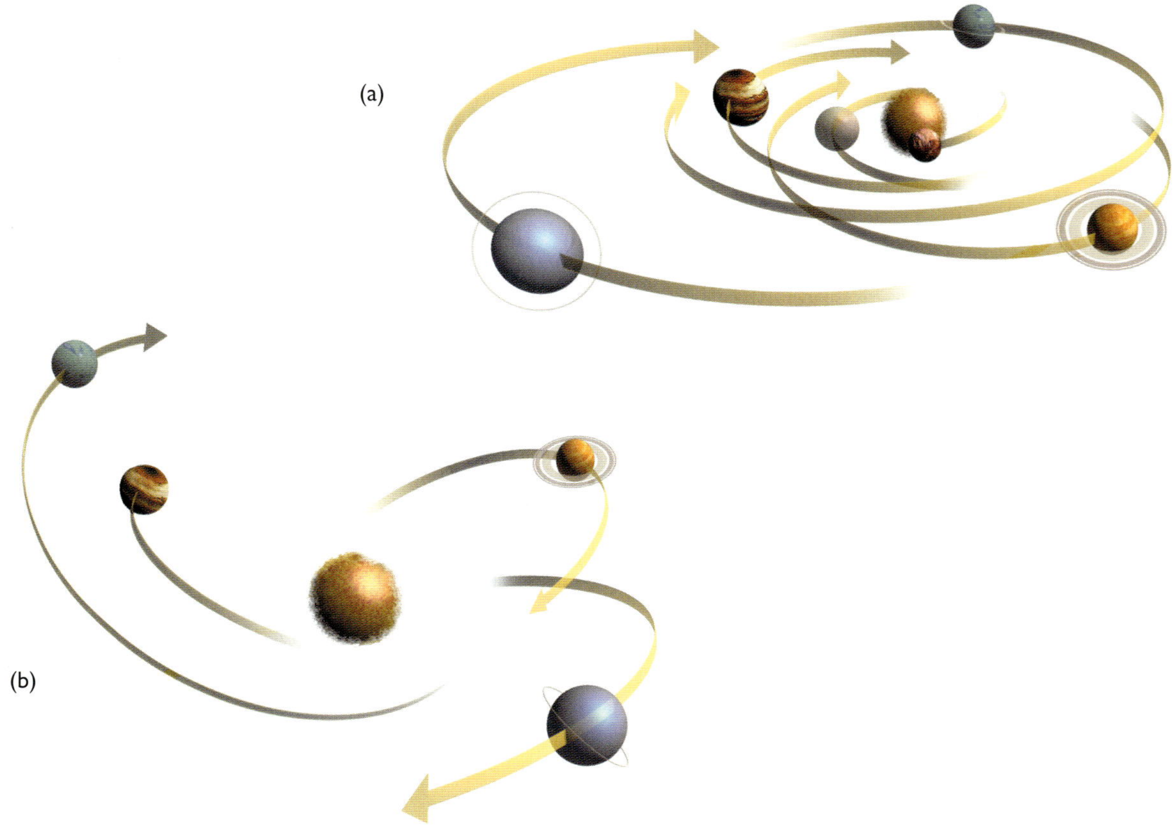

(b)

(Abb. 7.9)
Eine raschere Abnahme der
Gravitationskraft bei größeren
Abständen würde bedeuten,
daß Planetenbahnen instabil
wären. Die Planeten stürzten
entweder in die Sonne (a) oder
entfernten sich ganz aus ihrer
Anziehung (b).

ten würde, nähme die Gravitationskraft, die von einer Masse ausgeht, mit
der Entfernung schneller ab als erwartet (Abb. 7.8, S. 189).

Wenn diese raschere Abnahme der Gravitationskraft auf astronomischen
Größenskalen einträte, hätte dies Auswirkungen auf die Umlaufbahnen der
Planeten. Wie in Kapitel 3 erwähnt, wären die veränderten Umlaufbahnen
instabil – entweder würden die Planeten in die Sonne stürzen oder in die
Dunkelheit und Kälte des interstellaren Raums entweichen (Abb. 7.9).

Das geschähe jedoch nicht, wenn die Zusatzdimensionen an einer anderen Bran endeten, die nicht weit von derjenigen entfernt wäre, auf der wir
leben. Dann könnte sich die Gravitation über Entfernungen, die größer als
der Abstand der Branen wären, nicht frei ausbreiten, sondern wäre wie die
elektrischen Kräfte in der Nähe unserer Bran gefangen und würde sich nunmehr so verhalten, daß die planetarischen Umlaufbahnen stabil wären (Abb.
7.10).

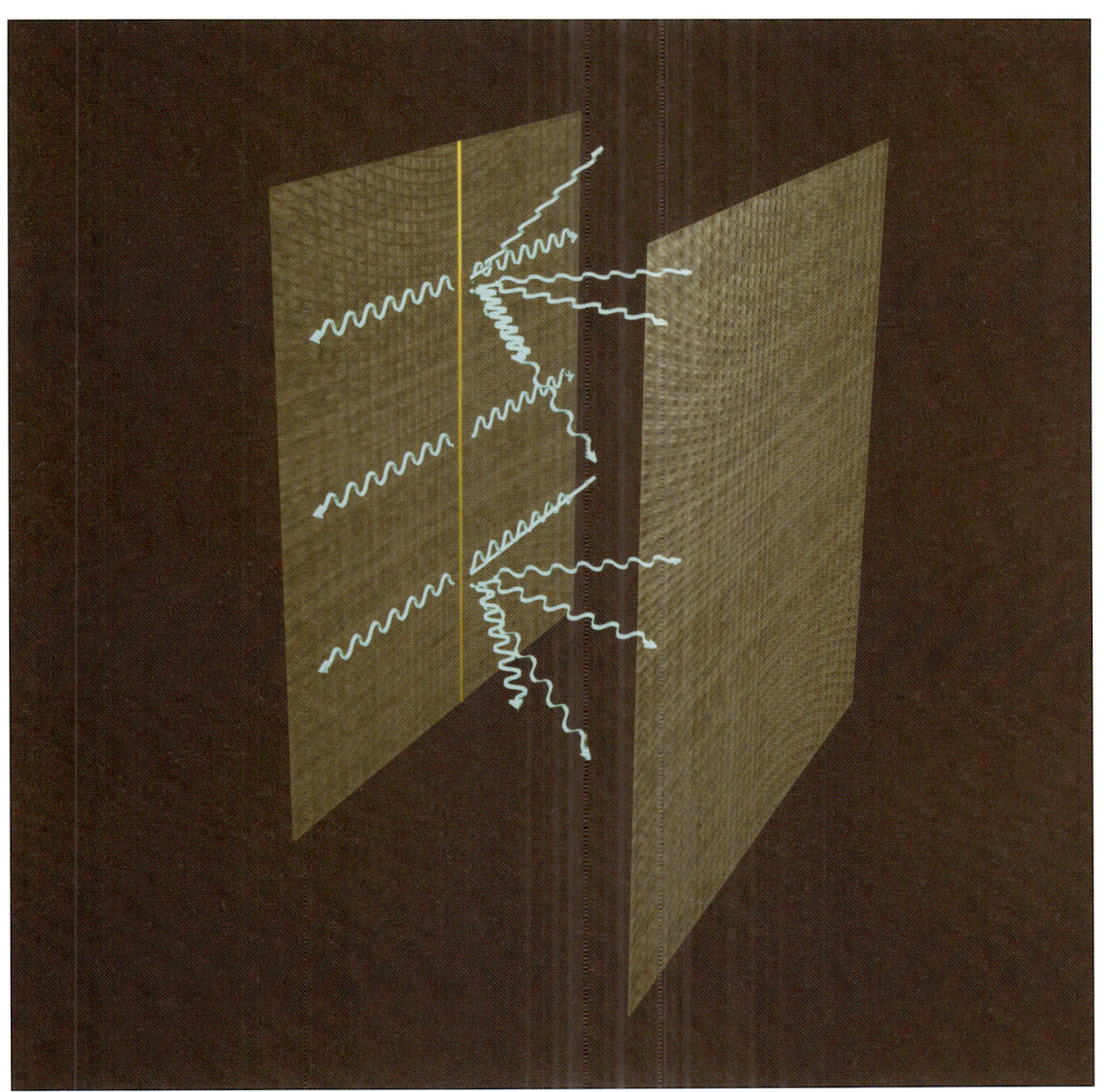

(Abb. 7.10)
Eine zweite Bran in der Nähe unserer Branwelt würde
die Gravitation daran hindern, sich weit in die
zusätzlichen Dimensionen auszubreiten, und dazu
führen, daß die Gravitation bei Entfernungen, die
größer als der Branabstand sind, in einem Maße abfiele,
wie es bei vier Dimensionen zu erwarten wäre.

(Abb. 7.11)

DAS CAVENDISH-EXPERIMENT
Zwei kleine Bleikugeln (A) sind mit
einer Hantel verbunden (B). Diese
Anordnung ist frei an einem Torsions-
faden (D) aufgehängt. Ein Laserstrahl
(E) fällt auf einen kleinen Spiegel (C),
der auf der Hantel angebracht ist, und
wird von diesem auf einen geeichten
Sichtschirm (F) reflektiert. Jede kleine
Drehung der Hantel kann so durch
die Bewegung des Laserpunktes auf
dem Sichtschirm genau nachgewiesen
werden. In der Nähe der kleineren
Bleikugeln sind zwei große Bleikugeln
(G1) auf einer drehbaren Stange ange-
bracht. Große und kleine Bleikugeln
ziehen sich mittels der Schwerkraft
an. Dieser Kraft wirkt der verdrehte
Torsionsfaden entgegen. Dem Gleich-
gewichtszustand entspricht eine
bestimmte Position des Laserpunktes
auf dem Schirm. Werden die großen
Bleikugeln auf ihrer Stange gedreht
und nun gerade von der anderen
Seite an die kleinen Bleikugeln heran-
geführt (G2), wirkt wiederum ihre
Schwerkraft, allerdings nun von der
anderen Seite. Nach einigen Oszilla-
tionen der Hantel stellt sich ein neuer
Gleichgewichtszustand ein, der
einem neuen Ort des Laserpunktes
auf dem Schirm entspricht. Der
Vergleich der verschiedenen Positio-
nen des Laserpunktes läßt Rück-
schlüsse auf die zwischen großen
und kleinen Bleikugeln wirkende
Schwerkraft zu.

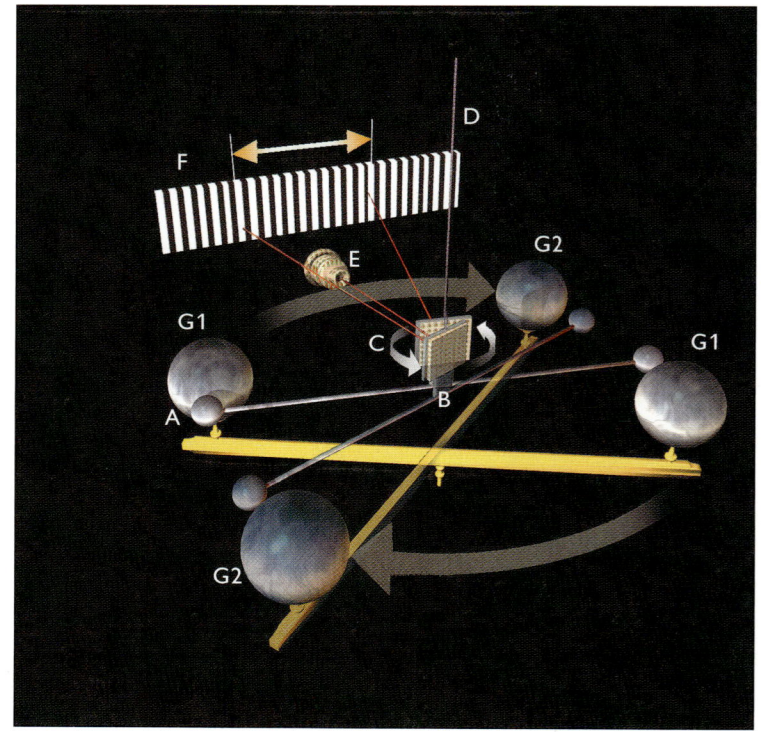

Andererseits nähme die Gravitation bei Abständen, die kleiner wären als der Abstand der Branen, rascher ab. Die äußerst geringe Gravitationskraft zwischen schweren Objekten ist im Labor exakt gemessen worden, aber die Experimente hätten die Effekte von Branen, die weniger als ein paar Millimeter voneinander entfernt sind, noch nicht entdecken können. Gegenwärtig werden neue Messungen bei kürzeren Abständen durchgeführt (Abb. 7.11).

In dieser Branwelt würden wir auf einer Bran leben, aber es gäbe eine weitere »Schattenbran« ganz in der Nähe. Da das Licht auf die Branen eingeschränkt wäre und sich nicht im Raum zwischen ihnen ausbreiten könnte, wären wir nicht in der Lage, die Schattenwelt zu sehen. Aber wir könnten den Gravitationseinfluß von Materie auf der Schattenbran spüren. In unserer Bran hätte es den Anschein, als würden solche Gravitationskräfte durch wahrhaft »dunkle« Ursachen hervorgerufen – dunkel, weil sie nur durch ihre Gravitationswirkung zu entdecken wären (Abb. 7.12). Um die Geschwindigkeit erklären zu können, müssen wir annehmen, daß es mehr Masse als die der beobachtbaren Materie gibt. Diese fehlende Masse könnte von irgendeiner exotischen Teilchenart in unserer Welt gestellt werden, etwa von WIMPs, schwach wechselwirkenden massereichen Teilchen) oder Axionen, speziel-

(Abb. 7.12)
Im Branwelt-Szenario könnten
Planeten eine dunkle Masse auf einer
Schattenbran umkreisen, weil sich
die Gravitationskraft in die zusätz-
lichen Dimensionen ausbreitet.

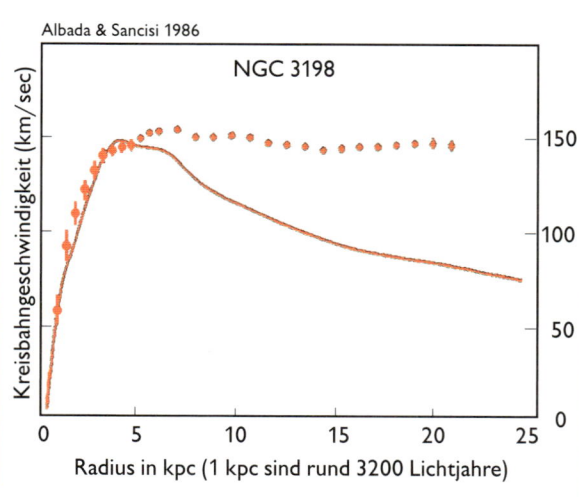

INDIZIEN FÜR DIE EXISTENZ DUNKLER MATERIE

Verschiedene kosmologische Beobachtungen legen nachdrücklich nahe, daß es sehr viel mehr Materie in unserer Milchstraße und anderen Galaxien geben muß, als wir sehen. Am überzeugendsten ist die Beobachtung, daß die Sterne in den äußeren Regionen von Spiralgalaxien wie der unsrigen viel zu schnell kreisen, um von der Gravitationsanziehung der für uns sichtbaren Sterne in ihren Bahnen gehalten werden zu können (vgl. Abbildung gegenüber). Wie wir seit den siebziger Jahren wissen, gibt es ein Mißverhältnis zwischen den beobachteten Rotationsgeschwindigkeiten der Sterne in den äußeren Regionen von Spiralgalaxien (im Diagramm durch die Punkte angegeben) und den Bahngeschwindigkeiten, die wir nach den Newtonschen Gesetzen von der Verteilung der sichtbaren Sterne in der Galaxie erwarten würden (die durchgezogene Kurve im Diagramm). Diese Diskrepanz läßt darauf schließen, daß es noch sehr viel mehr Materie in den äußeren Bereichen der Spiralgalaxien geben muß.

ROTATIONSKURVE FÜR SPIRALGALAXIE NGC 3198

Albada & Sancisi 1986

NGC 3198

Kreisbahngeschwindigkeit (km/sec)

Radius in kpc (1 kpc sind rund 3200 Lichtjahre)

DIE BESCHAFFENHEIT DUNKLER MATERIE

Kosmologen sind heute der Meinung, daß zwar die zentralen Bereiche der Spiralgalaxien großenteils aus gewöhnlichen Sternen bestehen, daß hingegen die Masse ihrer Außenbezirke überwiegend von dunkler Materie herrührt, die wir nicht direkt sehen können. Eines der fundamentalen Probleme für die heutige Kosmologie besteht darin, herauszufinden, wie die dominante Form der dunklen Materie in diesen äußeren Regionen von Galaxien beschaffen ist. Bis in die späten siebziger Jahre hinein nahm man gewöhnlich an, diese dunkle Materie sei gewöhnliche Materie aus Protonen, Neutronen und Elektronen in irgendeiner schwer zu entdeckenden Form, vielleicht in Gestalt von Gaswolken oder MACHOs – »massereichen kompakten Halo-Objekten« wie Weißen Zwergen, Neutronensternen oder sogar Schwarzen Löchern.

Doch neuere Untersuchungen zur Galaxienbildung haben die Kosmologen zu der Annahme geführt, ein erheblicher Bruchteil der dunklen Materie müsse in anderer Form als der gewöhnlicher Materie vorliegen. Vielleicht erwächst sie aus den Massen sehr leichter Elementarteilchen, etwa Axionen und Neutrinos. Möglicherweise besteht sie sogar aus noch exotischeren Teilchenarten wie zum Beispiel den WIMPs – »weakly interacting massive particles«, also »schwach wechselwirkenden massereichen Teilchen« –, die von den neueren Elementarteilchentheorien vorhergesagt werden, aber experimentell noch nicht nachgewiesen worden sind.

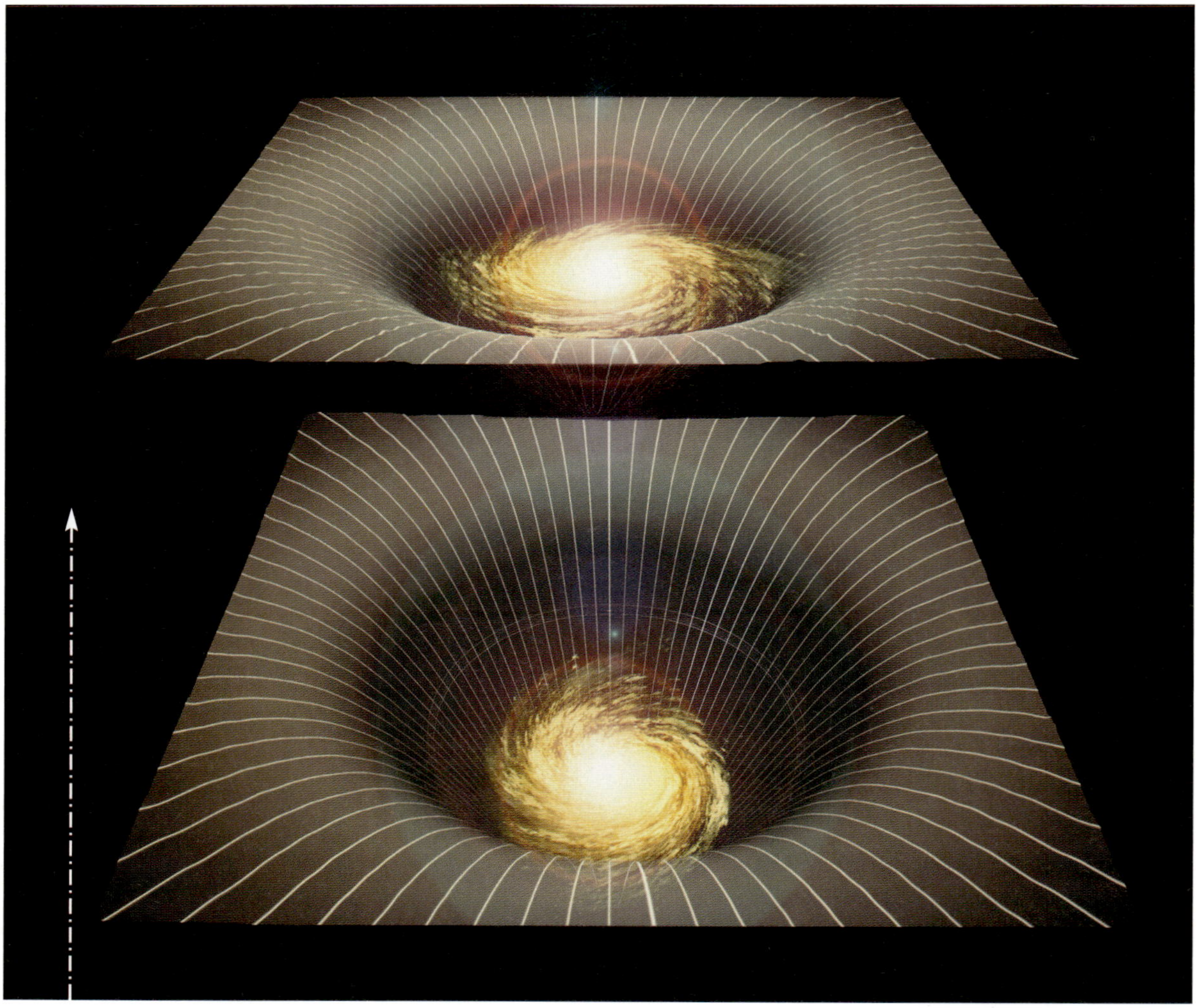

![Das Niemandsland der Zusatzdimension zwischen den Branen]

Das Niemandsland der Zusatzdimension zwischen den Branen

(Abb. 7.13)
Wir könnten eine Schattengalaxie auf einer Schattenbran nicht sehen, weil sich das Licht, im Gegensatz zur Gravitation, nicht in die zusätzlichen Dimensionen ausbreiten würde. Es erschiene uns daher, als würde die Rotation unserer Galaxie durch dunkle Materie beeinflußt werden, die wir nicht sehen könnten.

len, sehr leichten Elementarteilchen. Aber fehlende Masse könnte auch ein Hinweis auf die Existenz einer Schattenwelt sein, die Materie enthält. Vielleicht beherbergt sie Schattenmenschen, die sich bei dem Versuch, die Umlaufbahnen ihrer Schattensterne um das Zentrum der Schattengalaxie zu erklären, den Kopf über die Masse zerbrechen, die *ihrer* Welt zu fehlen scheint (Abb. 7.13).

Würden die Zusatzdimensionen nicht an einer zweiten Bran enden, böte sich als eine andere Möglichkeit, daß sie unendlich ausgedehnt, aber extrem gekrümmt wären wie ein Sattel (Abb. 7.14). Wie Lisa Randall und Raman Sundrum gezeigt haben, würde diese Art von Krümmung ganz ähnlich wie eine zweite Bran wirken: Auf der Bran wäre der Gravitationseinfluß eines

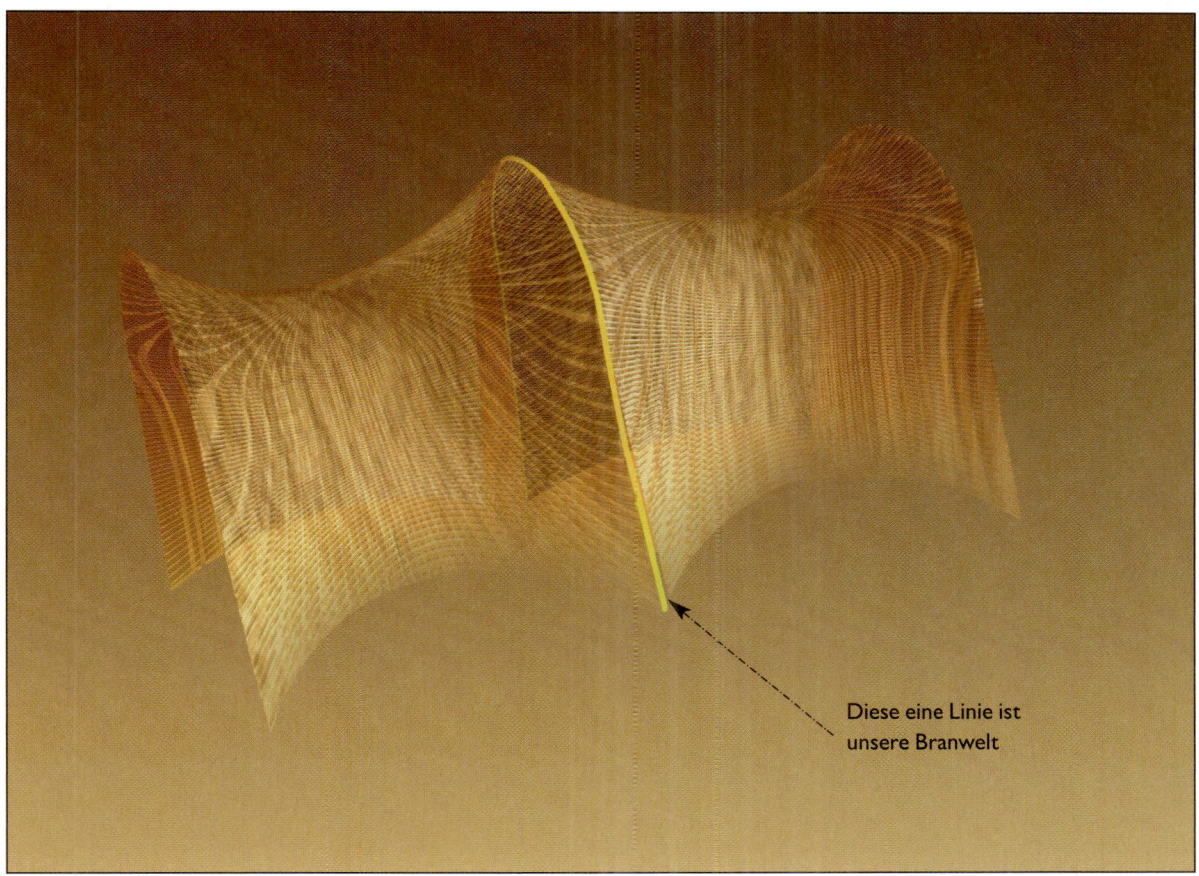

Diese eine Linie ist
unsere Branwelt

Objekts auf einen kleinen Bezirk in der Nachbarschaft der Bran eingegrenzt
und würde sich nicht unendlich in die Extradimensionen ausbreiten. Wie im
Modell der Schattenbran hätte das Gravitationsfeld die richtige Entfernungs-
abhängigkeit, die die Planetenbahnen und die Labormessungen der Gravitationskraft erklären könnte, allerdings würde sich die Gravitation bei kurzen
Abständen rascher verändern.

Es gibt allerdings einen wichtigen Unterschied zwischen dem Modell von
Randall und Sundrum und dem Modell der Schattenbran. Körper, die sich
unter dem Einfluß von Gravitation bewegen, können Gravitationswellen erzeugen, geringe Änderungen der Krümmung, die sich mit Lichtgeschwindigkeit in der Raumzeit ausbreiten. Wie die elektromagnetischen Wellen des

(Abb. 7.14)
*Im Randall-Sundrum-Modell gibt es
nur eine Bran (hier nur eindimen-
sional dargestellt). Die zusätzlichen
Dimensionen erstrecken sich ins
Unendliche, sind aber gekrümmt wie
ein Sattel. Diese Krümmung verhindert, daß sich die Gravitationsfelder
von Materie auf der Bran in die
Extradimensionen ausbreiten.*

197

Zwei Neutronensterne, die einander in stetig geringer werdendem Abstand umkreisen

Kurve und Daten für den Doppelpulsar PSR 1913+16

DOPPELPULSARE

Die allgemeine Relativitätstheorie sagt vorher, daß schwere Körper, die sich unter dem Einfluß der Schwerkraft bewegen, Gravitationswellen aussenden. Wie Lichtwellen tragen auch Gravitationswellen Energie von den Objekten fort, die sie emittieren. Allerdings ist der Energieverlust gewöhnlich außerordentlich gering und daher schwer zu beobachten. Beispielsweise veranlaßt die Emission von Gravitationswellen die Erde, sich in einer langsamen spiralförmigen Bewegung auf die Sonne zu zu bewegen, allerdings wird es bis zu ihrer Kollision noch weitere 10^{27} Jahre dauern!

Doch 1975 entdeckten Russell Hulse und Joseph Taylor den Doppelpulsar PSR 1913+16, ein Doppelsternsystem, das aus zwei kompakten Neutronensternen besteht, die einander mit einem maximalen Abstand von nur einem Sonnenradius umkreisen. Nach der allgemeinen Relativitätstheorie bedeutet diese rasche Bewegung, daß die Umlaufzeit des Systems merkbar abnehmen müßte, da es durch die Emission von starken Gravitationswellen stetig an Energie verliert. Die von der allgemeinen Relativitätstheorie vorhergesagte Änderungsrate deckt sich hervorragend mit den sorgfältigen Beobachtungen, die Hulse und Taylor in bezug auf die Bahnparameter vorgenommen haben und die zeigen, daß sich die Umlaufzeit seit 1975 um mehr als zehn Sekunden verkürzt hat. 1993 erhielten sie für diese Bestätigung der allgemeinen Relativitätstheorie den Nobelpreis.

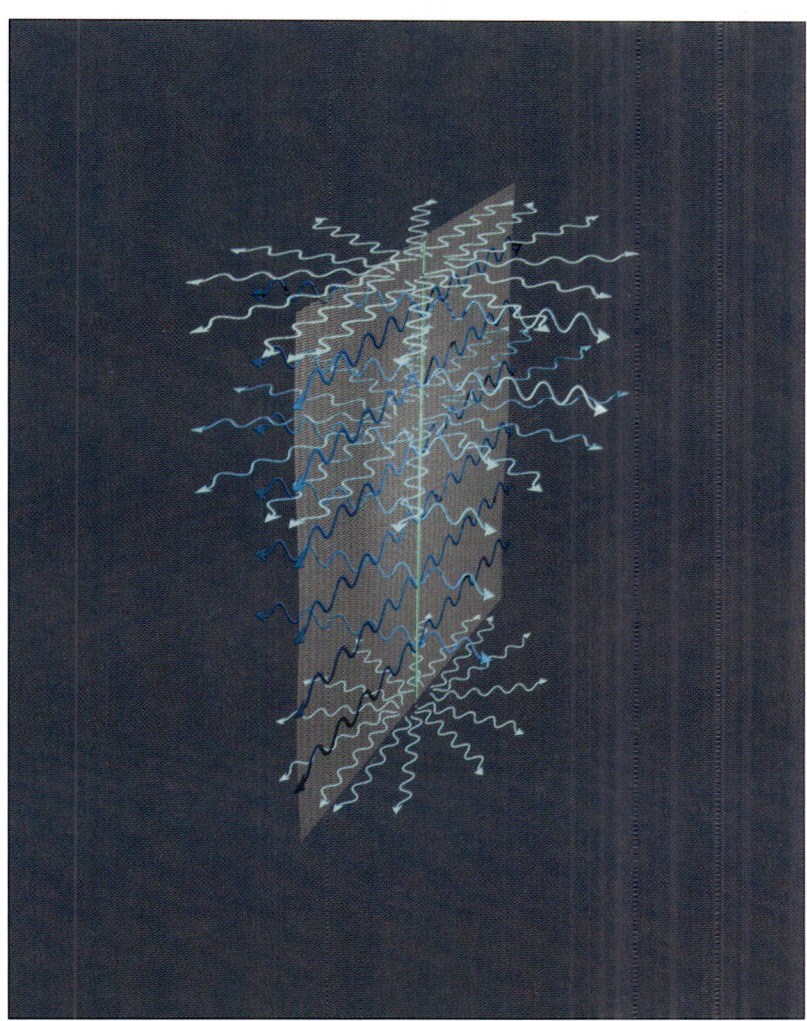

(Abb. 7.15)
Im Randall-Sundrum-Modell
können kurzwellige Gravitations-
wellen Energie von Quellen auf
der Bran davontragen und schein-
bare Verstöße gegen den Energie-
erhaltungssatz bewirken.

Lichts müßten Gravitationswellen Energie tragen, eine Vorhersage, die durch Beobachtungen des Doppelpulsars PSR 1913+16 bestätigt worden ist.

Lebten wir wirklich auf einer Bran in einer Raumzeit mit zusätzlichen Dimensionen, würden sich die Gravitationswellen, die die Bewegung von Körpern auf der Bran erzeugten, in die anderen Dimensionen ausbreiten. Gäbe es eine zweite Bran, würden die Wellen von ihr reflektiert werden und zwischen den beiden Branen gefangen sein. Gäbe es dagegen, wie im Randall-Sundrum-Modell, nur eine Bran und wären die Zusatzdimensionen unendlich ausgedehnt, könnten die Gravitationswellen ganz entweichen und aus unserer Branwelt Energie davontragen (Abb. 7.15).

Das wäre ein schwerer Schlag für eines unserer physikalischen Grundgesetze: den Energieerhaltungssatz, nach dem die Gesamtenergie im Univer-

sum immer gleich bleibt; sie kann weder zu- noch abnehmen. Allerdings scheint es nur ein Verstoß gegen das Gesetz zu sein, weil unsere Sicht der Ereignisse auf die Bran beschränkt ist. Ein Engel, der die Zusatzdimensionen sehen könnte, wüßte, daß sich die Energiemenge nicht verändert, sondern nur anders verteilt hätte.

Die Gravitationswellen, die von zwei einander umkreisenden Sternen hervorgerufen werden, hätten eine Wellenlänge, die erheblich länger wäre als der Radius der sattelförmigen Krümmung in den Zusatzdimensionen. Daher wären die Wellen – wie die Gravitationskräfte – überwiegend auf einen kleinen Bezirk in der Nachbarschaft der Bran eingegrenzt, das heißt, sie würden sich nicht wesentlich in die Zusatzdimensionen verflüchtigen oder der Bran viel Energie entführen. Andererseits könnten Gravitationswellen, deren Wellenlänge kürzer als die Krümmungsradien der Extradimensionen wäre, leicht aus der Nachbarschaft der Bran entweichen.

Die einzige denkbare Quelle von größeren Mengen solcher kurzwelligen Gravitationswellen sind Schwarze Löcher. Ein Schwarzes Loch auf der Bran ragt auch in die Zusatzdimensionen hinein. Wenn es klein ist, hat es eine fast runde Form, das heißt, es würde ungefähr so weit in die Extradimensionen reichen, wie es Platz auf der Bran beanspruchte. Hingegen nähme ein großes Schwarzes Loch auf der Bran eher die Form eines »Schwarzen Pfannkuchens« an, der auf die Nachbarschaft der Bran beschränkt wäre und sich in weit größerem Maße auf der Bran ausbreitete, als er in die Zusatzdimensionen hineinragte (Abb. 7.16).

Wie in Kapitel 4 dargelegt, folgt aus der Quantentheorie, daß Schwarze Löcher nicht vollkommen schwarz sind: Wie heiße Körper emittieren sie Teilchen und Strahlung aller Art. Die Teilchen und die Strahlung würden wie das Licht entlang der Bran ausgesandt, weil Materie und nichtgravitative Kräfte wie die Elektrizität auf die Bran beschränkt wären. Doch Schwarze Löcher emittieren auch Gravitationswellen. Die wären nicht auf die Bran eingegrenzt, sondern würden sich auch in die Extradimensionen ausbreiten. Wäre das Schwarze Loch groß und pfannkuchenartig, blieben die Gravitationswellen in der Nähe der Bran. In diesem Fall verlöre das Schwarze Loch Energie (und folglich Masse, wie aus $E = mc^2$ hervorgeht) mit genau jener Rate, wie sie bei einem Schwarzen Loch in einer vierdimensionalen Raumzeit zu erwarten ist. Das Schwarze Loch würde also langsam verdunsten und schrumpfen, bis es kleiner wäre als der Krümmungsradius der sattelartig gekrümmten Extradimensionen. Von nun an entwichen die vom Schwarzen Loch emittierten Gravitationswellen ungehindert in die zusätzlichen Dimensionen. Ein Beobachter auf der Bran hätte den Eindruck, das Schwarze Loch emittierte »dunkle Strahlung«, Strahlung, die sich auf der Bran nicht direkt beobachten ließe, auf deren Vorhandensein jedoch der Umstand hinwiese, daß das Schwarze Loch Masse verlöre.

(Abb. 7.16)
Ein Schwarzes Loch in unserer Welt auf der Bran würde sich in die Zusatzdimensionen ausdehnen. Wäre es klein, dann wäre es fast rund, doch ein großes Schwarzes Loch auf der Bran würde, bezieht man die Extradimensionen ein, wie ein abgeflachtes, pfannkuchenartiges Gebilde aussehen.

(Abb. 7.17)
*Die Bildung einer Branwelt könnte
der Entstehung einer Dampfblase
in kochendem Wasser ähneln.*

Dies würde bedeuten, daß der letzte Strahlungsausbruch eines verdunstenden Schwarzen Lochs weniger energetisch erschiene, als er tatsächlich wäre. Das könnte der Grund sein, warum wir bislang keine Ausbrüche von Gammastrahlen beobachtet haben, die wir sterbenden Schwarzen Löchern zuschreiben könnten – allerdings sollten wir diesen »Nachweis« der Extradimensionen nicht überbewerten, denn es gibt noch eine andere, prosaischere Erklärung, die da lautet, daß einfach nicht viele Schwarze Löcher existieren, die massearm genug sind, um im gegenwärtigen Entwicklungsstadium des Universums zu verdunsten.

Die Strahlung von Schwarzen Löchern in einer Branwelt entsteht durch Quantenfluktuationen von Teilchen auf und jenseits einer Bran, doch Branen sind, wie alles im Universum, selbst Quantenfluktuationen unterworfen. Diese Fluktuationen können das spontane Entstehen und Verschwinden von Branen bewirken. Die Quantenschöpfung einer Bran hätte eine gewisse Ähnlichkeit mit der Blasenbildung in kochendem Wasser. Flüssiges Wasser besteht aus Milliarden und Abermilliarden dicht gepackter H_2O-Moleküle, die mit ihren nächsten Nachbarn locker verbunden sind. Wenn sich das Wasser erwärmt, bewegen sich die Moleküle schneller und prallen voneinander ab. Hin und wieder erhalten sie durch diese Stöße so hohe Geschwindigkeiten, daß in einer Gruppe von Molekülen die Bindungen zwischen ihnen abreißen und sich eine kleine Dampfblase bildet, die von Wasser umgeben ist. Die Blase wächst oder schrumpft, wie es der Zufall will: Entweder gesellen sich noch weitere Moleküle aus der Flüssigkeit dem Dampf hinzu oder umgekehrt. Die meisten kleinen Dampfblasen kollabieren wieder zu Flüssigkeit, doch einige wenige erreichen eine bestimmte kritische Größe, jenseits derer die Blasen fast mit Sicherheit weiter wachsen. Das sind die großen expandierenden Blasen, die wir mit bloßem Auge im kochenden Wasser beobachten können (Abb. 7.17).

Das Verhalten von Branwelten wäre ähnlich. Dank der Unschärferelation könnten Branwelten wie Blasen aus dem Nichts auftauchen, wobei die Bran die Fläche der Blase und das Innere der höherdimensionale Raum wäre. Sehr kleine Blasen würden meist wieder zu nichts zusammenstürzen, doch eine Blase, die durch Quantenfluktuationen über eine bestimmte kritische Größe anwüchse, würde sich wahrscheinlich weiter ausdehnen. Menschen wie wir, die auf der Bran lebten, würden meinen, das Universum expandiere. Es wäre so, als malte man Galaxien auf die Oberfläche eines Ballons und bliese ihn dann auf. Die Galaxien würden auseinanderdriften, doch keine Galaxie ließe sich als Zentrum der Expansionsbewegung bestimmen. Hoffen wir, daß niemand mit einer kosmischen Nadel in die Blase piekst.

203

Nach der in Kapitel 3 dargestellten Kein-Rand-Hypothese hätte die spontane Entstehung einer Branwelt eine Geschichte in der imaginären Zeit, die einer Nußschale ähnelte, das heißt, sie wäre eine vierdimensionale Kugelfläche, ähnlich der Oberfläche der Erde, aber mit zwei zusätzlichen Dimensionen. Der entscheidende Unterschied läge darin, daß die in Kapitel 3 beschriebene Nußschale im wesentlichen hohl wäre. Die vierdimensionale Kugelfläche bildete keine Grenze von irgend etwas, noch nicht einmal von leerem Raum, und die anderen sechs oder sieben Dimensionen der Raumzeit, die die M-Theorie vorhersagt, wären alle noch kleiner zusammengewickelt als die Nußschale. In dem neuen Modell der Branwelt wäre die Nußschale jedoch gefüllt: Die Geschichte der Bran, auf der wir lebten, wäre eine vierdimensionale Kugelfläche, die die Grenze einer fünfdimensionalen Blase bildete, während die restlichen fünf oder sechs Dimensionen sehr eng aufgewickelt wären (Abb. 7.18).

Diese Geschichte der Bran in imaginärer Zeit würde ihre Geschichte in reeller Zeit bestimmen. In reeller Zeit würde die Bran, wie in Kapitel 3 beschrieben, in beschleunigter inflationärer Weise expandieren. Eine vollkommen glatte und runde Nußschale wäre die wahrscheinlichste Geschichte der Blase in imaginärer Zeit. Doch sie entspräche einer Bran, die in reeller Zeit ewig und inflationär expandierte. Auf einer solchen Bran würden sich keine Galaxien bilden und damit auch keine intelligenten Lebensformen entwickeln. Zwar wären Geschichten in imaginärer Zeit, die nicht vollkommen glatt und rund wären, etwas weniger wahrscheinlich. Sie haben aber die Möglichkeit, einer Geschichte in reeller Zeit zu entsprechen, bei der die Bran zwar zunächst eine Phase beschleunigter inflationärer Expansion durchlaufen, dann aber ihr Expansionstempo verringert hätte. Während der abgebremsten Expansion hätten sich Galaxien bilden und daraufhin möglicherweise intelligente Lebensformen entwickeln können. Nach dem anthropischen Prinzip können nur diejenigen Nußschalen, die kleine Ausbeulungen aufweisen, von intelligenten Wesen beobachtet werden, die sich fragen, warum der Ursprung des Universums nicht vollkommen glatt war.

Mit der Expansion der Bran wüchse auch das Volumen des höherdimensionalen Raums in ihrem Innern. Schließlich gäbe es eine enorme Blase, umgeben von der Bran, auf der wir lebten. Aber leben wir wirklich auf einer

Eine Hohlkugel

Eine gefüllte Kugel

(Abb. 7.18)
Der Branwelt-Entwurf vom Ursprung des Universums unterscheidet sich von dem in Kapitel 3 erörterten dadurch, daß die abgeflachte vierdimensionale Kugel oder Nußschale nicht mehr vollkommen leer, sondern mit einer fünften Dimension gefüllt ist.

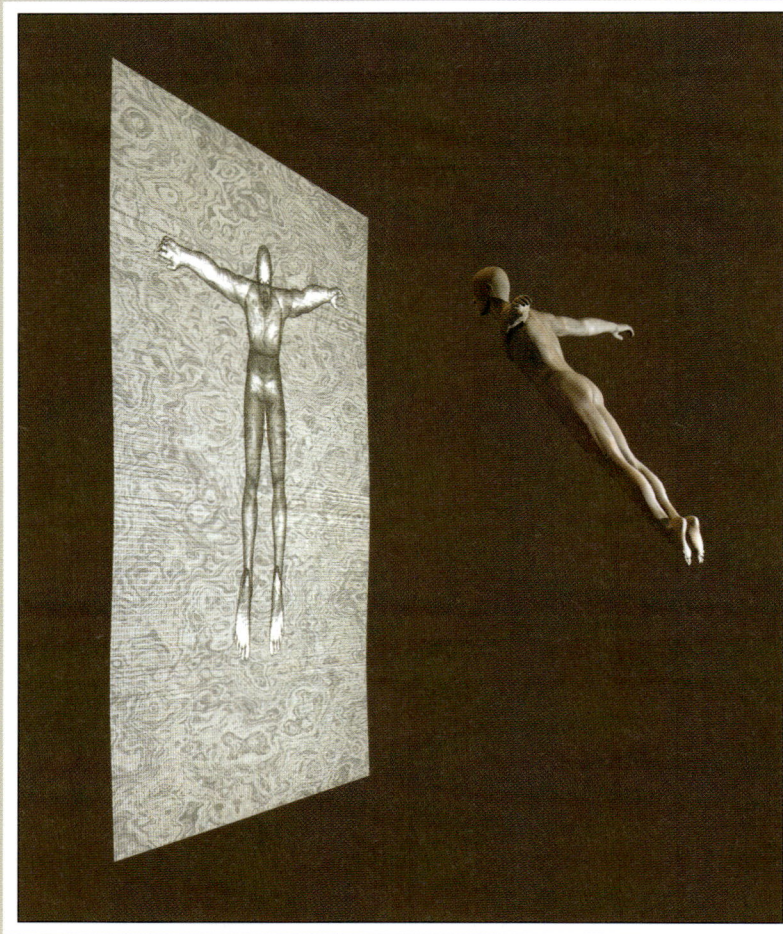

HOLOGRAPHIE
Die Holographie verschlüsselt die Information einer Raumregion auf einer Fläche, die eine Dimension weniger aufweist. Das scheint eine Eigenschaft der Gravitation zu sein, wie der Umstand zeigt, daß die Fläche des Ereignishorizonts zur Zahl der inneren Zustände eines Schwarzen Lochs proportional ist. In einem Branwelt-Modell wäre die Holographie eine Eins-zu-eins-Entsprechung zwischen Zuständen in unserer vierdimensionalen Welt und Zuständen in höheren Dimensionen. Aus positivistischer Sicht kann man nicht entscheiden, welche Beschreibung fundamentaler ist.

Bran? Nach dem in Kapitel 2 beschriebenen holographischen Prinzip kann die Information über das, was in einer Region der Raumzeit geschieht, auf ihrem Rand kodiert werden. So bilden wir uns vielleicht ein, wir lebten in einer vierdimensionalen Welt, weil wir Schatten sind, die durch das Geschehen im Innern der Blase auf die Bran geworfen werden. Doch aus positivistischer Sicht können wir nicht fragen: Was ist Wirklichkeit, Bran oder Blase? Beide sind mathematische Modelle, die unsere Beobachtungen beschreiben. Es steht uns frei, das jeweils geeignetere Modell zu verwenden.

Was liegt außerhalb der Bran? Da gibt es mehrere Möglichkeiten (Abb. 7.19):

1. Vielleicht existiert gar kein Außerhalb. Eine Dampfblase ist zwar von Wasser umgeben, doch handelt es sich hier nur um einen Vergleich, der uns helfen soll, uns den Ursprung des Universums vorzustellen. Man könnte sich ein mathematisches Modell denken, das nur eine Bran wäre, mit einem höherdimensionalen Raum im Innern, aber absolut nichts draußen, noch nicht einmal leerem Raum. Die Vorhersagen des Modells lassen sich ohne Rückgriff darauf berechnen, was außerhalb der Bran liegt.

2. Es ließe sich auch ein mathematisches Modell denken, in dem die Außenseite einer Blase an der Außenseite einer gleichen, von innen nach außen gekehrten Blase klebte. Tatsächlich ist dieses Modell mathematisch äquivalent zu der oben erörterten Möglichkeit – es gäbe nichts außerhalb der Blase –, aber der Unterschied hätte psychologische Bedeutung: Menschen fühlen sich im Mittelpunkt der Raumzeit glücklicher als an ihrem Rand. Für einen Positivisten gibt es jedoch keinen Unterschied zwischen den Möglichkeiten 1 und 2.

3. Die Blase könnte in einen Raum hineinragen, der kein Spiegelbild dessen wäre, was sich in der Blase befände. Diese Möglichkeit unterscheidet sich von den beiden oben beschriebenen und hat mehr Ähnlichkeit mit dem Fall des kochenden Wassers. Andere Blasen könnten sich bilden und expandieren. Wenn eine von ihnen mit der Blase, in der wir lebten, zusammenstieße und verschmölze, wäre das Ergebnis katastrophal. Manche haben sogar die Vermutung geäußert, der Urknall selbst sei durch eine Kollision zwischen Branen hervorgerufen worden.

Branwelt-Modelle wie diese sind ein beliebtes aktuelles Forschungsthema. Zwar sind sie äußerst spekulativ, doch machen sie neuartige Aussagen über die Welt, die sich durch Beobachtung überprüfen lassen. Sie könnten erklären, warum die Gravitation so schwach erscheint. Während die Gravitation in der grundlegenden Theorie sehr stark sein könnte, hätte die Ausbreitung der Gravitation in die zusätzlichen Dimensionen zur Folge, daß die Schwerkraft in großen Entfernungen auf der Bran, auf der wir lebten, gering wäre.

Dies würde bedeuten, daß die Planck-Länge, der kleinste Abstand, den wir erfassen können, ohne automatisch ein Schwarzes Loch zu erzeugen, erheblich größer wäre, als man angesichts der schwachen Gravitation auf unserer vierdimensionalen Bran vermuten würde. Die kleinste Matrjoschka wäre also gar nicht so winzig; sie könnte sich durchaus in Reichweite zukünftiger Teilchenbeschleuniger befinden. Vielleicht hätten wir sogar schon die kleinste Matrjoschka entdeckt, die fundamentale Planck-Länge, wenn die Vereinigten Staaten nicht 1994 in einem Anfall von Armutsangst den Bau des SSC – Superconducting Super Collider (Supraleitender Super-

(Abb. 7.19)

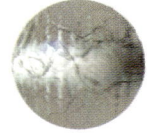

1. Eine Bran/Blase mit einem höherdimensionalen Raum im Innern und nichts, noch nicht einmal leerem Raum, außerhalb.

Diese Flächen sind vollständig aufeinandergeklebt

 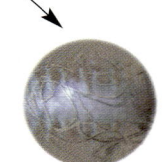

2. Eine Möglichkeit, bei der die Außenseite einer Bran/Blase an die Außenseite einer anderen Blase geklebt wird.

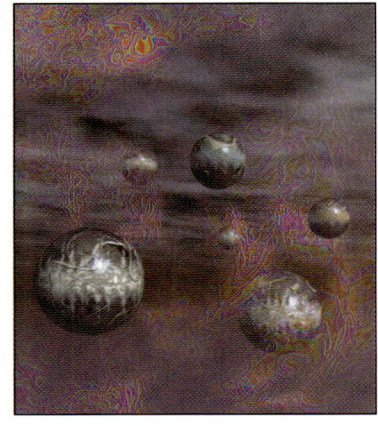

3. Eine Bran/Blase dehnt sich in einen Raum aus, der nicht das Spiegelbild dessen ist, was sich im Innern befindet. In einem solchen Szenario könnten sich andere Blasen bilden und expandieren.

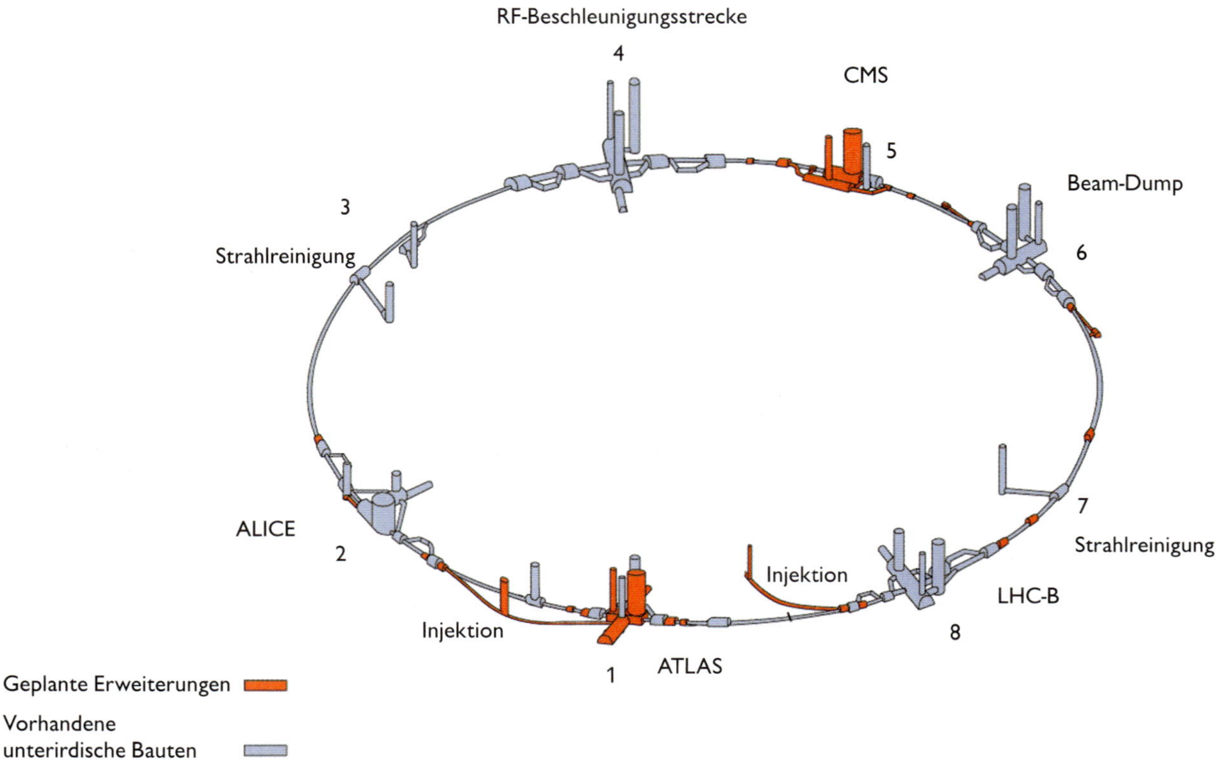

RF-Beschleunigungsstrecke

4

CMS

3

5

Beam-Dump

Strahlreinigung

6

ALICE

7

2

Strahlreinigung

Injektion

Injektion

LHC-B

8

1   ATLAS

Geplante Erweiterungen ▬

Vorhandene
unterirdische Bauten ▬

(Abb. 7.20)
Grundriß des LEP-Tunnels,
der die vorhandene Infrastruktur
wiedergibt und den künftigen
Verlauf des Large Hadron Collider
in Genf zeigt.

beschleuniger) – gestoppt hätten, obwohl er schon halb fertig war. Gegenwärtig werden andere Teilchenbeschleuniger wie der LHC (Large Hadron Collider – Großer Hadronen-Speicherring) in Genf gebaut (Abb. 7.20). Mit diesen und anderen Beobachtungen, etwa der kosmischen Hintergrundstrahlung, können wir vielleicht entscheiden, ob wir auf einer Bran leben oder nicht. Falls ja, so liegt es vermutlich daran, daß das anthropische Prinzip geeignete Branmodelle aus dem riesigen Zoo der Universen auswählt, die die M-Theorie zuläßt. In Anlehnung an Miranda aus Shakespeares *Sturm* könnten wir sagen:

Schöne neue Branwelt,
Die solche Bürger trägt!

Das ist das Universum *in nuce.*

*Stephen Hawking bei einem Besuch
in München, Herbst 2001*

LEBEN IM UNIVERSUM

In diesem Vortrag möchte ich ein wenig über die Entfaltung des Lebens im Universum spekulieren, vor allem über die Entfaltung intelligenten Lebens. Dazu werde ich auch die menschliche Spezies rechnen, obwohl ihr Verhalten über weite Strecken der Geschichte ziemlich dumm und ihrem Überleben nicht gerade dienlich gewesen ist. Zwei Fragen werde ich hier erörtern: Wie groß ist die Wahrscheinlichkeit, daß Leben woanders im Universum existiert? und: Wie könnte sich das Leben in Zukunft entwickeln?

Die Alltagserfahrung zeigt uns, daß die Dinge mit der Zeit ungeordneter und chaotischer werden. Diese Beobachtung läßt sich in den Rang eines Gesetzes erheben, des so genannten Zweiten Hauptsatzes der Thermodynamik, der besagt, daß die Gesamtmenge der Unordnung – oder Entropie – im Universum mit der Zeit stets zunimmt. Doch das Gesetz betrifft nur die Gesamtmenge der Unordnung. Die Ordnung in einem einzelnen Körper kann anwachsen, vorausgesetzt, die Menge der Unordnung in seiner Umgebung nimmt um einen größeren Betrag zu. Genau das geschient in einem Lebewesen.

Wir können Leben als ein geordnetes System definieren, das in der Lage ist, sich gegen die Tendenz zur Unordnung zu erhalten und fortzupflanzen. Das heißt, es kann ähnliche, aber unabhängige geordnete Systeme herstellen. Dazu muss das System Energie, die in geordneter Form vorliegt – zum Beispiel Nahrung, Sonnenlicht oder elektrische Energie –, in ungeordnete Energie in Form von Wärme umwandeln. Auf diese Weise erfüllt es die Bedingung, daß die Gesamtmenge der Unordnung zunimmt, während gleichzeitig die Ordnung in ihm selbst und in seinen Nachkommen anwächst.

Ein Lebewesen verfügt gewöhnlich über zwei Elemente: eine Reihe von Befehlen, die dem System mitteilen, wie es sich zu erhalten und fortzupflanzen hat, und einen Mechanismus, um diese Befehle auszuführen. In der Biologie heißen diese beiden Teile Gene und Stoffwechsel. Doch ich möchte darauf hinweisen, daß sie keineswegs unbedingt biologischer Natur sein müssen. Beispielsweise ist ein Computervirus ein Programm, das im Speicher eines Computers Kopien seiner selbst herstellt und sich auf andere Rechner überträgt. Damit erfüllt es die Definition eines lebenden Systems, die ich genannt habe. Computer wie biologische Viren sind ziemlich degenerierte Lebensformen, weil sie nur Befehle beziehungsweise Gene besitzen, aber keinen eigenen Stoffwechsel. Statt dessen programmieren sie den Stoffwechsel des Wirtscomputers oder der Wirtszelle um. Einige Forscher meinen, man könne Viren nicht dem Reich des Lebens zurechnen, weil sie Parasiten sind und nicht unabhängig von ihren Wirten existieren können. Doch so gesehen, sind die meisten Lebensformen Parasiten, denn sie ernähren sich und sind in ihrem Überleben abhängig von anderen Lebensformen. Das gilt übrigens auch für uns selbst. Ich denke, wir sollten Computerviren zu den Lebewesen zählen. Vielleicht ist es bezeichnend für die menschliche Natur, daß die einzige Lebensform, die wir bisher erschaffen haben, rein destruktiv ist. Denken Sie an die Schaffung des Lebens nach dem eigenen Bilde.

Formen, die unserem herkömmlichen Begriff von »Leben« entsprechen, beruhen auf Ketten von Kohlenstoffatomen, die einige wenige andere Atome enthalten, etwa Stickstoff oder Phosphor. Man könnte über Leben mit einer anderen chemischen Basis spekulieren, etwa Silizium, doch Kohlenstoff scheint der günstigste Fall zu sein, weil er die komplexeste Chemie hat. Daß es Kohlenstoffatome mit all den Eigenschaften, über die sie verfügen, überhaupt gibt, setzt eine äußerst feine Abstimmung physikalischer Konstanten voraus wie etwa der Energieskala der starken Kernkraft, der elektrischen Ladung und sogar der Dimension der Raumzeit. Wenn diese Konstanten deutlich andere Werte hätten, wäre entweder der Kern des Kohlenstoffatoms nicht stabil, oder die Elektronen würden in den Kern stürzen.

Auf den ersten Blick scheint es verwunderlich zu sein, daß im Universum eine so feine Abstimmung der Naturkonstanten auf die Erfordernisse der Entstehung des Lebens herrscht. Vielleicht ist dies ein Indiz dafür, daß das Universum speziell zu dem Zweck entworfen wurde, die Menschheit hervorzubringen. Allerdings ist bei solchen Schlußfolgerungen Vorsicht geboten, und zwar wegen des sogenannten anthropischen Prinzips. Es beruht auf der einleuchtenden Tatsache, daß wir nicht fragen würden, warum das Universum so fein abgestimmt ist, weil es uns gar nicht gäbe, wenn es nicht so beschaffen wäre, daß es Leben hervorbringen und erhalten könnte. Das anthropische Prinzip lässt sich entweder in seiner starken oder seiner schwachen Form anwenden. Beim starken anthropischen Prinzip geht man davon aus, daß viele verschiedene Universen existieren, jedes mit anderen Werten für die physikalischen Konstanten. Nur sehr wenige Wertekombinationen lassen die Existenz von Objekten wie den Kohlenstoffatomen zu, die als Bausteine lebender Systeme dienen können. Da wir offenkundig in einem dieser

Universen leben, sollten wir nicht überrascht sein, daß die physikalischen Konstanten so fein abgestimmt sind. Wären sie es nicht, wären wir nicht hier.

Die starke Form des anthropischen Prinzips ist nicht sehr befriedigend. Welche operative Bedeutung kann man der Existenz all dieser anderen Universen zubilligen? Und wenn sie von unserem Universum getrennt sind, wie kann dann das, was in ihnen geschieht, auf unser Universum einwirken? Ich möchte mich statt dessen lieber an das sogenannte schwache anthropische Prinzip halten. Das heißt, ich nehme die Werte der physikalischen Konstanten als gegeben hin. Doch ich werde prüfen, welche Schlußfolgerungen sich aus der Tatsache ableiten lassen, daß gerade in diesem Entwicklungsstadium des Universums ausgerechnet auf diesem Planeten Leben existiert.

Als das Universum vor rund fünfzehn Milliarden Jahren mit dem Urknall begann, gab es noch keinen Kohlenstoff. Es war so heiß, daß alle Materie nur in Form von bestimmten Teilchen, den Protonen und Neutronen, existierte. Ursprünglich waren sie in gleicher Anzahl vorhanden. Doch als das Universum expandierte, kühlte es ab. Ungefähr eine Minute nach dem Urknall fiel die Temperatur auf rund eine Milliarde Grad, etwa das Hundertfache der Hitze, die heute in der Sonne herrscht. Bei dieser Temperatur begannen Neutronen in noch mehr Protonen zu zerfallen. Wäre das alles gewesen, was geschah, hätte sich das Schicksal aller Materie im Universum darin erschöpft, zum einfachsten Element zu werden, dem Wasserstoff, dessen Kern aus einem einzigen Proton besteht. Doch einige der Neutronen stießen mit Protonen zusammen, blieben an ihnen haften und bildeten so das nächstkomplexe Element – Helium, dessen Kern sich aus zwei Protonen und zwei Neutronen zusammensetzt. Doch schwerere Elemente, zum Beispiel Kohlenstoff oder Sauerstoff, sind im frühen Universum nicht entstanden. Es ist schwer vorstellbar, daß sich ein lebendes System aus nichts als Wasserstoff und Helium aufbauen läßt, und ohnehin war das frühe Universum noch viel zu heiß, als daß sich Atome zu Molekülen hätten zusammenschließen können.

Das Universum dehnte sich immer weiter aus und kühlte dabei ab. Doch einige Regionen hatten etwas höhere Dichten als andere. Die Gravitationsanziehung der zusätzlichen Materie in diesen Regionen verlangsamte ihre Expansion und brachte sie schließlich zum Stillstand. Zwei Milliarden Jahre nach dem Urknall begannen sie zu Galaxien und Sternen zu kollabieren. Einige der frühen Sterne besaßen mehr Masse als unsere Sonne. Sie waren auch heißer als sie und verbrannten die Urelemente Wasserstoff und Helium zu schwereren Elementen wie Kohlenstoff, Wasserstoff und Eisen. Das wird nur einige hundert Millionen Jahre gedauert haben. Danach explodierten einige der Sterne als Supernovae und schleuderten die schweren Elemente wieder ins All, wo sie das Rohmaterial für spätere Sternengenerationen bildeten.

Andere Sterne sind so weit von uns entfernt, daß wir nicht direkt erkennen können, ob sie von Planeten umkreist werden. Doch von bestimmten

Sternen, den Pulsaren, erreichen uns Radiowellen in regelmäßigen Impulsen. Wir beobachten eine leichte Schwankung in der Pulsrate einiger Pulsare, was als Indiz dafür gewertet wird, daß eine Störung durch umlaufende, erdgroße Planeten hervorgerufen wird. Planeten, die um Pulsare kreisen, beherbergen höchstwahrscheinlich kein Leben, weil jedes Lebewesen in der Supernova-Explosion getötet worden wäre, die den Stern zum Pulsar hat werden lassen. Nach unseren Beobachtungen haben mehrere Pulsare Planeten, ein Umstand, der darauf schließen läßt, daß ein beträchtlicher Bruchteil der hundert Milliarden Sterne in unserer Galaxis von Planeten umkreist wird. Die für unsere Lebensform erforderlichen planetarischen Bedingungen könnten folglich rund vier Milliarden Jahre nach dem Urknall vorgelegen haben.

Unser Sonnensystem entstand vor rund viereinhalb Milliarden Jahren, etwa zehn Milliarden Jahre nach dem Urknall, aus Gas, das mit den Überresten früherer Sterne kontaminiert war. Die Erde wurde überwiegend aus den schwereren Elementen gebildet, darunter auch Kohlenstoff und Sauerstoff. Irgendwie ordneten sich einige dieser Atome zu DNS-Molekülen an. Sie weisen die berühmte Form der Doppelhelix auf, die 1954 von Crick und Watson in einem kleinen, einfachen Labor in Cambridge entdeckt wurde, dort, wo heute das New Museum steht. Basenpaare verbinden die beiden Ketten der Helix. Es gibt dabei vier Arten von Basen: Adenin, Cytosin, Guanin und Thymin. Leider will meinem Sprachcomputer die Aussprache ihrer Namen nicht so recht gelingen. Offenbar ist er nicht für Molekularbiologen gedacht. Einem Adenin in einer Kette liegt immer ein Thymin in der anderen gegenüber, einem Guanin immer ein Cytosin. Auf diese Weise legt die Sequenz der Basen in der einen Kette eine ganz bestimmte, komplementäre Sequenz in der anderen fest. Die beiden Ketten können sich trennen, und jede wirkt dann als Schablone für den Bau weiterer Ketten. So reproduzieren DNS-Moleküle die genetische Information, die in ihren Basensequenzen verschlüsselt ist. Abschnitte der Sequenz dienen auch zur Herstellung von Proteinen und anderen chemischen Stoffen, welche die in der Sequenz verschlüsselten Befehle ausführen und das Material für die DNS-Reproduktion zusammenfügen können.

Wir wissen nicht, wie die ersten DNS-Moleküle entstanden sind. Die Wahrscheinlichkeit, daß ein DNS-Molekül aus Zufallsfluktuationen hervorgeht, ist sehr gering. Daher haben einige Forscher die Vermutung geäußert, das Leben sei aus dem All auf die Erde gelangt – in Gestalt von Lebenskeimen, die durch die Galaxie driften. Doch die DNS dürfte kaum in der Lage sein, die Strahlung im Weltraum längere Zeit zu überleben, und selbst wenn sie es könnte, würde das den Ursprung des Lebens nicht wirklich erklären, denn der Zeitraum, der seit der Entstehung des Kohlenstoffs verstrichen ist, umfaßt kaum mehr als das doppelte Erdalter.

Es besteht tatsächlich die folgende Möglichkeit: Die Bildung einer reproduktionsfähigen Substanz wie der DNS ist zwar außerordentlich unwahrscheinlich, aber in einem Universum mit einer sehr großen oder unendlichen Anzahl von Sternen wäre es dennoch zu erwarten, daß dieses Ereignis in einigen wenigen, allerdings weit voneinander entfernten Sternensystemen aufträte. Daß sich Leben ausgerechnet auf der Erde entwickelte, ist weder überraschend noch unwahrscheinlich. Es ergibt sich direkt aus dem schwachen anthropischen Prinzip: Wäre Leben statt dessen auf einem anderen Planeten entstanden, würden wir uns fragen, warum es sich gerade dort entwickelt habe.

Wenn die Entwicklung des Lebens auf einem gegebenen Planeten sehr unwahrscheinlich ist, sollte man erwarten, daß sie lange dauert. Genauer, man sollte erwarten, daß sich das Leben in einem Zeitrahmen entfaltet, der die Evolution hin zu intelligenten Geschöpfen, wie wir es sind, gerade rechtzeitig vor Toresschluß, das heißt, vor Lebensende der Sonne, zuließe. Deren Lebensdauer beträgt rund zehn Milliarden Jahre, danach wird sie sich aufblähen und die Erde verschlingen. Intelligente Lebewesen könnten die Raumfahrt meistern und in der Lage sein, zu einem anderen Stern zu entkommen. Gelänge dies nicht, wäre das Leben auf der Erde zum Untergang verurteilt.

Fossile Funde lassen darauf schließen, daß es bereits vor etwa dreieinhalb Milliarden Jahren Lebensformen auf der Erde gab. Da war unser Planet möglicherweise erst seit fünfhundert Millionen Jahren fest und kalt genug für die Entwicklung von Leben. Doch das Leben hätte dann sieben Milliarden Jahre Zeit für seine Entwicklung gehabt, und es wäre immer noch genügend Zeit geblieben, damit sich Wesen wie wir ausbilden könnten, um nach dem Ursprung des Lebens zu fragen. Wenn die Wahrscheinlichkeit, daß sich Leben auf einem gegebenen Planeten entwickelt, sehr gering ist, warum geschah es dann auf der Erde in etwa einem Vierzehntel der zur Verfügung stehenden Zeit?

Das frühe Auftreten von Leben auf der Erde legt den Schluß nahe, daß die Aussichten für die spontane Erzeugung von Leben unter geeigneten Bedingungen gar nicht so schlecht sind. Vielleicht gab es eine einfachere Organisationsform, aus der sich die DNS aufgebaut hat. Sobald sich die DNS gebildet hatte, dürfte sie so erfolgreich gewesen sein, daß sie die früheren Formen vollständig verdrängte. Wir wissen nicht, wie diese früheren Formen ausgesehen haben. Eine Möglichkeit ist die RNS. Sie ähnelt der DNS, ist aber einfacher und ohne die Struktur der Doppelhelix. Kurze RNS-Stücke könnten sich wie DNS reproduziert und schließlich DNS aufgebaut haben. Im Labor lassen sich aus nicht lebenden Stoffen keine Nukleinsäuren herstellen, von RNS ganz zu schweigen. Doch wenn fünfhundert Millionen Jahre zur Verfügung stehen und Ozeane den größten Teil der Erde bedecken, könnte sich eine ansehnliche Wahrscheinlichkeit ergeben, daß RNS durch Zufall entsteht.

Als sich die DNS reproduzierte, kam es zu zufälligen Kopierfehlern. Viele dieser Fehler waren hinderlich und starben aus. Einige waren neutral, das heißt, sie haben die Funktion des betreffenden Gens nicht beeinträchtigt. Solche Fehler trugen zu einer allmählichen Gendrift bei, die offenbar in allen Populationen auftritt. Und manche Fehler waren günstig für das Überleben der Art. Sie wurden von der Darwinschen natürlichen Selektion bevorzugt.

Der biologische Evolutionsprozeß verlief zunächst sehr langsam. Zweieinhalb Milliarden Jahre brauchten die ersten Zellen, um sich zu mehrzelligen Wesen zu entwickeln, und eine weitere Milliarde Jahre, um über die Evolution von Fischen und Reptilien zu Säugetieren zu werden. Doch dann scheint sich die Evolution beschleunigt zu haben. Für den Schritt von den frühen Säugetieren bis zu uns brauchte die Entwicklungsgeschichte nur noch rund hundert Millionen Jahre. Der Grund liegt darin, daß Fische schon die meisten wichtigen Organe des Menschen besitzen und die Säugetiere im wesentlichen alle. Für die Entwicklung von frühen Säugetieren bis hin zum Menschen war nur noch ein bißchen Feinabstimmung nötig.

Doch mit dem Auftreten der menschlichen Spezies erreichte die Evolution ein kritisches Stadium, das in seiner Bedeutung der Entwicklung der DNS gleicht: die Entfaltung der Sprache, insbesondere der geschriebenen Sprache. Sie bedeutete, daß von nun an Informationen auf anderem Wege als dem genetischen – durch die DNS – weitergegeben werden konnten. In den zehntausend Jahren aufgezeichneter Geschichte hat die biologische Evolution keine erkennbare Veränderung an der menschlichen DNS hervorgerufen. Dagegen ist die Wissensmenge, die von einer Generation an die nächste weitergereicht wird, enorm angewachsen. Die DNS des Menschen enthält ungefähr drei Milliarden Nukleinsäuren. Doch ein Großteil der in dieser Sequenz codierten Informationen ist redundant oder inaktiv. Daher umfaßt die Gesamtmenge an nützlichen Informationen in unseren Genen wahrscheinlich nur ungefähr hundert Millionen Bit. Ein Bit Information entspricht der Antwort auf eine Ja-nein-Frage. Dagegen enthält ein Liebesroman vielleicht zwei Millionen Bit Information. Ein Mensch entspricht also etwa fünfzig Kitschromanzen. Eine große Nationalbibliothek kann rund fünf Millionen Bücher oder zehn Billionen Bit enthalten. Die Informationsmenge, die in Büchern weitergegeben wird, ist also hunderttausendmal so groß wie die Menge in der DNS.

Noch wichtiger ist der Umstand, daß sich die Information in Büchern rascher verändern und aktualisieren läßt. Wir haben mehrere Millionen Jahre gebraucht, um uns aus den Affen zu entwickeln. In dieser Zeit hat sich die nützliche Information in unserer DNS wahrscheinlich nur um einige Millionen Bit verändert. Damit hat die biologische Evolution im Erbgut des Menschen Veränderungen von ungefähr einem Bit pro Jahr bewirkt. Im Gegensatz dazu erscheinen jedes Jahr rund fünfzigtausend neue Bücher allein in englischer Sprache, die vielleicht hundert Milliarden Bit Information umfassen. Natürlich ist der größte Teil dieser Information Müll und ohne Nutzen für irgendeine Lebensform. Trotzdem ist das Tempo, mit dem nützliche Informationen ergänzt werden können, millionen-, wenn nicht milliardenfach höher als die DNS-Änderungsrate.

Mit anderen Worten, wir sind in eine neue Phase der Evolution eingetreten. Zunächst vollzog sie sich durch die natürliche Selektion, gestützt auf Zufallsmutationen. Diese Darwinsche Phase dauerte ungefähr dreieinhalb Milliarden Jahre und brachte uns hervor, Geschöpfe, die eine Sprache entwickelten, mit der sie seither Informationen austauschen. Doch seit etwa zehntausend Jahren befinden wir uns in einem Stadium, das man als Phase der externen Übertragung bezeichnen könnte. In diesem Zeitraum hat sich der interne Informationsbestand, der in der DNS an nachfolgende Generationen weitergegeben wird, nicht wesentlich verändert. Doch der externe Bestand – in Büchern und anderen dauerhaften Speichermedien – ist enorm angewachsen. Einige Menschen lassen den Begriff Evolution nur für das intern übertragene genetische Material gelten und kritisieren seine Ausweitung auf Informationen, die extern weitergegeben werden. Doch ich denke, diese Auffassung ist zu eng. Wir sind mehr als nur unsere Gene. Wir sind vielleicht nicht stärker oder von Natur aus intelligenter als unsere Vorfahren, die Höhlenmenschen. Doch was uns von ihnen unterscheidet, ist das Wissen, das wir in den letzten zehntausend Jahren zusammengetragen haben, vor allem in den letzten dreihundert Jahren. Ich denke, es ist legitim, den Begriff weiter zu fassen und neben der DNS auch die extern übertragene Information zur Evolution der menschlichen Spezies zu rechnen.

Die Zeitskala der Evolution in der Phase der externen Übertragung ist die Zeitskala der Informationsakkumulation. Diese rechnete früher nach Hunderten oder Tausenden von Jahren, während sie heute auf fünfzig oder weniger Jahre geschrumpft ist. Auf der anderen Seite haben sich die Gehirne, mit denen wir diese Informationen verarbeiten, nur auf der Darwinschen Zeitskala entwickelt, die in Schritten von Hunderttausenden von Jahren mißt. Das wirft allmählich einige Probleme auf. Noch im 18. Jahrhundert soll es Menschen gegeben haben, die jedes bis dahin geschriebene Buch lasen. Doch wenn Sie heute ein Buch pro Tag läsen, bräuchten Sie ungefähr fünfzehntausend Jahre, um sich durch den Bestand einer Nationalbibliothek durchzuarbeiten.

Daraus folgt, daß niemand mehr als einen kleinen Zipfel des menschlichen Wissens beherrschen kann. Menschen müssen sich auf immer kleinere und kleinere Gebiete spezialisieren. Das bedeutet für die Zukunft wahrscheinlich eine wesentliche Einschränkung. Sicherlich können wir die exponentielle Wachstumsrate nicht mehr lange beibehalten, der unser Wissen seit dreihundert Jahren unterworfen ist. Eine noch größere Beschränkung und Gefahr für künftige Generationen ist der Umstand, daß wir noch immer die Instinkte und vor allem die aggressiven Impulse der Höhlenmenschen mit uns herumtragen. Aggressionen, die sich in dem Bestreben äußerten, andere Menschen zu unterwerfen oder zu töten, ihnen ihre Frauen oder ihre Nahrung zu rauben, hatten bis in die Gegenwart eindeutigen Überlebenswert. Doch jetzt könnten sie die ganze Menschheit vernichten und einen Großteil des übrigen Lebens auf der Erde. Ein Nuklearkrieg ist noch immer die größte Gefahr, aber es gibt auch andere, etwa die Freisetzung eines genetisch veränderten Virus oder eine plötzliche Beschleunigung des Treibhauseffektes.

Wir können nicht darauf warten, daß uns die Darwinsche Evolution mit größerer Intelligenz und besserem Charakter ausstattet. Doch wir treten gerade in eine neue Phase ein, die man als selbstgestaltete Evolution bezeichnen könnte, weil wir in Zukunft in der Lage sein werden, unsere DNS selbst zu verändern und zu verbessern. Heute ist es gelungen, die gesamte Sequenz der menschlichen DNS zu bestimmen. Das hat ein paar Milliarden Dollar gekostet, aber das ist ein Pappenstiel, gemessen an der Bedeutung des Projekts. Sobald wir das Buch des Lebens gelesen haben, können wir mit unseren Korrekturen beginnen. Zunächst werden diese Veränderungen auf die Reparatur genetischer Defekte beschränkt sein, etwa der Mukoviszidose und Muskeldystrophie. Diese Erkrankungen werden durch einzelne Gene verursacht, die relativ leicht zu identifizieren und zu korrigieren sind. Andere Eigenschaften, zum Beispiel die Intelligenz, werden wahrscheinlich durch eine große Anzahl von Genen festgelegt. Es wird sehr viel schwieriger sein, sie zu entdecken und die Beziehung zwischen ihnen zu bestimmen. Trotzdem bin ich mir sicher, daß die Menschen im 21. Jahrhundert Wege finden werden, die Intelligenz und Instinkte wie die Aggression zu verändern.

Welche Aussichten haben wir, außerirdischen Lebensformen zu begegnen, wenn wir unsere Galaxie erkunden? Wenn meine Vermutung über die Zeitskala für das Erscheinen des Lebens auf der Erde stimmt, müßte es viele andere Sterne mit Planeten geben, auf denen Leben existiert. Einige dieser Sternensysteme könnten sich fünf Milliarden Jahre vor der Erde gebildet haben. Warum wimmelt es dann in unserer Galaxie nicht von sich selbst gestaltenden mechanischen oder biologischen Lebensformen? Warum ist die Erde noch nicht besucht oder gar kolonisiert worden? Ich lasse hier alle Vermutungen, Ufos könnten Wesen aus dem All enthalten, außer acht. Ich glaube, alle Besuche von Außerirdischen wären viel offenkundiger und vermutlich auch sehr viel unangenehmer.

Wie ist also zu erklären, daß sie uns noch nicht besucht haben? Eine Möglichkeit wäre, daß das Argument – über das Auftreten des Lebens auf der Erde – falsch ist. Vielleicht ist die Wahrscheinlichkeit einer spontanen Entstehung des Lebens so gering, daß dies in unserer Galaxie oder im beobachtbaren Universum einzig und allein auf der Erde geschehen ist. Eine zweite

Möglichkeit: Es gibt eine gewisse Wahrscheinlichkeit für die Entstehung von sich selbst reproduzierenden Systemen, etwa von Zellen, aber die meisten dieser Lebensformen entwickeln keine Intelligenz. Wir sind daran gewöhnt, uns intelligentes Leben als eine unvermeidliche Konsequenz der Evolution vorzustellen. Doch bei solchen Argumenten sollten wir uns das anthropische Argument eine Warnung sein lassen. Wahrscheinlicher ist, daß die Evolution ein Zufallsprozess ist, bei dem die Intelligenz nur eines von einer großen Zahl möglicher Ergebnisse darstellt. Es ist durchaus nicht erwiesen, daß Intelligenz einen langfristigen Überlebenswert hat. Bakterien und andere einzellige Organismen wird es noch geben, wenn wir alles andere Leben auf der Erde durch unser Handeln längst ausgelöscht haben. Einiges spricht für die Auffassung, Intelligenz sei, gemessen an der Chronologie der Evolution, eine unwahrscheinliche Entwicklung für das Leben auf der Erde gewesen. Es brauchte sehr lange, zweieinhalb Milliarden Jahre, um den Schritt von den Einzellern zu den Mehrzellern zu schaffen, eine notwendige Vorstufe der Intelligenz. Das ist ein erheblicher Bruchteil der Zeit, die insgesamt zur Verfügung steht, bevor die Sonne explodiert, ein Umstand, der für die Hypothese spräche, nach der die Wahrscheinlichkeit gering ist, daß das Leben Intelligenz entwickelt. In diesem Falle könnten wir erwarten, in der Galaxie viele andere Lebensformen zu entdecken, aber kaum, auf intelligentes Leben zu stoßen.

Die Entwicklung des Lebens zu intelligenten Stadien könnte auch durch den Einschlag eines Asteroiden oder Kometen auf dem Planeten unterbrochen werden. Der Zusammenstoß des Kometen Schumacher-Levi mit Jupiter löste eine Reihe riesiger Feuerbälle aus. Man nimmt an, daß der Aufprall eines erheblich kleineren Himmelskörpers auf der Erde vor rund siebzig Millionen Jahren zum Aussterben der Dinosaurier führte. Einige kleinere Säugetiere aus dieser Frühzeit überlebten, aber alles, was so groß wie ein Mensch oder größer war, dürfte mit Sicherheit ausgelöscht worden sein. Es ist schwer zu sagen, wie häufig solche Zusammenstöße vorkommen, aber man darf wohl davon ausgehen, daß sie sich im Durchschnitt alle zwanzig Millionen Jahren ereignen. Wenn diese Schätzung zutrifft, hat sich intelligentes Leben auf der Erde nur dank dem glücklichen Umstand entwickeln können, daß es in den letzten siebzig Millionen Jahren keine größeren Kollisionen gegeben hat. Andere Planeten in unserer Galaxie, auf denen sich Leben entwickelt hat, blieben möglicherweise nicht lange genug von Asteroiden und Kometen verschont, um Intelligenz hervorzubringen.

Betrachten wir eine dritte Möglichkeit: Es gibt eine gewisse Wahrscheinlichkeit, daß sich Leben bildet, daß sich intelligente Wesen entwickeln und daß die externe Übertragungsphase erreicht wird; daß das System dann aber instabil wird und sich das intelligente Leben selbst zerstört. Das wäre eine pessimistische Schlußfolgerung. Ich hoffe sehr, daß sie falsch ist. Weit lieber ist mir eine vierte Möglichkeit: Im All existieren andere intelligente Lebensformen, doch wir haben sie bisher übersehen. Diese Annahme ist der Ausgangspunkt des SETI-Projektes, der *search for extra-terrestrial intelligence*, der Suche nach außerirdischer Intelligenz. Man tastet verschiedene Funkfrequenzen ab und prüft, ob Signale außerirdischer Zivilisationen darunter sein könnten. Wir sollten uns allerdings davor hüten, auf solche Signale zu antworten, bevor wir uns nicht ein bißchen weiterentwickelt haben. Die Begegnung mit einer höheren Zivilisation könnte ähnlich verlaufen wie die Bekanntschaft der amerikanischen Ureinwohner mit Kolumbus. Ich glaube nicht, daß sie ihnen zum Vorteil gereicht hat.

*Hawking mit seiner Frau Elaine
in einer Münchner Boutique*

MARKUS PÖSSEL

STEPHEN HAWKING – EINE PHYSIKALISCH- BIOGRAPHISCHE SKIZZE

Auch in der Wissenschaft kommt es nicht selten darauf an, zur richtigen Zeit am richtigen Ort zu sein: Als der zwanzigjährige Stephen William Hawking 1962 sein Promotionsstudium an der Universität Cambridge aufnahm, geschah das in einer für die beiden Teilgebiete der Gravitationsforschung, denen er sich in der ersten Phase seiner Forscherkarriere widmen sollte, sehr spannenden Zeit.

In der Kosmologie, der Hawkings Hauptinteresse galt, fand in jenen Jahren ein lebhafter Disput zwischen den Befürwortern zweier sehr verschiedener Entwicklungsmodelle des Weltalls statt. Auf der einen Seite standen die Wissenschaftler, die die »Urknallmodelle« vertraten. Diese Modelle gingen zurück auf frühe kosmologische Betrachtungen Einsteins und des holländischen Astronomen Willem de Sitter, die sich bereits kurz nach der Veröffentlichung der allgemeinen Relativitätstheorie darangemacht hatten, die Einsteinsche Gravitationstheorie auf den Kosmos als Ganzes anzuwenden. Die Weiterführung ihrer Ideen durch Forscher wie Alexander Friedmann, George Lemaître, Hermann Weyl, Arthur Eddington, Richard Tolman, Howard Robertson und Arthur Walker führte zu Modellen eines stetig expandierenden Weltalls, das vor endlich langer Zeit aus einem extrem heißen, dichten Anfangszustand – Lemaître sprach vom »Ur-Atom« – entstanden war.

Das Konkurrenzmodell war die weit jüngere »Steady-State-Theorie« des Mathematikers Hermann Bondi und der Astronomen Fred Hoyle und Thomas Gold aus den späten vierziger Jahren. Es beschrieb einen Kosmos, der sich zwar ebenfalls mit der Zeit ausdehnt, sich dabei aber nicht grundlegend verändert: Genau mit derselben Rate, mit der sich das Volumen einer Raumregion aufgrund der Expansion vergrößere, so die zentrale Aussage der Theorie, entstehe in dieser Region aus dem Nichts neue Materie, so daß die Gesamtdichte konstant bleibe. In diesem Zustand (dem »Steady State«) habe das Universum seit aller Ewigkeit existiert.

Bis Mitte der sechziger Jahre waren die kosmologischen Beobachtungsdaten so spärlich, daß sie keine klare Entscheidung zwischen Urknall und Steady State zuließen; um so heftiger stritten die Anhänger der beiden Alternativen mit theoretischen und regelrecht philosophischen Argumenten für ihre Modelle.

Die Erforschung der Schwarzen Löcher, zu der Hawking später wichtige Ergebnisse beitragen sollte, stand, als er seine Promotionsstudien aufnahm, am Anfang einer Blütezeit. Aus heutiger Sicht ist ein Schwarzes Loch ein Gebilde, in dem Masse in einer Raumregion so verhältnismäßig geringen Ausmaßes konzentriert ist, daß ein Teil des Weltalls zum »Raum ohne Wiederkehr« entartet: Wer oder was in diese Raumregion gerät (»in das Schwarze Loch fällt«), kann niemals wieder herauskommen – die Anziehung der Schwerkraft ist dort dergestalt, daß selbst Licht ihr nicht widerstehen kann und im Schwarzen Loch gefangen bleibt. Der Rand des Schwarzen Lochs, der sogenannte Ereignishorizont, ist die ultimative kosmische Einbahnstraße.

Diese Vorstellung von Schwarzen Löchern ist verhältnismäßig jungen Datums. Zwar sind einige wesentliche Puzzlestücke, die sich in dieses Forschungsgebiet einfügen, weit älter: Die grundlegende Idee, es könne Körper mit so großer Schwerkraftwirkung geben, daß ihnen nicht einmal Licht zu entkommen vermag, läßt sich bis ins 18. Jahrhundert zurückverfolgen. Wie die Raumzeit rund um eine kugelsymmetrische Massenverteilung aussieht, hatte der deutsche Astrophysiker Karl Schwarzschild bereits 1915 niedergeschrieben, nur einige Wochen nach der Veröffentlichung der allgemeinen Relativitätstheorie. Doch eine Formel aufstellen heißt in der Physik noch lange nicht, alle ihre Konsequenzen zu verstehen, und erst Ende der fünfziger Jahre begannen die Physiker, mit Hilfe von Schwarzschilds Raumzeit den grundlegenden Eigenschaften Schwarzer Löcher auf die Spur zu kommen.

ZU DEN GRENZEN DER RAUMZEIT

Als Hawking nach Cambridge kam, hatte er gehofft, sein Betreuer werde Fred Hoyle sein – zu jener Zeit der berühmteste britische Astronom und eifrigste Verfechter der Steady-State-Kosmologie. Daß Hawking statt dessen der Astronom Dennis Sciama als Doktorvater zugewiesen wurde, war für ihn anfänglich eine Enttäuschung, sollte sich letztendlich aber als Glücksgriff erweisen. Zum einen erhielt Hawking mit Sciama einen Betreuer, der ihm weit mehr Aufmerksamkeit widmen konnte als der vielbeschäftigte Hoyle. Sciama hatte immer Zeit für äußerst anregende Diskussionen und hat auf diese Weise nicht nur seine Doktoranden – neben Hawking waren das beispielsweise der Kosmologe George Ellis und der derzeitige königliche Hofastronom Martin Rees – maßgeblich beeinflußt, sondern auch den jungen Roger Penrose, von dem noch die Rede sein wird.

Zum anderen war der Stern der Steady-State-Theorie bereits im Sinken begriffen: Untersuchungen der statistischen Verteilung ferner Radioquellen, die der Astronom Martin Ryle und seine Mitarbeiter 1955 veröffentlicht hatten, waren nur der Anfang eines steten Stroms von Beobachtungsdaten, die sich mit der Steady-State-Theorie nicht recht vereinbaren ließen und dazu führten, daß die Anhänger der Urknallmodelle die Fachdiskussion klar für sich entscheiden konnten. Als Doktorand Hoyles wäre Hawking mit großer Wahrscheinlichkeit in die letzendlich fruchtlosen Rückzugsgefechte der Steady-State-Fraktion hineingezogen worden.

Bereits zu Beginn seiner Doktorarbeit war Hawking klar gewesen, daß er sich mit Kosmologie befassen wollte – nicht mit den herkömmlicheren astrophysikalischen Themen, die ihm Sciama zunächst vorgeschlagen hatte. Beschäftigte er sich dabei zunächst noch mit Aspekten der Steady-State-Modelle, so wandte sich sein Augenmerk mit der Zeit mehr und mehr den frühesten Phasen der Urknallmodelle zu.

Verfolgt man das expandierende Weltall solcher Modelle in der Zeit weiter und weiter zurück, so zieht es sich mehr und mehr zusammen. Geht man weit genug in die Vergangenheit, erreicht man einen Punkt, an dem alle Größenskalen auf null geschrumpft sind, die sogenannte Urknallsingularität, einen abrupten Beginn des Kosmos; eine Raumzeitgrenze, an der Materiedichte, Temperatur und Raumkrümmung physikalisch sinnlose unendliche Werte annehmen.

Was hatte es mit dieser Singularität auf sich? Wann immer Physiker in ihren Modellen auf solch singuläres Verhalten stoßen, ist Skepsis angesagt – es zeigt an, daß hier die Grenzen des betreffenden Modells erreicht sind, das zumindest an diesem Punkt ein allzu vereinfachtes Abbild der Wirklichkeit liefert.

Die klassischen Forschungen zum Thema Raumzeitsingularitäten gingen zur Beantwortung dieser Frage direkt von den Einstein-Gleichungen aus – dem Kernstück der allgemeinen Relativitätstheorie, das angibt, wie die geometrischen Eigenschaften der Raumzeit von ihrem Masse- und Energieinhalt abhängen. Explizite Lösungen für diese Gleichungen zu finden, mit anderen Worten: eine komplette Raumzeit samt etwaiger darin enthaltener Materie anzugeben, die den Einsteinschen Gleichungen genügen, ist sehr schwierig. Um überhaupt eine Lösung hinschreiben zu können, postuliert man von vornherein sehr einfache Verhältnisse. Die Universen der grundlegenden Urknallmodelle etwa waren von perfekter Homogenität, mit vollkommen gleichmäßig verteilter Materie angefüllt. Solche einfachen Situationen sind in der Regel unrealistisch. Die wirkliche Welt ist nun einmal voll von symmetriezerstörenden Unregelmäßigkeiten.

Symmetrieannahmen können in die Irre führen. Wie, das zeigt ein Beispiel aus dem Alltag: Stellen Sie sich einen runden Gartentisch vor und eine Stricknadel. Wie sich die Stricknadel verhält, bestimmen die Newtonschen Gleichungen der Mechanik. Üblicherweise wird sie, sich selbst überlassen, waagerecht auf dem Tisch liegen. Nun stellen wir eine künstliche Symmetrieforderung: Wir wollen nur Situationen betrachten, die rotationssymmetrisch sind, sich also nicht verändern, wenn die Tischfläche um eine vorgegebene senkrechte Achse durch den Tischmittelpunkt gedreht wird. Mit dieser Zusatzforderung ist eine liegende Stricknadel auf einmal nicht mehr zulässig, denn wenn wir die Tischfläche drehen, so verändert sich ihre Lage. Die einzige Möglichkeit, die Symmetriebedingung zu erfüllen, besteht darin, daß die Stricknadel auf einer ihrer beiden Spitzen senkrecht mitten auf dem Tisch steht. Das ist, den mechanischen Gesetzen folgend, im Prinzip möglich; es befriedigt die Symmetrieforderung; es ist allerdings auch so unrealistisch, daß es in der wirklichen Welt so gut wie nie vorkommt.

Ähnlich, so argumentierten Jewgenij Lifschitz und Isaak Chalatnikow, verhalte es sich mit Raumzeitsingularitäten wie dem Urknall. Anhand der Einstein-Gleichungen, so die beiden russischen Physiker, lasse sich zeigen, daß es, im Verhältnis zur Menge aller Lösungen, nur eine verschwindend kleine Menge singulärer Lösungen gibt – verglichen mit dem allgemeinen Fall wären Singularitäten so selten und so unrealistisch wie aufrecht stehende Stricknadeln. Daß in den Urknallmodellen eine Singularität auftrete, sei daher wohl nur eine irreführende Konsequenz der hohen Symmetrie; in Wirklichkeit, so Lifschitz und Chalatnikow, sei anzunehmen, daß Universen einen Lebenszyklus durchliefen, bei dem ihre Materie aufeinanderfalle, einen Zustand maximaler Dichte erreiche, von dort aus ohne Singularität wieder expandiere, und so weiter. Die physikalisch äußerst bedenklichen Singularitäten wären damit aus dem Rennen. So weit, so gut, wäre da nicht ein junger Mathematiker namens Roger Penrose gewesen, der das Problem der Singularitäten auf eine ganz neue Art und Weise anging.

ROGER PENROSE UND DIE GLOBALE GEOMETRIE

Die Ergebnisse von Lifschitz und Chalatnikow betreffen nicht nur den Urknall, sondern schienen noch eine weitere Art von Singularität ins Reich der aufrecht stehenden Stricknadeln zu verweisen – jene Singularitäten nämlich, die sich im Inneren von Schwarzen Löchern befinden. Ein Objekt, das in ein perfekt kugelsymmetrisches Schwarzes Loch fällt, trifft nach einer nicht allzu langen Zeitspanne auf eine Singularität. Dort findet seine Existenz ein abruptes Ende; ebenso, wie die Urknallsingularität einen »Anfang der Zeit« darstellt, befindet sich im Schwarzen Loch ein singuläres »Ende der Zeit«. Und auch hier gab das Argument von Lifschitz und Chalatnikow die Antwort, es handle sich nicht um eine allgemeine Eigenschaft Schwarzer Löcher, sondern um ein Artefakt der hochsymmetrischen Schwarzschild-Lösung.

Hatten Lifschitz und Chalatnikow direkt die Einstein-Gleichungen betrachtet, so ging Roger Penrose, ganz Mathematiker, von einer Reihe viel allgemeinerer Eigenschaften aus, die eine Raumzeit in der allgemeinen Relativitätstheorie erfüllen muß.

Eine dieser Eigenschaften ist, daß die Lichtgeschwindigkeit in Einsteins Theorie die absolute obere Geschwindigkeitsgrenze darstellt: Weder können sich materielle Objekte schneller bewegen, noch können Einflüsse irgendwelcher Art überlichtschnell übertragen werden. Dieser Umstand verleiht der Raumzeit eine ganz bestimmte Struktur; um das zu sehen, gilt es allerdings, ein wenig weiter auszuholen. Ein *Ereignis* ist etwas, das an einem bestimmten Ort und zu einem bestimmten Zeitpunkt stattfindet (etwa »Stephen Hawkings Geburt am 8. Januar 1942 in Oxford«). Ereignisse können zeitlich und räumlich voneinander getrennt sein: Zwei Ereignisse können gleichzeitig stattfinden, aber an unterschiedlichen Orten (»Stephen Hawking wurde am 8. Januar 1942 in Oxford geboren, gleichzeitig fiel in Beijing ein Sack Reis um«); sie können am gleichen Ort stattfinden, aber zu unterschiedlichen Zeiten (»Stephen Hawking wurde am 8. Januar 1942 in Oxford geboren; am 9. Januar desselben Jahres steckte sich am selben Ort ein Arzt eine Zigarette an«); sie können sich aber auch räumlich wie zeitlich unterscheiden (»Stephen Hawking wurde am 8. Januar 1942 in Oxford geboren, Galileo Galilei starb am 8. Januar 1642 in Arceti«).

Die Gesamtheit aller Orte, an denen sich Dinge befinden können, nennen wir *Raum*; die Gesamtheit aller Orte und Zeitpunkte, an und zu denen Ereignisse stattfinden können, ist die *Raumzeit*. Die Lichtgeschwindigkeit als Geschwindigkeitsobergrenze bestimmt, welche Ereignisse welche anderen Ereignisse im Prinzip beeinflussen könnten und in welchen Fällen eine Beeinflussung prinzipiell unmöglich ist. Nehmen wir Hawkings Geburt und den hypothetischen Reissack – könnte eines dieser Ereignisse das andere, auf welch abenteuerlichem Umweg auch immer, verursacht haben? Nein, denn wie auch immer der ohnehin schon sehr unwahrscheinliche Einfluß des einen Ereignisses das andere erreicht haben sollte – er hätte dabei schneller als das Licht übertragen werden müssen, das von Oxford bis Peking immerhin einige Hundertstelsekunden benötigt, und solch ein überlichtschneller Einfluß ist in Einsteins Theorie kategorisch verboten. In dieser Weise besitzt jede Einsteinsche Raumzeit eine *kausale Struktur* – verfolgt man, wie sich Licht in dieser Raumzeit ausbreitet, so läßt sich für jedes gegebene Ereignis *A* angeben, welche anderen Ereignisse es im Prinzip beeinflussen könnte, welche anderen Ereignisse das Ereignis *A* beeinflussen könnten und für welche Ereignisse Einfluß weder in die eine noch in die andere Richtung möglich ist.

Dieser kausale Zusammenhang ist vor allem deshalb so wichtig, weil die alltägliche Referenzstruktur »am gleichen Ort« beziehungsweise »zur gleichen Zeit«, die wir eingangs verwendet haben, keine absolute Bedeutung besitzt, sondern vom Beobachter abhängt. Hinsichtlich des Ortes ist das leicht einzusehen: Auf die Erde bezogen mag es stimmen, daß sich genau einen Tag nach Stephen Hawkings Geburt im gleichen Zimmer desselben Oxforder Hauses ein Arzt eine Zigarette anzündete. Die Erde selbst hat sich in diesem einen Tag allerdings auf ihrer Bahn bereits rund zweieinhalb Millionen Kilometer weiterbewegt. Auf das Sonnensystem bezogen fanden die beiden Ereignisse daher keineswegs am gleichen Ort statt. Weniger leicht einzusehen, aber wahr: In der Relativitätstheorie gilt solch eine Beobachterabhängigkeit auch für die Gleichzeitigkeit. Ob zwei Ereignisse zur selben Zeit stattfinden, kann von zwei vollkommen gleichberechtigten Beobachtern sehr unterschiedlich beurteilt werden. Die kausale Struktur – welche Ereignisse welche anderen Ereignisse beeinflussen können – ist dagegen völlig beobachterunabhängig.

Eine weitere Eigenschaft, die Penrose verwendete, war, daß es im Weltraum nur positive Massen gibt, die sich gegenseitig gravitativ anziehen.[1] Für die elektrische Kraft gibt es bekanntlich positive und negative Ladungen: Gleichnamige elektrische Ladungen stoßen sich ab; eine positive und eine negative Ladung ziehen sich an. Was die Gravitation betrifft, so gibt es nur eine Sorte Massen (»Gravitationsladungen«). Gravitation ist immer anziehend, nie abstoßend.

Von der Kausalstruktur, der universellen Anziehung der Gravitation und einigen weiteren, weniger anschaulichen Annahmen ausgehend, entwickelte Penrose allgemeingültige geometrische Argumente, die eindeutig zeigten: Wenn sich ein Schwarzes Loch bildet, entsteht auch eine Singularität. Etwas genauer: Wenn sich beim Kollaps eines Sterns eine Horizontfläche bildet, aus der Licht nicht entkommen kann (charakteristisch für ein Schwarzes Loch), so befindet sich im Inneren dieser Fläche unvermeidlicherweise auch ein Raumzeitrand – eine Singularität. (Lifschitz und Chalatnikow, so stellte sich im nachhinein heraus, hatten, als sie zum gegenteiligen Ergebnis gekommen waren, Annahmen einfließen lassen, die allgemein gültig schienen, aber auf Raumzeitregionen in der Nähe von Singularitäten nicht zutreffen.)

Damit hatte die sogenannte globale Geometrie Einzug in die Forschungen zur allgemeinen Relativitätstheorie gehalten.

GLOBALE GEOMETRIE UND DER ANFANG DES UNIVERSUMS

Hawking erfuhr von Penroses neuer Methode nur auf einem Umweg, nämlich von Brandon Carter, einem weiteren Doktoranden von Dennis Sciama, mit dem sich Hawking in Cambridge ein Büro teilte. Carter hatte sich einen Seminarvortrag am Kings College in London angehört, in dem Penrose von seinen Forschungen berichtete, und erzählte seinerseits Hawking von die-

1 In der klassischen Physik ist diese Aussage wahr; zieht man auch Quanteneffekte in Betracht, wird die Situation komplizierter. Penroses Forschungen stehen fest auf dem Boden der klassischen Physik; Quanteneffekte werden ausgeklammert.

sen neuartigen Techniken. Hawking sagt heute, daß er anfänglich gar nicht recht verstehen konnte, was an Penroses Ergebnissen so besonders sein sollte. Doch dann wurde ihm nicht nur der Wert der Penroseschen Methoden klar, sondern er erkannte zudem, daß er es mit einem potentiell äußerst nützlichen Werkzeug für kosmologische Forschung zu tun hatte – dann nämlich, wenn sich das auseinanderfliegende Universum, in die Vergangenheit bis zur Urknallsingularität zurückverfolgt, auf ganz ähnliche Weise mathematisch bändigen ließe wie ein zusammenstürzender Stern, der zu einer Singularität kollabiert.

Hawkings erste Schritte in der globalen Geometrie waren vergleichsweise bescheiden – das Universum, das er gemeinsam mit seinem Kollegen George Ellis betrachtete, war insofern idealisiert, als die Materie darin komplett homogen verteilt war. Dennoch war die Rechnung von Interesse, denn im Gegensatz zu den Standard-Urknallmodellen kann solch ein Universum im Ganzen rotieren, und schon in Newtons Beschreibung der Schwerkraft gibt es Situationen, in denen sich Rotation und Schwerkraft die Waage halten – die Umlaufbahn eines Planeten um eine Sonne beispielsweise ist trotz der Schwerkraft, die die beiden Körper aufeinander ausüben, stabil. Könnte ein rotierendes Universum in sich zusammenstürzen und anschließend als expandierendes Universum auseinanderfliegen, ohne daß es zu einer Singularität käme? Die global-geometrischen Methoden gaben die Antwort: Nein, auch solch ein Universum begänne mit einer waschechten Singularität.

Die Penroseschen Methoden sind gerade deswegen so machtvoll, weil sie ohne vereinfachende Symmetrieannahmen auskommen. Im nächsten Schritt ließ Hawking die Annahme der Homogenität fallen und betrachtete Universen, die zwar im großen und ganzen dieselbe Raumzeitstruktur aufweisen wie ein Universum mit gleichmäßig verteilter Materie, aber lokal deutliche Inhomogenitäten enthalten können. Auch für diese Art von Universum konnte Hawking nachweisen, daß es in einer Singularität begonnen haben mußte – allerdings unter einer weiteren Bedingung: In den Standard-Urknallmodellen ist der Weltraum entweder unendlich groß, oder er hat ein endliches Volumen (in letzterem Falle wäre der Raum das dreidimensionale Analogon einer Kugelfläche, die zwar in sich geschlossen ist und keinen Rand aufweist, aber trotzdem nur einen endlichen Flächeninhalt besitzt). Hawkings Beweis mußte ein unendlich großes Universum voraussetzen.

Mit diesen Ergebnissen konnte er seine Doktorarbeit beenden. Er erhielt eine Stelle als Research Fellow am Gonville and Caius College – die erste einer Reihe von Forschungsstellen an der Cambridge University, wo Hawking noch heute tätig ist.

Im Anschluß an seine Promotion widmete sich Hawking der Weiterentwicklung der Singularitätentheoreme. In den bisherigen Versionen waren bestimmte Annahmen vonnöten gewesen, um das Vorhandensein der Urknallsingularität geometrisch beweisen zu können. Eine davon, die Annahme eines unendlich großen Universums, habe ich bereits erwähnt; andere betrafen noch abstraktere mathematische Eigenschaften. Diese Annahmen wurden nun nach und nach abgeschwächt – Arbeiten von Hawking, von Penrose und dem US-amerikanischen Physiker Robert Geroch wiesen unter immer allgemeineren Bedingungen die Existenz von Singularitäten nach.

Ein weiteres Puzzlestück lieferte die Radioastronomie: 1965 entdeckten die Physiker Robert Wilson und Arno Penzias die sogenannte kosmische Hintergrundstrahlung, eine überall im All vorhandene Wärmestrahlung. Deren Eigenschaften entsprachen genau dem, was man als Nachhall einer früheren heißen Phase eines Urknalluniversums erwarten sollte. Die kosmische Hintergrundstrahlung war damit nicht nur ein entscheidendes Indiz für die Richtigkeit der Urknallmodelle – sie war auch für die Singularitätentheoreme von Bedeutung: Hawking und George Ellis konnten nachweisen, daß der heiße, keine Raumrichtung bevorzugende Zustand des frühen Universums, von dem die Hintergrundstrahlung kündete, ein klarer Hinweis darauf, daß die den Theoremen zugrunde liegenden Annahmen zutrafen.

Die Verfeinerung der Singularitätentheoreme beschränkte sich dabei nicht auf die Kosmologie: Zusammen mit Penrose arbeitete Hawking Theoreme aus, die die Ergebnisse zur Urknallsingularität und zur Singularität Schwarzer Löcher in eleganter Weise verallgemeinerten und zusammenfaßten.

Hawking beschäftigte sich in dieser Zeit – wir bewegen uns auf die frühen siebziger Jahre zu – nicht nur mit globaler Geometrie, sondern auch mit anderen Themen aus dem Bereich der allgemeinen Relativitätstheorie. Zum einen ging er weiter kosmologischen Fragen nach – beispielsweise beschäftigte er sich in Zusammenarbeit mit seinen Kollegen George Ellis und C. B. Collins, vorangehenden Arbeiten von Jürgen Ehlers und Mitarbeitern folgend, mit der Frage, inwieweit sich aus der Gleichmäßigkeit der kosmischen Hintergrundstrahlung Rückschlüsse auf eine gleichmäßige Materieverteilung in unserem Universum ziehen lassen. Zum anderen wandte er seine Aufmerksamkeit mehr und mehr den Schwarzen Löchern zu.

DIE MECHANIK DER SCHWARZEN LÖCHER

In der Erforschung Schwarzer Löcher war es, seit Hawking sein Promotionsstudium begonnen hatte, zu wichtigen Fortschritten gekommen. Zum einen hatte sich nach einem Vorschlag Fred Hoyles die Möglichkeit eröffnet, daß Schwarze Löcher ungeahnte astrophysikalische Relevanz besaßen. Sie waren als Energielieferanten der gerade entdeckten Quasare im Gespräch, ferner und extrem heller extragalaktischer Objekte, die im Vergleich zu herkömmlichen Galaxien unerwartet klein sind. Zum anderen hatte auch die theoretische Seite der Forschung entscheidenden Erkenntnisgewinn verbuchen können.

Einige der Fortschritte betrafen rotierende Schwarze Löcher: Im Jahre 1963 hatte der neuseeländische Physiker Roy Kerr eine Lösung der Einstein-Gleichungen gefunden, die ein rotierendes Schwarzes Loch beschreibt. In gewisser Weise zwingt ein rotierendes Schwarzes Loch auch die Raumzeit außerhalb seines Horizonts, sich mit ihm im Kreis zu drehen. Roger Penrose zeigte auf, wie sich dieser Umstand dazu nutzen läßt, einem rotierenden Schwarzen Loch Energie zu entziehen: Stellen Sie sich ein hantelartiges Objekt vor, bestehend aus zwei massiven Kugeln, die über einen Schaft miteinander verbunden sind. Man bringt diese Hantel nahe genug an das rotierende Schwarze Loch heran, so daß sie an der Rotation der Raumzeit teilnimmt, und zündet dann eine Sprengladung im Verbindungsschaft dergestalt, daß eine der Kugeln dadurch von dem Schwarzen Loch weggeschleudert wird, während die andere hineinfällt. Unter bestimmten Bedingungen, so wies Penrose nach, besitzt die entflohene Kugel eine größere Energie als das ursprüngliche Hantelobjekt – ein Energiezuwachs, der dem Schwarzen Loch zu verdanken ist.

Die Energie, die dem Schwarzen Loch auf diese Weise entzogen werden kann, ist nicht unbegrenzt. Tatsächlich, so berechnete der junge Doktorand Demetrios Christodoulou von der Universität Princeton, gibt es eine feste Obergrenze dafür, wieviel Energie sich aus einem gegebenen Schwarzen Loch gewinnen läßt. Sie ist abhängig sowohl von der Masse des Schwarzen Lochs als auch von seinem Drehimpuls (»wie schnell sich das Loch dreht«).

Hawking erkannte, daß sich die ihm so wohlvertrauten globalen Methoden anwenden ließen, um Christodoulous Resultat zu verallgemeinern. Das Ergebnis, Hawkings »Flächensatz«, ist sicherlich ein Höhepunkt der klassischen Theorie Schwarzer Löcher. Er besagt, daß die *Fläche des Horizonts* eines Schwarzen Lochs niemals abnehmen kann, egal wie das Schwarze Loch mit seiner Umgebung interagiert.[2] Diese Horizontfläche hängt direkt mit der Masse und dem Drehimpuls des Schwarzen Lochs zusammen, und das schlägt den Bogen zu dem Ergebnis von Christodoulou: Wir können einem rotierenden Schwarzen Loch nur Energie entziehen, solange dies seine Horizontfläche nicht verkleinert. Das ist der geometrische Hintergrund von Christodoulous Obergrenze der Energiegewinnung.

Wie machtvoll die global-geometrischen Methoden sind, zeigt sich nicht zuletzt an der Allgemeingültigkeit des Flächensatzes. Der nämlich hat, weit entfernt davon, eine bloße mathematische Spielerei zu sein, durchaus praktische Konsequenzen: Betrachten wir beispielsweise die Kollision zweier Schwarzer Löcher, die sich gegenseitig umkreisen, schließlich zu einem ein-

2 Der Vollständigkeit halber sei angemerkt, daß wir hier eine Unterscheidung vernachlässigt haben; diejenige zwischen dem sogenannten absoluten Horizont, den der Flächensatz betrifft, und dem scheinbaren Horizont, um den es in den Singularitätentheoremen geht.

zigen, großen Schwarzen Loch verschmelzen und während des ganzen Prozesses Energie in Form von Gravitationswellen abstrahlen – periodischen Verzerrungen des Raumzeitgefüges, dem Gravitations-Analog zu elektromagnetischer Strahlung. Eine solche Kollision im einzelnen zu beschreiben ist höchst kompliziert. Niemand kann die entsprechende Lösung der Einsteinschen Gleichungen explizit niederschreiben, wie es bei einfachen Schwarzen Löchern möglich ist. Die einzige Hoffnung bieten aufwendige Computersimulationen, doch selbst die sind beim heutigen Stand der Forschung noch nicht in der Lage, solch eine Kollision von Anfang bis Ende vollständig zu verstehen (eine Aussage dieses Essays, die in den nächsten Jahren durchaus überholt sein könnte). Doch was auch immer das letztendliche Ergebnis der Simulationen sein mag, eine Eigenschaft der Kollision ist mathematisch gesichert, denn sie folgt aus Hawkings Flächensatz: Die Horizontfläche des aus der Verschmelzung resultierenden Schwarzen Lochs wird größer sein als die Summe der Horizontflächen der ursprünglichen Schwarzen Löcher – ein Umstand, der wichtige Konsequenzen dafür hat, wieviel Energie im Laufe der Kollision in Form von Gravitationswellen abgestrahlt werden kann.

Daß ein perfekt kugelsymmetrisches Objekt zu einem kugelsymmetrischen Schwarzen Loch kollabieren sollte, wenn seine Masse groß und seine Ausdehnung klein genug sind, war schon seit längerem bekannt. Nun fragten sich die Physiker: Was passiert beim Kollaps unregelmäßig-unsymmetrischer Objekte? Die Liste der Forscher, die sich um die Beantwortung dieser Frage verdient gemacht haben, ist lang; erwähnt seien hier exemplarisch die russischen Astrophysiker Andrej Doroschkewitsch, Jakow Sel'dowitsch und Igor Nowikow, ihre US-Kollegen Werner Israel, Charles Misner und Richard Price sowie einmal mehr Roger Penrose. Die Antwort, die sich gegen Ende der sechziger Jahre herauskristallisierte, war ebenso elegant wie verblüffend: Auf lange Zeit betrachtet sind Schwarze Löcher recht einfache, symmetrische Gebilde. Wie kompliziert und unregelmäßig die Objekte auch beschaffen gewesen sein mögen, aus deren Kollaps ein Schwarzes Loch hervorgegangen ist – etwaige Unregelmäßigkeiten und Abweichungen von der Symmetrie werden in Form von Gravitationswellen abgestrahlt, und zurück bleibt ein einfaches, symmetrisches Schwarzes Loch. Lange genug sich selbst überlassen, erreichen Schwarze Löcher einen Zustand, in dem sie keinerlei Unregelmäßigkeiten mehr besitzen, anhand derer man sie voneinander unterscheiden könnte – ein Umstand, den die Physiker auf die saloppe Kurzformel »Schwarze Löcher haben keine Haare« gebracht haben.

Der letzendliche Beweis dieses »Glatzensatzes« besteht zum einen aus einer Reihe von Untersuchungen bestimmter Spezialfälle (etwa nichtrotierender Schwarzer Löcher oder axialsymmetrischer rotierender Löcher), die

Werner Israel, Brandon Carter und der britische Physiker David Robinson unternahmen; Hawking steuerte 1972 ein Theorem bei, das nachwies, daß diese Spezialfälle bereits ausreichten, um den Glatzensatz allgemein auf alle langfristigen Endzustände Schwarzer Löcher auszudehnen. (Die Erweiterung auf elektrisch geladene Schwarze Löcher ließ noch etwas auf sich warten, sie gelang 1983 unabhängig voneinander P. Mazur und G. Bunting.)

Mit der Entwicklung von Flächen- und Glatzensatz strebte die klassische Phase der Erforschung Schwarzer Löcher einem furiosen Finale entgegen. Dessen Schauplatz: der kleine Ort Les Houches in den französischen Alpen, unter theoretischen Physikern wohlbekannt für die Sommerschulen, zu denen sich seit 1951 jedes Jahr bis zu sechzig jüngere und ältere Teilnehmer bis zu sechs Wochen lang zu Vorlesungen, Vorträgen und Fachdiskussionen einfinden. Die Sommerschule 1972 stand im Zeichen der Schwarzen Löcher, und parallel zu ihrer Vorlesungstätigkeit fanden Hawking, James Bardeen und Brandon Carter Zeit zu fruchtbarer gemeinsamer Forschung. Resultat der Zusammenarbeit war die Formulierung der »Gesetze der Mechanik Schwarzer Löcher«, die den Stand der Forschung in eleganter Weise zusammenfaßten: Langfristig betrachtet sind Schwarze Löcher einfache Gebilde, die durch ihre Masse, ihre elektrische Ladung und ihren Drehimpuls (»Wie schnell rotiert das Schwarze Loch?«) vollständig definiert werden. Ändert man diese drei Parameter, so ändert sich die Horizontfläche in fest vorgegebener, einfacher Weise. Was die Veränderung von Horizontflächen mit der Zeit angeht, so gilt der Flächensatz: Diese Flächen können niemals kleiner werden.

Bemerkenswert ist an diesen Gesetzen nicht nur ihre relative Einfachheit, sondern vor allem ihre Ähnlichkeit mit den im 19. Jahrhundert formulierten Gesetzen der Thermodynamik – jenes Teilgebiets der Physik, das sich mit Konzepten wie Temperatur, Energie und Wärme beschäftigt. Um ein System der klassischen Thermodynamik zu beschreiben, reicht die Angabe einiger weniger Zustandsgrößen aus – ebenso wie bei einem Schwarzen Loch. Um beispielsweise den Zustand eines idealisierten Gases in einem Behälter zu beschreiben, genügt die Angabe seine Temperatur, seiner Masse und seines Volumens. Für thermodynamische Systeme gilt der Energieerhaltungssatz: Ihre innere Energie ändert sich in wohldefinierter Weise, wenn man dem System Wärme zuführt oder Arbeit an ihm verrichtet. Das Gesetz, das die Energieänderung beschreibt, sieht formal haargenau so aus wie jenes, das angibt, wie die Fläche eines Schwarzen Lochs zunimmt, dessen Masse, elektrische Ladung oder Drehimpuls man verändert.

Weiterhin gilt der zweite Hauptsatz der Thermodynamik: Jedem thermodynamischen System läßt sich eine Größe namens »Entropie« zuordnen, die, grob gesprochen, ein Maß für die innere Unordnung des Systems ist. Der

STEPHEN HAWKING

Stephen Hawking in der Münchner
Frauenkirche

zweite Hauptsatz besagt, daß die Entropie mit der Zeit nur zu-, niemals aber abnehmen kann. Das hat weitreichende Konsequenzen und verleiht den physikalischen Gesetzen insbesondere eine Zeitrichtung: Lassen Sie eine Tasse auf einen Steinboden fallen und beobachten Sie, wie sie in tausend kleine Scherben zerspringt. Der umgekehrte Prozess, bei dem sich die vielen Scherben spontan zusammenfinden, eine Tasse bilden und, von dynamischen Verformungen des Fußbodens angestoßen, in die Luft steigen, ist nach den Gesetzen der Newtonschen Mechanik genauso möglich wie das Zerschellen. Daß wir nur den einen, nicht aber den anderen Vorgang beobachten, ist eine Konsequenz des zweiten Hauptsatzes: Beim Zerschellen der Tasse nimmt die Entropie mit der Zeit zu, und das ist thermodynamisch erlaubt. Ein Abnehmen der Entropie, bei dem sich die ungeordneten Scherben zusammenfügen, widerspricht dem Hauptsatz.

Auch dieser Hauptsatz hat seine Entsprechung in der Mechanik der Schwarzen Löcher: So wie hier die Entropie mit der Zeit nur größer werden kann, ist dort nach dem Hawkingschen Flächensatz der Horizontfläche dasselbe Schicksal beschieden. Obwohl nicht geklärt war, was es mit der Analogie zur Thermodynamik auf sich hatte – wir werden später noch darauf zurückkommen: Mit der Formulierung der Gesetze der Mechanik Schwarzer Löcher hatte das Forschungsgebiet einen gewissen vorläufigen Abschluß erreicht. Zusammen mit George Ellis machte sich Hawking daran, ein Lehrbuch zum Thema zu verfassen. Das Ergebnis ihrer Mühen, *The Large Scale Structure of Spacetime* (»Die großräumige Struktur der Raumzeit«), 1973 erschienen, war und ist allerdings deutlich mehr als ein gewöhnliches Lehrbuch. Es gab nicht nur einen Überblick über den Stand der Forschung, sondern beinhaltete auch neue Ergebnisse und zeichnete ein Programm künftiger Forschungen vor, das den Fortgang der Disziplin maßgeblich beeinflußt hat. Noch heute ist dies das Standardwerk zum Thema Mathematik der Relativitätstheorie und global-geometrische Methoden.

AUF DEM WEG ZUR QUANTENGRAVITATION

Das Erscheinen der *Large Scale Structure of Spacetime* kennzeichnet einen Wendepunkt in Hawkings Forscherkarriere. Hatte er sich bis dahin mit Fragen der klassischen allgemeinen Relativitätstheorie beschäftigt, sollte er sich im folgenden mehr und mehr der Quantentheorie zuwenden – auf der Suche nach einer Theorie der Quantengravitation, die Quantentheorie und allgemeine Relativitätstheorie miteinander verbindet.

Die Verbindung zwischen Quantentheorie und spezieller Relativitätstheorie – der Theorie, in der Einstein die grundlegenden Eigenschaften einer Raumzeit ohne Gravitation beschrieben hat – war den Physikern zu jener

Zeit bereits gelungen. Es handelt sich um sogenannte *relativistische Quantenfeldtheorien*, die beeindruckende Erfolge bei der Beschreibung der Elementarteilchen vorzuweisen haben. Die Quantenfeldtheorie der elektromagnetischen Kraft beispielsweise gehört zu den experimentell am strengsten überprüften Theorien der Physik.

Die Vorstöße, auch die Gravitation den Quantengesetzen zu unterwerfen, lassen sich fast so weit zurückverfolgen wie die Bemühungen, spezielle Relativitätstheorie und Quantentheorie zu verbinden. Versuche, die Gravitationskraft in genau derselben Weise quantentheoretisch zu beschreiben, die sich bei den anderen Kräften als so erfolgreich erwiesen hatte, schlugen allerdings fehl. Die Gravitation, mit ihrem direkten Draht zur Geometrie der Raumzeit, schien sich mit den herkömmlichen Formulierungen der Quantenfeldtheorie nicht zu vertragen. Wie also sollte eine Quantentheorie der Gravitation formuliert werden? Eine vollständige Antwort auf diese Frage kann selbst die heutige Physik nicht bieten; die Suche nach einer umfassenden Beschreibung der Quantengravitation geht weiter.

Daß Hawking sich der Quantengravitation zuwandte, kam nicht von ungefähr. Schon mit seinen Singularitätentheoremen hatte er sich an den Grenzen der klassischen (das heißt: nicht-quantenmechanischen) Physik bewegt. Die Tatsache, daß Singularitäten im Rahmen der allgemeinen Relativitätstheorie unvermeidlich sind, zeigt die Grenzen dieser Theorie auf. Daß dort, wo die Singularitäten auftreten, mikroskopisch kleine Größenskalen und hohe Energien eine wichtige Rolle spielen – beides Umstände, deren Beschreibung traditionellerweise eine Quantentheorie erfordert –, legt nahe, daß für die frühesten Phasen der Urknallmodelle und für das Schicksal von Sternen, die zu Schwarzen Löchern kollabieren, sowohl Quanteneffekte als auch die allgemeine Relativitätstheorie eine Rolle spielen. Mit anderen Worten: Wer sich für diese Phänomene interessiert, tut gut daran, sich um die Formulierung einer Quantentheorie der Gravitation zu bemühen.

NICHT GANZ SO SCHWARZE LÖCHER?

Ein anderer Grund, warum Hawking sich nunmehr der Quantentheorie zuwandte, ergab sich direkt aus seinen Arbeiten zu den Schwarzen Löchern. Wir sind oben bereits den Gesetzen der Mechanik Schwarzer Löcher und ihrer bemerkenswerten Ähnlichkeit mit den Gesetzen der Thermodynamik begegnet. Aber was bedeutete diese Analogie zwischen augenscheinlich so verschiedenen Teilgebieten der Physik?

Ein junger israelischer Doktorand namens Jacob Bekenstein war der erste, der – wiederum auf jener berühmten Sommerschule 1972 in Les Houches –

vorschlug, hier könnte ein tieferer Zusammenhang bestehen als eine bloße formale Analogie. Was, wenn die Horizontfläche tatsächlich proportional zur Entropie des Schwarzen Lochs wäre und das Schwarze Loch ein thermodynamisches Objekt?

Zunächst sah es nicht so aus, als sei Bekensteins Vermutung mehr als eine wilde Idee, die sich durch schlagende Gegenbeispiele entkräften ließe. Entsprächen die Gesetze der Mechanik Schwarzer Löcher direkt den Gesetzen der Thermodynamik, so würden Schwarze Löcher eine von null verschiedene Temperatur aufweisen. Damit aber würde thermodynamisch zwingend die Aussendung von Wärmestrahlung einhergehen – und das schien der Natur der Schwarzen Löcher, aus denen definitionsgemäß nichts entweichen kann, was einmal hineinfiel, grundlegend zu widersprechen. Auch Hawking stand Bekensteins These äußerst ablehnend gegenüber.

Die ersten Anzeichen dafür, daß Schwarze Löcher dank der Quantenmechanik doch nicht unbedingt so schwarz sind, wie ihr Name nahelegt, fanden die beiden russischen Physiker Jakow Sel'dowitsch und Alexej Starobinski. Sel'dowitsch und Charles Misner hatten zuvor herausgefunden, daß die Penrosesche Methode, einem rotierenden Schwarzen Loch Energie zu entziehen, ein Gegenstück im Bereich elektromagnetischer Strahlung besitzt, die sogenannte Superradianz: Wenn eine elektromagnetische Welle auf ein Schwarzes Loch zuläuft, so wird ein Teil ihrer Energie vom Loch verschluckt, während der Rest der Welle weiterläuft. Im Falle eines rotierenden Schwarzen Lochs, in dem die Welle gezwungen wird, an der Rotation der Raumzeit teilzunehmen, kann es sich ergeben, daß die weiterlaufende Welle trotz Absorption sogar mehr Energie besitzt als die ursprüngliche Welle – Energie, die, wie im Penrose-Prozeß, dem rotierenden Schwarzen Loch entzogen wurde. Sel'dowitsch führte eine weitere Analogie ins Feld: Schießt man Lichtteilchen mit geschickt gewählter Energie auf ein angeregtes Atom, so kann man dieses zwingen, in einen niederenergetischen Zustand zurückzufallen – dabei gibt es mehr Strahlungsenergie ab, als man in Form des Lichtteilchens von außen hineingesteckt hat. (Dieser Effekt, dessen Existenz Einstein 1916 erstmals postuliert hat, ist die physikalische Grundlage des Lasers.) Doch mit dieser erzwungenen Strahlung geht quantentheoretisch zwingend einher, daß Atome auch spontan aus angeregten in niederenergetische Zustände zurückfallen können. Was, wenn es mit rotierenden Schwarzen Löchern genauso wäre und wenn mit der erzwungenen Superradianz auch eine spontane Emission einherginge – wenn rotierende Schwarze Löcher von selbst Strahlung aussendeten? Sel'dowitsch und Starobinski bemühten sich, Quantentheorie und allgemeine Relativitätstheorie so weit zu kombinieren, daß sie Sel'dowitschs Vermutungen rechnerisch nachvollziehen konnten.

Als Hawking 1973 Moskau besuchte, traf er auch mit Sel'dowitsch und

Starobinski zusammen. Ihre physikalischen Argumente für die Strahlung rotierender Schwarzer Löcher fand er durchaus überzeugend, die Art, wie sie diese Strahlung berechneten, allerdings weniger. Hawking machte sich daraufhin daran, selbst eine sorgfältigere Art und Weise zu finden, Quantentheorie und allgemeine Relativitätstheorie zu kombinieren. Um »Quantengravitation« im engeren Sinne handelt es sich bei solchen Rechnungen noch nicht. Die Gravitation wird dort nach wie vor so behandelt, wie in Einsteins durch und durch nicht-quantentheoretischer allgemeiner Relativitätstheorie; lediglich für die Materie, die sich in der Raumzeit befand, sollten die Gesetze der Quantenwelt gelten.

Wie oben bereits erwähnt: Eine Theorie, die Quantentheorie und spezielle Relativitätstheorie vereinigt, war den Physikern in jenen Jahren bereits seit längerem bekannt. In begrenztem Maße lassen sich die Konzepte dieser Theorie zur allgemeinen Relativitätstheorie hinüberretten. Mit Ansätzen dazu hatten sich einige Forscher, etwa der Harvard-Doktorand Leonard Parker, bereits seit den späten sechziger Jahren beschäftigt. Dabei ist die Situation, die Hawking nunmehr berechnen wollte, in mehrerlei Hinsicht günstiger als die kosmologischen Fragestellungen, die Parker zu beantworten suchte: Entfernt man sich weit genug von einem idealisierten Schwarzen Loch, das einsam und allein in einem sonst völlig leeren Universum seine Tage fristet, so nimmt dessen Einfluß auf die Raumzeitregion, in der man sich befindet, weiter und weiter ab – genau so, wie in Newtons Gravitationstheorie der Schwerkrafteinfluß um so mehr abnimmt, je weiter man sich von einer Masse entfernt. In genügend großem Abstand vom Schwarzen Loch unterscheidet sich die Raumzeit nicht nennenswert von der gravitationsfreien Raumzeit der speziellen Relativitätstheorie. Deswegen kann man einiges von dem Formalismus der herkömmlichen Quantenfeldtheorien auf diesen Fall übertragen – ähnlich wie in diesen läßt sich weit entfernt vom Schwarzen Loch definieren, was es bedeutet, daß dort ein einzelnes Lichtquant vorgegebener Energie anwesend ist – oder zwei oder viele oder aber gar keines. Gibt man vor, in ferner Vergangenheit möge doch bitte kein einziges Quantenteilchen vorhanden gewesen sein, und verfolgt man, wie sich dieser Zustand mit der Zeit weiterentwickelt, so erlebt man eine Überraschung: Selbst wenn ursprünglich kein einziges Quant anwesend war – wartet man lange genug, ist der Raum geradezu gefüllt mit Strahlung. Nicht mit irgendwelcher Strahlung, sondern genau derjenigen Wärmestrahlung, wie man sie von einem Körper erwarten würde, der eine Temperatur ungleich null besitzt. Und das völlig unabhängig davon, ob das Schwarze Loch rotiert oder nicht!

Von diesem Ergebnis seiner Rechnung wurde Hawking vollkommen überrascht: Nicht nur rotierende Schwarze Löcher, nein, ganz allgemein sollten Schwarze Löcher Strahlung aussenden? Und doch, die Näherungsmethoden, die er in seiner Rechnung genutzt hatte, schienen die nötige Tragkraft zu besitzen – sein Ergebnis schien zu stimmen.

Daß Schwarze Löcher strahlen, hat eine Reihe von Konsequenzen. Zum einen wird dadurch die von Bekenstein vorgeschlagene Entsprechung von Horizontfläche und Entropie bestätigt – Schwarze Löcher sind tatsächlich thermodynamische Objekte, mit einer Temperatur, die an der Energieverteilung ihrer Strahlung ablesbar ist. Die Argumente, die gegen Bekensteins Idee vorgebracht worden waren, werden durch die Existenz der Hawking-Strahlung hinfällig.

Zum anderen: Wenn die Anwesenheit des Schwarzen Lochs die Strahlung verursacht, dann sollte seine Masse in dem Maße abnehmen, wie das Loch Energie abstrahlt. (Spätere Rechnungen zeigen dabei noch deutlicher als Hawkings eigene Methode, wie die abgestrahlte Energie quasi aus dem Horizont des Schwarzen Lochs herausfließt.) Allerdings macht sich dabei bemerkbar, daß die Temperatur eines Schwarzen Lochs um so höher ist, je geringer seine Masse. Ein Schwarzes Loch von der Masse unserer Sonne hat eine Temperatur von nur einigen hundertmilliardstel Grad über dem absoluten Nullpunkt und strahlt daher nur äußerst schwach. Doch steter Tropfen höhlt den Stein, und durch stete Strahlung verliert selbst solch ein kühles Loch mit der Zeit unvermeidlich an Masse. Je geringer die Masse, um so höher die Temperatur; je heißer das Loch, um so stärker die Strahlung und um so größer der entsprechende Masseverlust: In diesem Teufelskreis nimmt die Abstrahlung eines »verdampfenden« Schwarzen Lochs mehr und mehr zu, bis es schließlich – so kann man vermuten – in einem gigantischen Energieblitz verpufft.

Bei Schwarzen Löchern, die aus dem Kollaps von Sternen entstehen, geht der spektakulären Endphase allerdings eine extrem lange Wartezeit voraus, gegenüber der das Alter unseres Universums verschwindend kurz erscheint. Es ist somit unmöglich, daß heutige Astronomen Zeugen eines solchen Schauspiels werden können.

Allerdings kam Hawking nun eine weitere Vermutung zupaß, die er ein paar Jahre vorher veröffentlicht hatte. Charles Misner hatte 1968 ein Modell eines Urknalluniversums vorgeschlagen, in dessen Frühzeit es zu gewaltigen Dichtefluktuationen kommt. Hawking hatte argumentiert, bei solchen Dichteschwankungen wäre zu erwarten, daß sich eine Vielzahl winziger Schwarzer Löcher gebildet hätte, mit Massen bis hinunter zu einem hunderttausendstel Gramm. Mit ihren geringen Massen hätten diese Objekte sehr hohe Temperaturen. Wenn es eine Chance gab, die Strahlung Schwarzer Löcher durch astronomische Beobachtungen nachzuweisen, dann hier. Zusammen mit dem jungen US-Physiker Don Page machte sich Hawking daran zu berechnen, wieviel Strahlung von den urzeitlichen Mini-Löchern zu erwarten wäre. Bislang läßt sich aus den Beobachtungen allerdings nur auf eine Obergrenze der Häufigkeit der Mini-Löcher in unserem Universum schließen. Direkt nachweisen kann man sie anhand der zur Verfügung stehenden Daten nicht.

Nicht nur Schwarze Löcher strahlen – allgemeiner, so stellte sich heraus, scheint die betreffende Art Wärmestrahlung immer dann aufzutreten, wenn eine Raumzeit einen Horizont enthält, eine Grenze eines Raumzeitbereichs, aus dem einen äußeren Beobachter weder Licht noch sonstwelche Signale oder Einflüsse erreichen können. Wie der kanadische Physiker William Unruh 1976 zeigen konnte, reicht es bereits aus, einen Beobachter im völlig leeren Raum konstant zu beschleunigen. Solch ein Beobachter, das zeigt schon die spezielle Relativitätstheorie, kann selbst dem Licht »davonlaufen« – vorausgesetzt, er hat einen genügend großen Vorsprung.[3] Die Raumzeit zerfällt daher in zwei Bereiche – einen, aus dem Licht den beschleunigten Beobachter erreichen kann, und einen, gegenüber dessen Licht der beschleunigte Beobachter einen genügend großen Vorsprung besitzt. Die Grenze zwischen diesen Bereichen ist ein Horizont, und der beschleunigte Beobachter sollte denn auch tatsächlich eine Wärmestrahlung messen können – genau wie im Falle des Ereignishorizonts eines Schwarzen Lochs.

Eine vergleichbare Situation, so konnte der ebenfalls in Cambridge tätige Physiker Gary Gibbons zusammen mit Hawking nachweisen, ergibt sich in einem beschleunigt expandierenden Weltall. Hier ist es nicht eine etwaige Beschleunigung von Beobachtern, die den Effekt hervorruft, sondern die Expansion des Alls: Auch für einen Beobachter in einem solchen Kosmos gibt es Regionen, aus denen ihn kein Licht erreichen kann – durch die Expansion nimmt der Abstand zu diesen fernen Regionen schneller zu, als das Licht ihn überwinden kann. Die Grenze zu diesen Regionen ist einmal mehr ein Horizont, und betrachtet man Quantenfelder in diesem Kosmos, so erhält man wiederum die Voraussage, daß den Beobachter eine Wärmestrahlung erreicht.

Tatsächlich sagen die sogenannten Inflationsmodelle, auf die wir später noch kurz zu sprechen kommen werden, für die Frühzeit des Universums eine exponentiell beschleunigte Expansionsphase voraus. Die beschleunigte Expansion bedingt die Existenz eines Horizonts, mit dem wiederum die entsprechende Wärmestrahlung einhergeht. Und wirklich zeigen die Beobachtungsdaten indirekte Hinweise auf eben solch eine früheste Wärmestrahlung, deren Anwesenheit sich in winzigen Fluktuationen der (ungleich stärkeren) kosmischen Hintergrundstrahlung bemerkbar macht. Zukünftige Beobachtungen, die die Eigenschaften der kosmischen Hintergrundstrahlung noch genauer vermessen als bisher, könnten den ersten Nachweis der Existenz von Hawking-Strahlung liefern.

3 Das ist, wohlgemerkt, kein Widerspruch zu der Aussage, nichts und niemand könne sich schneller bewegen als das Licht. In allen Situationen, in denen der Beobachter seine Geschwindigkeit direkt mit der des Lichts vergleichen kann, ist das Licht schneller: Licht, das der Beobachter aussendet, wird ihm vorauslaufen; Licht, das man ihm aus nicht allzu großer Entfernung hinterherschickt, wird ihn überholen.

ZWISCHENSPIEL MIT FEYNMAN

Als Hawking sein Ergebnis zur Wärmestrahlung Schwarzer Löcher im Jahre 1974 veröffentlichte, stieß er bei vielen Physikern, die sich mit Schwarzen Löchern beschäftigten, auf Skepsis. Grund dafür dürfte nicht nur das Ergebnis selbst, sondern auch seine Herleitung gewesen sein – die Art und Weise, wie Hawking Quantenfelder in der gekrümmten Raumzeit behandelte, war zu jenem Zeitpunkt nicht nur für die Relativisten neu und ungewohnt, sondern auch aus Sicht der Physiker, die sich mit herkömmlichen quantenfeldtheoretischen Rechnungen beschäftigten. Hawking wandte sich daher der Frage zu, ob sich sein Ergebnis auch auf konventionellerem Wege ableiten ließ – insbesondere mit dem sogenannten Feynmanschen Pfadintegralformalismus, einem der Standardwerkzeuge der relativistischen Quantentheorie.

Der grundlegende Unterschied zwischen klassischer Physik und Quantentheorie besteht darin, daß in der Welt der Quanten oft nurmehr Wahrscheinlichkeitsaussagen möglich sind. Die klassische Physik kann die Frage, ob ein Teilchen, das zu gegebener Zeit t_A im Raumpunkt A losliefe, zu einer späteren Zeit t_B am Raumpunkt B eintrifft, eindeutig beantworten – abhängig von der Anfangsgeschwindigkeit des Teilchens und den wirkenden Kräften ist die Antwort entweder Ja oder Nein. In der Quantentheorie läßt sich nur noch die *Wahrscheinlichkeit* dafür angeben, daß sich ein zum Zeitpunkt t_A im Raumpunkt A befindliches Teilchen, das bestimmten Kräften ausgesetzt ist, zur vorgegebenen Zeit in B nachweisen läßt.

Der von dem US-amerikanischen Physiker Richard Feynman erfundene Pfadintegral-Formalismus ist ein Werkzeug, um solche Wahrscheinlichkeiten auszurechnen. Feynmans Rezept, angewandt auf ein von A nach B reisendes Teilchen, ist das folgende: Betrachte *alle* Möglichkeiten, wie das Teilchen in der vorgegebenen Zeit von A nach B gelangen kann. Nicht nur die langweiligen Fälle, in denen es geradlinig von A nach B fliegt, sondern auch die Fälle, in denen es einen, zwei oder beliebig viele Loopings vollführt; die Fälle, in denen es den ersten Teil seiner Bahn atemberaubend schnell und die letzten Millimeter im Schneckentempo zurücklegt; die Fälle, in denen das Teilchen einen Abstecher nach New York, nach Ulan Bator, zum Mond oder zur Andromeda-Galaxie macht, bevor es in B eintrudelt, kurzum: wirklich alle Reisemöglichkeiten, selbst die ausgefallendsten.

Im zweiten Schritt des Rezeptes wird jeder der Reisemöglichkeiten eine Zahl zugeordnet (nicht ganz die Art von Zahl, die wir aus der Schule kennen, aber diese technische Feinheit soll uns nicht kümmern). Im letzten Schritt werden die Zahlen aller Reisemöglichkeiten addiert. Einige Summanden heben sich dabei auf, andere verstärken sich, und das Endergebnis der Summe sagt uns die gewünschte Wahrscheinlichkeit dafür, das zur Zeit t_A in A gestartete Teilchen zur Zeit t_B in B nachzuweisen. Diese Summe über alle Reisemöglichkeiten heißt unter Physikern »Pfadintegral«.

So einfach die Grundidee, so gut – nur: Die Summe über alle Reisemöglichkeiten mathematisch exakt zu definieren hat seine Tücken. Eine davon zeigt sich in der Teilchenphysik, wo es darum geht, unter Einbeziehung der speziellen Relativitätstheorie zu berechnen, wie Teilchen miteinander wechselwirken. Auch dort läßt sich eine Variante der Feynmannschen »Summe über alle Möglichkeiten« anwenden, doch erbringt das nur dann sinnvolle Resultate, wenn man einen mathematischen Kunstgriff anwendet: Überall dort, wo in den Feynmanschen Formeln die Zeitkoordinate t auftaucht, fügt man ihr einen Faktor i bei. Das i ist die sogenannte imaginäre Einheit, ein algebraisches Symbol, das dadurch definiert ist, daß sein Quadrat minus eins ergibt, $i^2 = -1$. Die Ersetzung mag künstlich und unmotiviert scheinen; unbestreitbar ist jedoch: Sie sorgt dafür, daß das Feynmansche Rezept bei teilchenphysikalischen Rechnungen die richtigen Antworten liefert. Die solide mathematische Grundlage für diese Entsprechung lieferte später ein von zwei mathematischen Physikern, dem Schweizer Konrad Osterwalder und dem Deutschen Robert Schrader, bewiesenes Theorem, das zeigt, daß sich die Eigenschaften einer Raumzeit-Quantentheorie tatsächlich aus dem Feynman-Rezept für eine korrespondierende, imaginärzeitige Raumzeit rekonstruieren lassen.

Zurück zu den Schwarzen Löchern: Hawking hatte keine weitergehenden Erfahrungen mit Pfadintegralrechnungen und setzte sich daher mit seinem US-amerikanischen Kollegen James Hartle zusammen, der sich auf diesem Gebiet besser auskannte.

Gemeinsam machten sie sich daran, den Pfadintegralformalismus auf Quantenfelder zu verallgemeinern, die sich in der gekrümmten Raumzeit rund um ein Schwarzes Loch befinden. Das Ergebnis für die vom Schwarzen Loch ausgesandte Strahlung war (beruhigenderweise!) dasselbe, das Hawking vorher bereits auf andere Art und Weise erhalten hatte. Als viel folgenschwerer als das Resultat sollte sich der Umstand erweisen, daß sich Hawking nunmehr mit der Technik der Pfadintegrale vertraut gemacht hatte.

EINE QUANTENTHEORIE DES KOSMOS?

In dem Rahmengebilde aus Quantentheorie und allgemeiner Relativität, in dem sich die Rechnungen zur Hawking-Strahlung bewegen, wurde die Gravitation rein klassisch behandelt, streng nach den Regeln der allgemeinen Relativitätstheorie; lediglich die Materie gehorchte den Gesetzen der Quantenwelt.

Elaine und Stephen Hawking

Hawkings weitere Forschung sollte sich mehr und mehr der Frage zuwenden, inwieweit das Pfadintegral noch mehr leisten kann – läßt sich mit seiner Hilfe auch die Gravitation selbst den Quantengesetzen unterwerfen?

Diese Fragestellung ergab sich zum einen direkt aus den Arbeiten zur Hawking-Strahlung. Anschließend an die bereits erwähnten Pfadintegralrechnungen hatten Gary Gibbons und Hawking einen Alternativansatz gefunden, in dem sich Entropie und Temperatur eines Schwarzen Lochs direkt aus einem Pfadintegralansatz für das Gravitationsfeld herleiten ließen.

Zum anderen schließt sie an vorherige Versuche an, über die geometrische Struktur der Gravitationstheorie zu einer Quantentheorie zu gelangen. Forscher wie Paul Dirac, Richard Arnowitt, Stanley Deser und Charles Misner hatten sich darum verdient gemacht, die Einsteinsche Gravitation in eine für den Übergang zur Quantentheorie besonders günstige mathematische Form zu gießen; John Wheeler und Bryce DeWitt hatten, auf diesen Vorarbeiten aufbauend, Ende der sechziger Jahre eine korrespondierende Quantentheorie aufgestellt. Allerdings ist die Wheeler-DeWitt-Formulierung in einiger Hinsicht recht formal und unvollständig – eine Pionierleistung auf dem Weg zur Quantengravitation, ohne daß das Ziel damit bereits erreicht wäre. Konnte die Feynman-Formulierung helfen, den Wheeler-DeWitt-Ansatz auszubauen und zu vervollständigen?

Frühe Arbeiten, die sich in eher formaler Weise mit Pfadintegral-Quantengravitation befaßten, lassen sich bis in die späten fünfziger Jahre zurückverfolgen. Angeregt durch die Rechnungen zur Entropie Schwarzer Löcher begannen nun, rund zwanzig Jahre später, eine ganze Reihe von Physikern, sich mit der Verbindung zwischen Feynman-Formalismus und Gravitation zu beschäftigen. Das Grundprinzip ist physikalisch recht eingängig: In der Feynmanschen Quantenmechanik errechnet sich die Wahrscheinlichkeit dafür, ein am Punkt A befindliches Teilchen später am Ort B zu finden, als eine Art von Summe über alle Reisemöglichkeiten. Auf die Raumzeit-Quantentheorie übertragen, würde das bedeuten: Wenn sich der Kosmos ursprünglich im Zustand A befindet, wäre die Wahrscheinlichkeit, ihn später in einem Zustand B vorzufinden, eine Art Summe über alle möglichen Arten und Weisen, auf die sich das Weltall vom Zustand A zum Zustand B hätte entwickeln können.

Mathematisch gesehen erwies sich das Vorhaben allerdings als recht heikel, wie nicht zuletzt Gary Gibbons, der ebenfalls in Cambridge arbeitende Malcolm Perry und Hawking herausfanden. Wie in der Teilchenphysik läßt sich die Feynmansche »Summe über alle Möglichkeiten« nur definieren, wenn man wiederum die »imaginäre Einheit« i bemüht, in gewisser Weise also zu einer »imaginären Zeit« übergeht. Doch selbst das reichte nicht aus: Um Definitionsprobleme zu vermeiden, mußten in der Summe über die Entwicklungsmöglichkeiten Räume berücksichtigt werden, in denen nicht nur die Zeitdimension, sondern auch die Raumdimensionen durch Kombinationen aus reellen Zahlen und der imaginären Einheit i beschrieben werden. Was das physikalisch zu bedeuten hat, ist unklar. Einerseits wandelt das Malnehmen mit i in gewisser Weise eine Raum- in eine Zeitdimension um, und umgekehrt. Andererseits tauchen in den Raumzeitdimensionen, die Einsteins Theorie beschreibt und die wir mit Längenmaßstäben und Uhren vermessen können, nirgends imaginäre Größen auf. Niemand kann während einer imaginären Zeit frühstücken oder mit dem Auto eine imaginäre Strecke im Raum zurücklegen. Wenn die imaginären Dimensionen mehr als ein mathematischer Trick sein sollen, was *sind* sie dann?

Hawking selbst hat gegenüber diesem Aspekt der Pfadintegral-Quantengravitation eine recht pragmatische Haltung entwickelt. Er empfiehlt, sich über die Frage nach der Realität der imaginären Zeit nicht den Kopf zu zerbrechen. Wichtig sei vor allem, ob sich mit dieser Methode, mit der Feynman-Summe über Raumzeiten, Vorhersagen über unser Universum treffen ließen. Ob sich dann noch für jede technische Einzelheit des Modells eine eingängige Deutung finden lasse, sei allenfalls zweitrangig.

Demensprechend ist es nicht verwunderlich, daß sich Hawking in der folgenden Zeit nicht mit philosophischen Grübeleien aufhielt, sondern sich praktischeren Problemen der Pfadintegral-Quantengravitation widmete.

Wheeler-DeWitt-Modelle und Pfadintegral-Quantengravitation betrachten das Universum als Ganzes und führen damit direkt zu Fragen, die man unter dem Stichwort »Quantenkosmologie« zusammenfassen kann.[4]

Der nächste große Impuls kam denn auch aus der Kosmologie: In den frühen achtziger Jahren wurden die sogenannten Inflationsmodelle entwickelt. Diese Modelle, die auf Alexej Starobinski, Alan Guth, Andrej Linde, Paul Steinhardt und Andreas Albrecht zurückgehen, postulieren, daß unser Universum eine Frühphase exponentiell beschleunigter Expansion durchlief, bevor es anschließend dem durch die herkömmlichen Urknallmodelle beschriebenen Entwicklungsweg folgte. Eine »Inflationsphase« könnte einige Eigenschaften des Kosmos erklären, die sich im Rahmen der Urknallmodelle nur sehr unbefriedigend herleiten lassen, etwa den Umstand, daß das All verhältnismäßig homogen ist. Daß der Weltraum großräumig diejenigen geometrischen Eigenschaften hat, die wir aus der Schule kennen – jene der euklidischen Geometrie, in der sich Parallelen niemals schneiden und die Winkelsumme im Dreieck 180 Grad beträgt –, ist in Einsteins Theorie nur für einen ganz bestimmten Wert der Materiedichte des Kosmos der Fall; auch dafür, warum die Materiedichte in unserem Universum gerade diesen speziellen Wert besitzt, liefern die Inflationsmodelle eine Begründung.

Das Aufkommen der Inflationsmodelle weckte verstärktes Interesse an der Kosmologie der frühen Phasen im allgemeinen und an der Pfadintegral-Quantenkosmologie im besonderen.

Solchermaßen angespornt, wandten sich die Quantenkosmologen einer der grundlegendsten Fragen ihrer Disziplin zu: der Frage nach dem Anfangszustand des Universums. Das Feynman-Rezept liefert die Wahrscheinlichkeit der Entwicklung vom Zustand A zum Zustand B. Von einer Quantenkosmologie erhoffte man sich allerdings die Antwort auf eine etwas anders gelagerte Frage, nämlich: Wie kommt es, daß sich das Universum heute im Zustand B befindet? Das Feynman-Rezept kann diese Frage nur beantworten, wenn ein Anfangszustand A vorgegeben ist; dann nämlich kann die Antwort lauten: Das Universum befindet sich heute im Zustand B, weil es sich ursprünglich im Zustand A befand *und weil die Entwicklung vom Zustand A in den Zustand B sehr wahrscheinlich ist* (wie wahrscheinlich, läßt sich mit dem Feynman-Rezept ausrechnen). Nur: Solange nicht plausibel ist, warum sich das Universum früher im Zustand A befand, ist die Frage nicht wirklich beantwortet, sondern nur in die Vergangenheit verschoben. An die Stelle der Frage, wie es kommt, daß sich das Universum heute im Zustand B befindet, ist die Frage getreten, warum sich das Universum ursprünglich im Zustand A befand, und der Kosmologe steht da, wie es so schön heißt, und ist so klug als wie zuvor.

4 Wenn heutzutage von Quantenkosmologie die Rede ist, ist oft speziell die Pfadintegral-Quantengravitation gemeint; eine insofern unglückliche Prägung, als sich auch andere Ansätze, das Problem der Quantengravitation zu lösen, mit kosmologischen Fragestellungen beschäftigen.

Wie also läßt sich ein möglichst natürlicher Anfangszustand formulieren, ohne das Problem bloß in die Vergangenheit zu verschieben? Den wohl einflußreichsten Vorschlag machten James Hartle und Hawking 1983: die »No-boundary condition« oder »Randlosigkeitsbedingung«. Verwendet man die imaginäre Zeit, so lassen sich Universen beschreiben, die, ebenso wie das Universum der Urknallmodelle, vor endlich langer Zeit zu existieren begonnen haben. Doch im Gegensatz zu ihren Urknall-Vettern ist der Anfangspunkt dort kein singulärer Raumzeitrand, sondern ein gewöhnlicher Raumzeitpunkt – das Analogon des Nordpols einer idealisierten Weltkugel. Auch am Nordpol ist die Oberfläche der Weltkugel glatt und regelmäßig, und doch ist er in gewisser Weise der Anfangspunkt der Nord-Süd-Richtung. Analog die Universen, um die es hier geht: Auch ihr »Anfang« ist ein regulärer Raumzeitpunkt und trotzdem der Anfangspunkt der Zeitrichtung von der Vergangenheit in die Zukunft. Die Frage danach, was zeitlich vor diesem Anfangspunkt war, entspricht der Frage, was nördlich des Nordpols liegt.

Das war Hartles und Hawkings »Bedingung der Randlosigkeit«: Die Feynman-Summe, die die Wahrscheinlichkeit für heutige Zustände des Universums angibt, sollte alle diejenigen Universen mit imaginärer Zeit umfassen, die in der oben beschriebenen Weise nichtsingulär »aus dem Nichts« entstanden sind.

Mit dem Versuch, »seine« Quantenkosmologie weiterzuentwickeln, ist Hawking, zusammen mit diversen Kollegen und Doktoranden, bis heute beschäftigt. Die wohl wichtigste Frage lautet: Inwieweit lassen sich mit Hilfe der Quantenkosmologie die Eigenschaften der Welt erklären, die wir um uns herum wahrnehmen? Die Astronomen verfügen mittlerweile über eine Vielzahl von Daten über unser Universum, seine Dichte, seine Raumgeometrie und über den Verlauf der letzten 15 ± 2 Milliarden Jahre seiner Geschichte.

Ergäben sich diese Eigenschaften als Vorhersagen der Quantenkosmologie (etwa in Form der Aussage, daß ein Universum wie das unsrige besonders wahrscheinlich ist), wäre dies ein kaum zu überschätzender Erfolg. Allerdings sind konkrete Rechnungen mit Feynman-Summe und Randlosigkeitsbedingung äußerst schwierig. Bisherige vereinfachte Modelle zeigen, daß sich unter gewissen Zusatzannahmen durchaus argumentieren läßt, Universen mit Inflation seien besonders wahrscheinlich. Auch für sehr allgemeine Eigenschaften der Dichtefluktuationen des frühen Universums, sozusagen der Keimzelle für das spätere Zusammenballen der Materie zu Protosternen und Galaxien, liegen vielversprechende Ergebnisse vor. Allerdings ist die Fachdiskussion bei weitem noch nicht abgeschlossen: Fragen nach der Berechtigung bestimmter Näherungsannahmen oder danach, welche der verschiedenen Vorschläge für die Anfangsbedingung die besten Ergebnisse liefert (Hauptkonkurrent des Hartle-Hawking-Vorschlags sind »Tunnelbedingungen«, wie sie Andrej Linde und Alexander Vilenkin vorgeschlagen haben), sind bislang noch heftig umstritten.

Darüber hinaus hat sich Hawking auch mit grundlegenderen Fragen der Quantenkosmologie auseinandergesetzt. Eine dieser Fragen, die nicht nur die Pfadintegral-Quantenkosmologie, sondern ganz allgemein geometrische Ansätze der Quantengravitation betreffen, ist die der *Zeit*: Die Wheeler-DeWittsche Beschreibung eines Quantenuniversums enthält auf den ersten Blick keinen Parameter, der die Zeitentwicklung des Universums beschriebe. Wie ergibt sich dann aber aus der Quantenbeschreibung letztendlich dennoch eine stetige Zeitentwicklung, wie wir sie aus dem Alltag kennen? Weiterhin, eng mit der vorigen Frage zusammenhängend: Wie überhaupt geht aus einem ganz von den Gesetzen der Quantentheorie bestimmten Universums die uns umgebende klassische Welt mit ihren ganz und gar nicht quantenhaften Eigenschaften hervor? Es gibt zwar einige Ansätze für Antworten auf diese Fragen – beispielsweise haben sich sowohl Hawking als auch Don Page damit beschäftigt, inwieweit eine gewisse halbklassische Näherung der Pfadintegral-Quantenkosmologie eine Zeitrichtung hervorbringt –, doch vollständig geklärt sind sie beim heutigen Forschungsstand nicht.

Hawkings Beschäftigung mit der Quantengravitation beschränkt sich nicht auf die hier angesprochenen Fragen. Eine umfangreichere Darstellung seiner Forschungstätigkeit könnte an dieser Stelle auf Babyuniversen eingehen, auf die Frage nach dem Zusammenhang zwischen Wurmlöchern und den grundlegenden Naturkonstanten, auf jene Forschungen zur Raumzeitstruktur, die in den Medien großes Aufsehen erregt haben, weil sie sich mit den spekulativ-theoretischen Hintergründen von Zeitreisen befassen, oder auf jene Arbeiten Hawkings, die den Bereich der sogenannten Stringtheorie berühren – jenes Ansatzes für eine Theorie der Quantengravitation, der unter den Physikern, die sich mit dem Thema beschäftigen, momentan die meisten Anhänger besitzt, unbestreitbar ein Thema für sich. Doch das sind Nebenschauplätze – die Hauptrichtungen von Hawkings Forschung sind mit den vorangehenden Abschnitten abgedeckt, und dabei möchte ich es belassen.

HAWKING UND DIE FOLGEN

Der Erfolg eines Wissenschaftlers läßt sich nicht nur an den akademischen Ehrungen ablesen, die ihm widerfahren, sondern vor allem daran, wie seine Ideen sich weiterentwickelt und den Verlauf der Forschung beeinflußt haben. Die diversen Ehrungen Hawkings aufzuführen – angefangen bei dem Lucasischen Lehrstuhl in Cambridge, den er seit 1979 innehat – würde den Rahmen dieser biographischen Skizze sprengen; statt dessen möchte ich kurz auf die Nachwirkung der Hawkingschen Forschungsergebnisse eingehen.

Es steht außer Frage, daß Hawking sowohl zur Physik der allgemeinen Relativitätstheorie als auch zu ihrem mathematischen Unterbau hervorragende Beiträge von bleibendem Wert geleistet hat. Die globale Geometrie, an deren Weiterentwicklung er so maßgeblich beteiligt war, gehört in heutiger Zeit zum Standardwerkzeug der Physiker und Mathematiker, die sich mit den Eigenschaften der Einstein-Gleichungen beschäftigen. Und auch heute noch geht die Erkundung der Singularitäten weiter, mit denen Hawking seine Karriere begonnen hat. Die Unausweichlichkeit von Raumzeiträndern in der allgemeinen Relativitätstheorie, wie sie die Singularitätentheoreme belegen, hat eine Reihe von weiteren Fragen aufgeworfen, die zum Teil bis heute nicht abschließend beantwortet sind. Die wohl wichtigste betrifft die »kosmische Zensur«, eine Vermutung von Roger Penrose, daß sich Singularitäten, die aus dem Kollaps massiver Objekte entstehen, zwangsläufig mit einem Horizont verhüllen und so von außen nicht einsehbar sind. Nach bisherigen Untersuchungen ist diese Hypothese sehr plausibel[5]; ein Beweis steht nach wie vor aus.

In den Grenzen der allgemeinen Rahmenbedingungen, die Glatzensatz und Flächensatz, etabliert haben, daß sich nämlich Schwarze Löcher, die aus dem Kollaps unregelmäßiger Objekte oder auch aus der Verschmelzung mehrerer Schwarzer Löcher hervorgehen, unter Abstrahlung von Gravitationswellen einem vergleichsweise einfachen Gleichgewichtszustand nähern, interessieren sich die heutigen Forscher vorrangig für die Details dieser Abstrahlungsprozesse. Es besteht die Hoffnung, daß sich Gravitationswellen hier auf der Erde mit neugebauten Detektoren binnen der nächsten Jahre direkt nachweisen lassen werden; Voraussetzung für die Auswertung der Meßdaten ist ein gutes Verständnis derjenigen astrophysikalischen Prozesse, bei denen Gravitationswellen entstehen können. Die Forscher bemühen sich daher, per Computersimulation die Eigenschaften der Gravitationswellen zu erforschen, die beim Kollaps von Objekten oder bei der Verschmelzung Schwarzer Löcher auftreten.

Hawkings Arbeiten zur Quantengravitation sind aus heutiger Sicht weit schwieriger einzuschätzen. Wie bereits erwähnt, ist es bislang nicht gelungen, eine vollständige Theorie der Quantengravitation zu entwickeln, anhand derer sich Ansätze wie die Quantenkosmologie nach Hartle-Hawkingschem Rezept rückblickend beurteilen ließen. Auf den direkten Vergleich präziser Vorhersagen mit dem Experiment oder mit Beobachtungsdaten, so charakteristisch für weite Teile der Physik, müssen die Erforscher der Quantengravitation bislang verzichten – ein Umstand, der die Beurteilung der verschiedenen konkurrierenden Ansätze wurden weiter erschwert.

Als verhältnismäßig gesichert gelten die Hawkingschen Ergebnisse zur Wärmestrahlung Schwarzer Löcher. Der Formalismus, mit dem sich Quantenfelder in gekrümmter Raumzeit beschreiben lassen, ist seit Hawkings ersten

5 Die einzigen Gegenbeispiele, die bislang gefunden wurden, gehören in die Kategorie senkrecht stehender Stricknadeln – sie setzen sehr spezielle und damit unrealistische Anfangsbedingungen voraus.

Rechnungen verbessert und verfeinert worden. Nichtsdestotrotz sind auch hier grundlegende Fragen offen: Im Fall eines einsamen Schwarzen Lochs war es möglich, sich so weit von der Gravitationsquelle zu entfernen, daß sich Konzepte aus der Quantenfeldtheorie verwenden ließen; im Falle von Raumzeiten, in denen dies nicht möglich ist, bleibt weitgehend unklar, wie sich diese Konzepte sinnvoll verallgemeinern lassen.

Die Möglichkeit, daß Schwarze Löcher durch die Abgabe von Hawking-Strahlung »verdampfen«, hat zu einem weiteren grundlegenden und bislang ungelösten Problem geführt: In einem begrenzten Sinne verlangt die Quantenmechanik, daß die Information über Objekte, die in das Schwarze Loch gefallen sind, erhalten bleibt; charakteristisch für die Wärmestrahlung, die ein Schwarzes Loch abgibt, ist allerdings, daß sie durch die Temperatur des Objektes vollständig bestimmt ist und keine weiteren Informationen enthält – wenn das Schwarze Loch auf diese Weise vollständig verdampfte, wäre die Information verlorengegangen. Wie dieses potentielle »Informationsverlust-Paradoxon« aufzulösen ist, läßt sich nicht abschließend klären; an eine Quantengravitationstheorie sollte man den Anspruch stellen, auch diese Frage zu beantworten.

Geht man nach der Anzahl der daran forschenden Physiker, so ist die Pfadintegral-Quantenkosmologie heutzutage lediglich ein Nebenzweig der Suche nach einer Theorie der Quantengravitation. Gerade unter den Kosmologen, die sich mit Inflationsszenarien für das frühe Universum beschäftigen, ist dieser Ansatz jedoch durchaus aktuell. Viele der oben angesprochenen technischen Probleme bleiben ungelöst, und sowohl für den Übergang zur »imaginären Zeit« als auch für die Anfangsbedingungen sind konkurrierende Vorschläge in der Diskussion.

Ein Text wie dieser muß notwendigerweise unvollständig bleiben. Niemand kann zum jetzigen Zeitpunkt den weiteren Verlauf der Suche nach der Quantengravitation voraussagen. Und wer weiß, welchen Forschungen sich Hawking in Zukunft widmen wird und welche neuen Ergebnisse eine zukünftige biographische Skizze wird einschließen müssen?

Markus Pössel forscht als Doktorand am Albert-Einstein-Institut, dem Max-Planck-Institut für Gravitationsphysik in Golm, in der Arbeitsgruppe Quantengravitation und vereinheitlichte Theorien. Zu seinen populärwissenschaftlichen Veröffentlichungen gehören diverse Kurzartikel in der Zeitschrift *Spektrum der Wissenschaft*, ein umfangreiches Ergänzungskapitel zu *Die Relativitätstheorie Einsteins* von Max Born (2001, zusammen mit Jürgen Ehlers) sowie als kritische Auseinandersetzung mit Themen aus den Grenzbereichen der Wissenschaft das Buch *Phantastische Wissenschaft. Über Erich von Däniken und Johannes von Buttlar* (2000). Den vorliegenden Text betreffend möchte er sich bei Jürgen Ehlers und Jorma Louko für hilfreiche Anmerkungen und Verbesserungsvorschläge bedanken.

GLOSSAR

Absoluter Nullpunkt
Die niedrigste mögliche Temperatur, ungefähr −273 Grad auf der Celsiusskala und 0 Grad auf der *Kelvin*skala. Bei dieser Temperatur besitzen Stoffe keine Wärmeenergie.

Absolute Zeit
Die Vorstellung, es könne ein universelle Uhr geben. Einsteins *Relativitätstheorie* zeigte, daß es keine solche Uhr geben kann.

Allgemeine Relativitätstheorie
Einsteins Theorie, die auf der Idee beruht, daß die physikalischen Gesetze für alle *Beobachter* die gleichen sein müssen, unabhängig von ihrem Bewegungszustand. Sie erklärt die *Gravitationskraft* als Auswirkung der Krümmung einer vierdimensionalen *Raumzeit*.

Amplitude
Die maximale Höhe eines Wellenbergs oder die maximale Tiefe eines Wellentals.

Anfangsbedingungen
Daten, die den Ausgangszustand eines physikalischen Systems beschreiben.

Anthropisches Prinzip
Die Vorstellung, wir nähmen das Universum wahr, wie es ist, weil niemand vorhanden wäre, es zu betrachten, wenn es in irgendeiner Weise anders wäre.

Antiteilchen
Jede Art von Materieteilchen hat ein entsprechendes Antiteilchen gleicher Masse, aber entgegengesetzter Ladung. Wenn ein Teilchen mit seinem Antiteilchen zusammenstößt, vernichten sie sich gegenseitig, so daß nur Energie übrigbleibt.

Äther
Ein hypothetisches nichtmaterielles Medium, von dem man einst annahm, es fülle den gesamten Raum aus. Die Idee, ein solches Medium sei für die Ausbreitung elektromagnetischer *Strahlung* erforderlich, ist nicht mehr haltbar.

Atom
Der Grundbaustein gewöhnlicher Materie, bestehend aus einem winzigen *Kern* (*Protonen* und *Neutronen*), der von *Elektronen* umgeben ist.

Aufgewickelte Dimension
Eine räumliche Dimension, die so klein aufgerollt oder anderweitig von so geringer Ausdehnung ist, daß sie sich der direkten Wahrnehmung entzieht.

Beobachter
Ein Mensch oder ein Gerät, der oder das die physikalischen Eigenschaften eines Systems mißt.

Beschleunigung
Eine Veränderung im Geschwindigkeitsbetrag oder in der Bewegungsrichtung eines Objekts.

Blauverschiebung
Die durch den *Doppler-Effekt* verursachte Verkürzung der *Wellenlänge* einer *Strahlung*, wenn sich *Beobachter* und Strahlenquelle aufeinander zu bewegen.

Boson
Ein Teilchen oder das Schwingungsmuster eines *String* mit einem ganzzahligen *Spin*.

Bran
Ausgedehnte Objekte, wie sie in der *Stringtheorie* vorkommen. Eine 1-Bran ist ein *String*, eine 2-Bran eine Membran, eine 3-Bran hat drei ausgedehnte Dimensionen und so fort. Allgemeiner: Eine p-Bran hat p Dimensionen.

Branwelt
Eine vierdimensionale Fläche oder *Bran* in einer höherdimensionalen *Raumzeit*.

Casimir-Effekt
Der »Unterdruck« zwischen zwei flachen, parallelen Metallplatten, die sich nahe beieinander im Vakuum befinden. Der Druck geht gewissermaßen auf eine Verringerung der üblichen Anzahl von *virtuellen Teilchen* im Raum zwischen den Platten zurück.

Chronologieschutzthese
Die These, die Gesetze der Physik wirkten so zusammen, daß Vergangenheitszeitreisen *makroskopischer* Objekte verhindert werden.

DNS
Desoxyribonukleinsäure. Zwei Stränge DNS bilden eine Doppelhelix, die durch Basenpaare dergestalt verbunden ist, daß sie wie eine Wendeltreppe aussieht. In der DNS sind alle Informationen kodiert, die erforderlich sind, um Leben hervorzubringen.

Doppler-Effekt
Veränderungen der *Wellenlänge*, wie
sie ein *Beobachter* wahrnimmt, der sich
relativ zur Strahlenquelle bewegt.

Dualität
Eine Entsprechung zwischen Theorien,
die verschieden scheinen, aber zu den
gleichen physikalischen Ergebnissen
führen.

Dunkle Materie
Materie in Galaxien und Galaxienhaufen – möglicherweise auch zwischen Galaxienhaufen –, die nicht
direkt beobachtet werden kann, aber
durch ihre Gravitation nachweisbar ist.
Bis zu neunzig Prozent der Materie im
Universum ist dunkle Materie.

Elektrische Ladung
Eigenschaft eines Teilchens, dank deren
es andere Teilchen abstoßen (oder anziehen) kann, die eine elektrische
Ladung mit gleichem (oder entgegengesetztem) Vorzeichen haben.

Elektromagnetische Kraft
Die Kraft zwischen Teilchen mit *elektrischer Ladung* gleichen (oder entge-
gengesetzten) Vorzeichens.

Elektromagnetische Welle
Eine wellenartige Störung in einem
elektromagnetischen Feld. Alle Wellen
des elektromagnetischen Spektrums
breiten sich mit Lichtgeschwindigkeit
aus, so zum Beispiel das sichtbare Licht,
Röntgenstrahlen, Mikrowellen, Infra-
rotlicht usw.

Elektron
Ein *Elementarteilchen* mit negativer
elektrischer Ladung. Die Hülle, die den
Kern eines *Atoms* umgibt, besteht aus
Elektronen.

Elementarteilchen
Ein Teilchen, von dem man annimmt,
es könne nicht weiter geteilt werden.

Energieerhaltung
Das Naturgesetz, nach dem Energie
(oder die ihr äquivalente Masse) weder
erschaffen noch vernichtet werden
kann.

Entropie
Ein Maß für die Unordnung eines
physikalischen Systems die Anzahl
jener verschiedenen Möglichkeiten,
die mikroskopischen Bestandteile des
Systems anzuordnen, die zum selben
makroskopischen Erscheinungsbild
führen.

Ereignis
Ein Punkt in der *Raumzeit*. Ereignisse
sind durch Angabe eines Ortes und
eines Zeitpunkts definiert.

Ereignishorizont
Der Rand eines *Schwarzen Lochs*; die
Grenze der Region, aus der nichts mehr
in die *Unendlichkeit* entweichen kann.

Feld
Ein Gebilde, das an allen Punkten der
Raumzeit definiert ist, im Gegensatz
etwa zu einem Teilchen, das zu einer
bestimmten Zeit nur an einem Punkt
vorhanden ist. Felder können Kraftwir-
kungen übertragen, vgl. *Gravitationsfeld*.

Fermion
Ein Teilchen oder ein Schwingungs-
muster eines *String* mit halbzahligem
Spin (1/2, 3/2 ...); gewöhnlich ein
Materieteilchen.

Frequenz
Zahl der Schwingungen pro Zeiteinheit.

Gewicht
Die Kraft, die durch ein *Gravitationsfeld* auf einen Körper ausgeübt wird.
Sie ist zur *Masse* proportional, aber
nicht mit ihr identisch.

Grassmann-Zahlen
Zahlen, die antikommutieren, das
heißt, für je zwei Grassmann-Zahlen
a und b gilt a × b = –b × a.

Gravitationsfeld
Das Feld, durch das die Gravitation
ihren Einfluß geltend macht.

Gravitationskraft
Die schwächste der vier fundamentalen
Naturkräfte; wirkt zwischen massebe-
hafteten Objekten.

Gravitationswelle
Eine wellenartige Störung in einem
Gravitationsfeld.

Großer Endkollaps
Ein mögliches Szenario für das Ende
des Universums, bei dem der gesamte
Raum und alle Materie zu einer
Singularität zusammenstürzen.

Große vereinheitlichte Theorie
Eine Theorie, die die Beschreibung
der *elektromagnetischen*, der *starken*
und der *schwachen Kraft* in einem
einzigen theoretischen Rahmen vereinigt.

Grundzustand
Derjenige Zustand eines Systems mit
minimaler Energie.

Holographisches Prinzip
Die Idee, daß die Quantenzustände
eines Systems in einer Region der
Raumzeit auf der Grenze dieser Region
kodiert sein könnten.

Imaginäre Zahl
Abstrakte mathematische Konstruktion:
eine Zahl, deren Quadrat negativ ist.
Reelle und imaginäre Zahlen kann
man sich so vorstellen, daß sie die
Positionen von Punkten auf einer
Ebene bezeichnen, und zwar dergestalt,
daß die imaginären Zahlen gewisser-
maßen rechtwinklig zu den reellen
Zahlen liegen.

Imaginäre Zeit
Zeit, die mit Hilfe von *imaginären
Zahlen* gemessen wird.

Inflation
Ein kurzer Zeitraum beschleunigter
Expansion, in deren Verlauf die Größe
des sehr frühen Universums um einen
enormen Faktor anwuchs.

Interferenzmuster
Wellenmuster, das sich ergibt, wenn
sich Wellen überlagern, die zu verschiedenen Zeiten und von verschiedenen Orten aus emittiert werden.

Kein-Rand-Bedingung
Die Idee, daß das Universum von endlicher Ausdehnung ist, aber in der
imaginären Zeit keinen Rand besitzt.

Kelvin
Eine Temperaturskala, auf der die
Temperaturen relativ zum absoluten
Nullpunkt angegeben werden.

Kern
Der zentrale Teil eines *Atoms*, der aus
Protonen und *Neutronen* besteht und
durch die *starke Kraft* zusammenge-
halten wird.

Kernfusion
Prozeß, in dessen Verlauf zwei *Kerne*
zusammenstoßen und sich zu einem

größeren und schwereren Kern
vereinigen.

Kernspaltung
Prozeß, in dessen Verlauf ein *Kern*
unter Freisetzung von Energie in zwei
oder mehr kleinere Kerne zerfällt.

Klassische Theorie
Theorie, die auf den physikalischen
Konzepten aus der Zeit vor der *Relativitätstheorie* und der *Quantenmechanik* beruht. Klassische Theorien gehen
davon aus, daß man Objekten wohl-
definierte Positionen und Geschwindigkeiten zuordnen kann. Wie die
Heisenbergsche *Unschärferelation*
zeigt, ist das auf sehr kleinen Größenskalen nicht mehr möglich.

Kosmische Hintergrundstrahlung
Die *Strahlung* des frühen heißen Universums; jetzt ist sie so *rotverschoben*,
daß sie nicht als Licht in Erscheinung
tritt, sondern als Mikrowellenstrahlung
(Wellenlängen von einigen Zenti-
metern).

Kosmologie
Die Lehre vom Universum als Ganzem.

Kosmologische Konstante
Ein mathematisches Hilfsmittel, mit
dem Einstein dem Universum eine
inhärente Expansionstendenz einbauen
wollte, damit die *allgemeine Relativitätstheorie* ein statisches Universum
vorhersagen konnte.

Kosmischer String
Ein langes, schweres Objekt mit
einem winzigen Querschnitt, wie es
während der frühen Stadien des
Universums entstanden sein könnte.
Heute könnte sich ein einzelner
solcher String durch das gesamte
Universum erstrecken.

Lichtjahr
Die Entfernung, die das Licht in einem
Jahr zurücklegt.

Lichtkegel
Eine dreidimensionale Fläche in der
Raumzeit, gebildet durch die Gesamtheit aller Lichtbahnen, die durch ein
gegebenes *Ereignis* gehen.

Lichtsekunde
Die Entfernung, die das Licht in einer
Sekunde zurücklegt.

Lorentz-Kontraktion
Phänomen, das sich aus der *speziellen
Relativitätstheorie* ergibt: Ein bewegtes
Objekt erscheint in seiner Bewegungs-
richtung verkürzt.

Magnetfeld
Das Feld, das magnetische Kräfte
vermittelt.

Makroskopisch
Größenskalen, die größer oder gleich
den typischen Ausdehnungen in
unserer Alltagswelt sind, das heißt
Längen bis hinab zu rund 0,01 mm;
Abstände unterhalb dieser Grenze
bezeichnet man als mikroskopisch.

Masse
Die »Materiequantität« in einem Körper; seine Trägheit oder sein Wider-
stand gegen *Beschleunigung* im *freien
Raum*.

Maxwell-Gleichungen
Mathematische Formulierung der
Gesetze, welche die Eigenschaften
von Elektrizität, Magnetismus und
Licht beschreiben; faßt Gesetze
zusammen, die bereits vorher von
Gauß, Faraday und Ampère formu-
liert worden waren.

Mooresches Gesetz
Gesetz, nach dem sich die Leistungs-fähigkeit von Computern alle achtzehn Monate verdoppelt. Natürlich kann es nicht unbegrenzt gelten.

M-Theorie
Theorie, die die verschiedenen *Stringtheorien* in einem übergeordne-ten Rahmen vereinigt. Offenbar hat sie elf Raumzeitdimensionen, obwohl viele Eigenschaften noch nicht ganz ver-standen werden.

Nackte Singularität
Eine Raumzeit*singularität*, die nicht von einem *Schwarzen Loch* umgeben und daher für einen fernen *Beobachter* sichtbar ist.

Neutrino
Ladungslose Teilchenart, die nur der *schwachen Kraft* und der *Gravitation* unterworfen ist.

Neutron
Eine ungeladene Teilchenart, die dem *Proton* sehr ähnlich ist und ungefähr die Hälfte aller Teilchen in einem Atom*kern* stellt. Besteht aus drei *Quarks* (zwei down, ein up).

Newtonsche Bewegungsgesetze
Gesetze, die, auf dem Begriff von absolutem Raum und absoluter Zeit fußend, die Bewegung von Körpern beschreiben. Sie beherrschten das physikalische Weltbild, bis Einstein die *spezielle Relativitätstheorie* entwickelte.

Newtonsches Gravitationsgesetz
Gesetz, nach dem die Anziehungskraft zwischen zwei Körpern proportional zum Produkt ihrer Massen und umge-kehrt proportional zu ihrem Abstand

ist. Aus heutiger Sicht ein Grenzfall der *allgemeinen Relativitätstheorie*.

Pauli-Prinzip
Das physikalische Gesetz, nach dem zwei identische Teilchen mit halbzahligem *Spin* (in den Grenzen der *Unschärfere-lation*) nicht dieselbe Position und die-selbe Geschwindigkeit haben können.

p-Bran
Siehe Bran.

Photoelektrischer Effekt
Phänomen, bei dem die Elektronen aus einer metallischen Oberfläche hinaus-geschleudert werden, wenn sie Licht ausgesetzt werden.

Photon
Ein Licht*quant*, so etwas wie das kleinste Energiepaket des elektroma-gnetischen Feldes.

Planck-Länge
Rund 10^{-35} Meter. Die Größe eines typischen *String* in der *Stringtheorie*.

Plancksches Wirkungsquantum
Eckpfeiler der *Unschärferelation* – das Produkt der Unschärfe in Position und Geschwindigkeit muß größer als das Plancksche Wirkungsquantum sein. Es wird durch das Symbol h oder bezeichnet. $\hbar$

Plancksches Quantenprinzip
Die Idee, daß elektromagnetische Ener-gie (beispielsweise Licht) nur in diskre-ten *Quanten* emittiert oder absorbiert werden kann.

Planck-Zeit
Rund 10^{-43} Sekunden. Die Zeit, die das Licht braucht, um eine *Planck-Länge* zurückzulegen.

Positivistischer Ansatz
Der Gedanke, daß eine wissenschaft-liche Theorie ein mathematisches Modell ist, das die Beobachtungen beschreibt und kodifiziert.

Positron
Das positiv geladene *Antiteilchen* des *Elektrons*.

Proton
Ein positiv geladenes Teilchen, das dem *Neutron* sehr ähnlich ist und etwa die Hälfte der Masse eines Atom*kerns* ausmacht. Es besteht aus drei *Quarks* (zwei up und ein down).

Quantenmechanik
Theorie, die aus *Plancks Quanten-prinzip* und Heisenbergs *Unschärfe-relation* entwickelt wurde.

Quant
Die unteilbare Einheit, in der Wellen absorbiert und emittiert werden können.

Quantengravitation
Eine Theorie, die die *Quantenmecha-nik* mit der *allgemeinen Relativitäts-theorie* vereinigt. Die *Stringtheorie* ist ein Beispiel für eine Theorie der Quantengravitation.

Quark
Ein geladenes *Elementarteilchen*, auf das die *starke Kraft* einwirkt. Gibt es in sechs Arten (up, down, charm, strange, top, bottom), jede davon in drei »Farben« (rot, grün, blau).

Radioaktivität
Der spontane Zerfall eines Atom*kerns* einer Art in den einer anderen Art.

Randall-Sundrum-Modell
Die Theorie, daß wir auf einer *Bran* in einem unendlich großen fünfdimensionalen Raum leben, der negativ gekrümmt ist wie ein Sattel.

Randbedingungen
Der Anfangszustand eines physikalischen Systems oder, allgemeiner, der Zustand eines Systems an einem Zeit- oder Raumrand.

Raumzeit
Der vierdimensionale Raum, dessen Punkte *Ereignisse* sind.

Relativitätstheorie
Siehe allgemeine Relativitätstheorie; spezielle Relativitätstheorie.

Rotverschiebung
Durch den *Doppler-Effekt* bedingte Rotfärbung der *Strahlung*, wenn sich Strahlenquelle und *Beobachter* voneinander entfernen.

Schrödinger-Gleichung
Gleichung, die die zeitliche Entwicklung der *Wellenfunktion* in der *Quantenmechanik* bestimmt.

Schwache Kraft
Die zweitschwächste der vier fundamentalen Naturkräfte mit sehr kurzer Reichweite. Sie wirkt auf alle Materieteilchen ein, aber nicht auf die Kraftteilchen der anderen Kräfte.

Schwarzes Loch
Region der *Raumzeit*, aus der nichts, noch nicht einmal Licht, entweichen kann, weil die Gravitation so stark ist.

Singularität
Rand, über den hinaus sich die *Raumzeit* nicht weiterverfolgen läßt, etwa

weil die Raumzeitkrümmung dort unendlich wird.

Singularitätentheorem
Theorem, nach dem *Singularitäten* unter bestimmten Umständen zwingend auftreten müssen, etwa am Anfang des Universums.

Sonnenfinsternis
Findet statt, wenn sich der Mond zwischen Erde und Sonne schiebt und sein Schatten auf der Erde eine Dunkelheit verursacht, die gewöhnlich nur einige Minuten andauert. 1919 lieferte eine Sonnenfinsternis, die von Westafrika aus beobachtet wurde, den zweifelsfreien Beweis für die Richtigkeit der *allgemeinen Relativitätstheorie*.

Spektrum
Die Gesamtheit der Teilwellen unterschiedlicher *Frequenz*, aus denen eine Welle besteht. Der sichtbare Teil des Spektrums der Sonnenstrahlung ist manchmal als Regenbogen zu sehen.

Spezielle Relativitätstheorie
Einsteins Theorie, die auf dem Gedanken beruht, daß die physikalischen Gesetze in Abwesenheit von *Gravitationsfeldern* für alle *Beobachter*, die sich ohne den Einfluß äußerer Kräfte bewegen, gleich sein sollten.

Spin
Eine innere Eigenschaft von *Elementarteilchen*; quantenmechanisches Analogon der Vorstellung, daß sich Teilchen wie mikroskopische Kreisel um sich selbst drehen.

Standardmodell der Kosmologie
Modell der Entwicklung unseres Universums, das die *Urknall*theorie mit

dem *Standardmodell der Teilchenphysik* verknüpft.

Standardmodell der Teilchenphysik
Die quantentheoretische Beschreibung der drei nichtgravitativen Kräfte und ihrer Effekte auf Materie.

Starke Kraft
Die stärkste der vier fundamentalen Naturkräfte, aber mit der effektiv kürzesten Reichweite. Sie hält die *Quarks* in *Protonen* und *Neutronen* zusammen und ist auch dafür verantwortlich, daß sich Protonen und *Neutronen* zu Atom*kernen* verbinden.

Stationärer Zustand
Ein Zustand, der sich mit der Zeit nicht verändert.

Strahlung
Energie, die von Wellen oder Teilchen davongetragen wird.

String
Fundamentales eindimensionales Objekt; wesentlicher Bestandteil der *Stringtheorie*.

Stringtheorie
Physikalische Theorie, in der Teilchen als Schwingungszustände von *Strings* beschrieben werden. Vereinigt *Quantenmechanik* und *allgemeine Relativitätstheorie*. Auch als Superstringtheorie bezeichnet.

Supergravitation
Gruppe von Theorien, die die *allgemeine Relativitätstheorie* und die *Supersymmetrie* vereinigen.

Supersymmetrie
Prinzip, das die Eigenschaften von Teilchen mit unterschiedlichen

Spins miteinander in Beziehung setzt.

Tachyon
Ein Teilchen, dessen quadrierte Masse negativ ist.

Teilchenbeschleuniger
Eine Anlage, die elektrisch geladene Teilchen beschleunigt und ihnen dadurch Energie zuführt.

Thermodynamik
Gesetze, die im 19. Jahrhundert ausgearbeitet wurden, um Wärme, Arbeit, Energie, *Entropie* und ihre Wechselbeziehungen in einem physikalischen System zu beschreiben.

Unendlichkeit
Ein Bereich oder eine Zahl, die unbeschränkt und endlos ist.

Unschärferelation
Das von Heisenberg formulierte Prinzip, nach dem sich der Ort und die Geschwindigkeit eines Teilchens nicht gleichzeitig exakt bestimmen lassen. Je genauer man eines kennt, desto größer die Ungewißheit in bezug auf das andere.

Urknall
Die *Singularität* zu Beginn des Universums vor rund fünfzehn Milliarden Jahren.

Vakuumenergie
Energie, die selbst im scheinbar leeren Raum vorhanden ist. Merkwürdigerweise wäre die Anwesenheit von Vakuumenergie im Gegensatz zur Anwesenheit von *Masse* in der Lage,

die Expansion des Universums zu beschleunigen.

Vereinheitlichte Theorie
Jede Theorie, die alle vier Grundkräfte und alle Materie in einem einzigen, einheitlichen theoretischen Rahmen beschreibt.

Virtuelles Teilchen
In der *Quantenmechanik* ein Teilchen, das nicht direkt nachgewiesen werden kann, dessen Vorhandensein aber indirekt meßbare Effekte hat. Siehe auch *Casimir-Effekt*.

Wellenfunktion
Wahrscheinlichkeitswelle; grundlegendes Objekt der *Quantenmechanik*, enthält Informationen darüber, mit welcher Wahrscheinlichkeit Messungen am Quantensystem jeden der möglichen Meßwerte ergeben.

Wellenlänge
Die Entfernung zwischen zwei aufeinander folgenden Wellentälern oder Wellenbergen.

Welle-Teilchen-Dualismus
Quantenmechanisches Konzept, nach dem Materie sowohl Teilchen- als auch Welleneigenschaften hat.

Wissenschaftlicher Determinismus
Uhrwerkkonzeption des Universums von Laplace, der meinte, das vollständige Wissen um den Zustand des Universums biete die Voraussetzung, den vollständigen Zustand zu früheren oder künftigen Zeitpunkten vorherzusagen.

Wurmloch
Eine dünne Röhre in der *Raumzeit*, die weit entfernte Regionen des Univer-

sums miteinander verbindet. Wurmlöcher könnten auch Verbindungen zu Parallel- oder Babyuniversen sein sowie die Möglichkeit zu Zeitreisen bieten.

Yang-Mills-Theorie
Eine Erweiterung der Maxwellschen Feldtheorie (siehe *Maxwell-Feld*), mit deren Hilfe sich Kräfte wie die *schwache* und die *starke Kraft* beschreiben lassen.

Zeitdehnung
Phänomen in der *speziellen Relativitätstheorie*, daß sich der Zeitfluß aus Sicht eines äußeren *Beobachters* für Objekte in Bewegung oder in einem starken *Gravitationsfeld* verlangsamt.

Zeitschleife
Eine Bahn in der *Raumzeit*, entlang derer ein Objekt eine Reise in seine eigene Vergangenheit unternehmen kann.

Zweiter Hauptsatz der Thermodynamik
Gesetz, nach dem die *Entropie* stets anwächst.

ZUM LESEN EMPFOHLEN

ABBILDUNGS-NACHWEIS

Es gibt viele populärwissenschaftliche Bücher, von denen manche, wie *Das elegante Universum*, sehr gut sind und andere (die ich hier nicht nennen möchte) von bedauernswerter Einfalt. Ich schränke meine Liste deshalb auf Autoren ein, die selbst wichtige Forschungsbeiträge geleistet haben, so daß ihre Bücher authentische Erfahrungen vermitteln. Ich bitte all jene um Nachsicht, die ich aufgrund meiner Unkenntnis vergessen habe.

Albert Einstein, *Über die spezielle und die allgemeine Relativitätstheorie*, Wiesbaden: Vieweg, 1997.

Richard Feynman, *Vom Wesen physikalischer Gesetze*, München: Piper, 2000 (4. Auflage).

Brian Greene, *Das elegante Universum: Superstrings, verborgene Dimensionen und die Suche nach der Weltformel*, Berlin: Siedler Verlag, 2000.

Alan H. Guth, *Die Geburt des Kosmos aus dem Nichts: Die Theorie des inflationären Universums*, München: Droemer Knaur, 1999.

Martin J. Rees, *Our Cosmic Habitat*, Princeton: Princeton University Press, 2001.

Martin J. Rees, *Just Six Numbers: The Deep Forces that Shape the Universe*, New York: Basic Books, 2000.

Kip Thorne, *Gekrümmter Raum und verbogene Zeit: Einsteins Vermächtnis*, München: Droemer Knaur, 1996.

Steven Weinberg, *Die ersten drei Minuten: Der Ursprung des Universums*, München: Piper, 2000 (3. Auflage der Neuausgabe).

REGISTER

IMPRESSUM

Die vorliegende Taschenbuchausgabe
beruht auf der im Jahr 2002 erschienenen
Neuausgabe, die um die Beiträge *Leben
im Universum* (© 1994 by Stephen
Hawking) von Stephen Hawking sowie
*Stephen Hawking – eine physikalisch-
biografische Skizze* von Markus Pössel
erweitert wurde.

April 2003
Deutscher Taschenbuch Verlag
GmbH & Co. KG, München
www.dtv.de
© 2001 by Stephen Hawking
Titel der englischen Originalausgabe:
The Universe in a Nutshell
(Bantam Books, New York 2001)
© 2001 by Moonrunner Design Ltd. UK
and The Book Laboratory Inc.
für die Originalillustrationen
© 2001/2002 der deutsch-
sprachigen Ausgabe:
Hoffmann und Campe Verlag, Hamburg
Dieses Werk wurde vermittelt
durch die Literarische Agentur
Thomas Schlück GmbH,
30827 Garbsen
Umschlagkonzept:
Balk & Brumshagen
Umschlagillustration:
Malcolm Godwin, Moonrunner Design
Ltd., Großbritannien
Umschlagfoto: © Steward Cohen Pictures
Satz und Aufbau:
Prill Partners | producing, Berlin
Druck und Bindung:
MOHN Media · Mohndruck GmbH,
Gütersloh
Gedruckt auf säurefreiem,
chlorfrei gebleichtem Papier
Printed in Germany
ISBN 3-423-33090-2